어느 교과서를 배우더라도

꼭 알아야 하는 **개념**과 **기본 문제** 구성으로

다양한 학교 평가에 완벽 대비할 수 있어요!

9종 검정 교과서 평가 자료집

과학 6-2

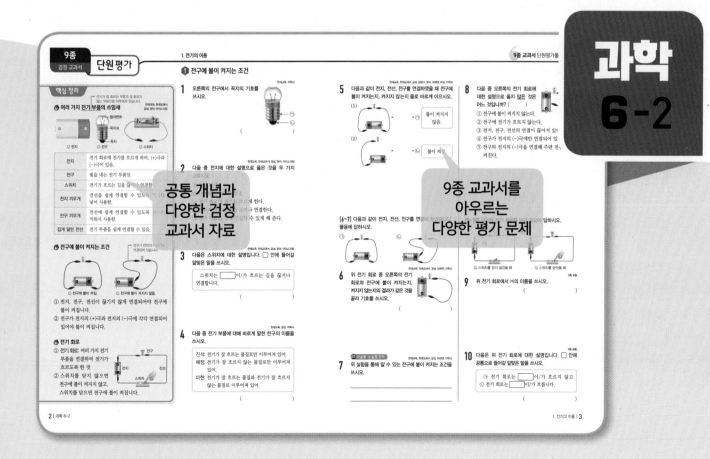

9종
검정 교과서
단원 평가

1 전구에 불이 켜지는 조건

1 오른쪽의 전구에서 꼭지의 기호를 쓰시오.

천재교육, 지학사

- ㉠
- ㉡

(　　　　　　　)

2 다음 중 전지에 대한 설명으로 옳은 것을 두 가지 고르시오. (　　,　　)

천재교육, 천재교과서, 금성, 동아, 아이스크림

① 빛을 낸다.
② (+)극과 (−)극이 있다.
③ 전기 회로에 전기를 흐르게 한다.
④ 전기가 흐르는 길을 끊거나 연결한다.
⑤ 전기 부품을 쉽게 연결할 수 있게 해 준다.

3 다음은 스위치에 대한 설명입니다. ☐ 안에 들어갈 알맞은 말을 쓰시오.

천재교육, 천재교과서, 금성, 동아, 아이스크림

> 스위치는 ☐☐☐이/가 흐르는 길을 끊거나 연결합니다.

(　　　　　　　)

4 다음 중 전기 부품에 대해 바르게 말한 친구의 이름을 쓰시오.

천재교육, 금성, 지학사

> 진석: 전기가 잘 흐르는 물질로만 이루어져 있어.
> 혜정: 전기가 잘 흐르지 않는 물질로만 이루어져 있어.
> 미현: 전기가 잘 흐르는 물질과 전기가 잘 흐르지 않는 물질로 이루어져 있어.

(　　　　　　　)

5 다음과 같이 전지, 전선, 전구를 연결하였을 때 전구에 불이 켜지는지, 켜지지 않는지 줄로 바르게 이으시오.

천재교육, 천재교과서, 금성, 김영사, 동아, 미래엔, 비상, 지학사

(1)

· ·㉠ 불이 켜지지 않음.

(2)

· ·㉡ 불이 켜짐.

[6~7] 다음과 같이 전지, 전선, 전구를 연결해 보았습니다. 물음에 답하시오.

㉠  ㉡

천재교육, 천재교과서, 금성, 미래엔, 지학사

6 위 전기 회로 중 오른쪽의 전기 회로와 전구에 불이 켜지는지, 켜지지 않는지의 결과가 같은 것을 골라 기호를 쓰시오.

(   )

천재교육, 천재교과서, 금성, 미래엔, 지학사

7 위 실험을 통해 알 수 있는 전구에 불이 켜지는 조건을 쓰시오.

_____

_____

천재교과서, 지학사

8 다음 중 오른쪽의 전기 회로에 대한 설명으로 옳지 <u>않은</u> 것은 어느 것입니까? (   )

① 전구에 불이 켜지지 않는다.
② 전구에 전기가 흐르지 않는다.
③ 전지, 전구, 전선의 연결이 끊어져 있다.
④ 전구가 전지의 (-)극에만 연결되어 있다.
⑤ 전구와 전지의 (-)극을 연결해 주면 전구에 불이 켜진다.

[9~10] 다음의 전기 회로를 보고 물음에 답하시오.

㉠ 스위치를 닫지 않았을 때   ㉡ 스위치를 닫았을 때

9종 공통

9 위 전기 회로에서 ㈎의 이름을 쓰시오.

(   )

9종 공통

10 다음은 위 전기 회로에 대한 설명입니다. ☐ 안에 공통으로 들어갈 알맞은 말을 쓰시오.

㉠ 전기 회로는 ☐☐이/가 흐르지 않고
㉡ 전기 회로는 ☐☐이/가 흐릅니다.

(   )

9종
검정 교과서
단원 평가

핵심 정리

🐚 전구의 연결 방법에 따른 전구의 밝기

전구의 밝기가 밝은 전기 회로	전구의 밝기가 어두운 전기 회로

전구 두 개가 각각 다른 줄에 나누어 한 개씩 연결되어 있음.	전구 두 개가 한 줄에 연결되어 있음.

🐚 전구의 연결 방법

전지 두 개를 서로 다른 극끼리 한 줄로 연결하였습니다.

천재교과서, 금성, 김영사, 미래엔

🔺 전구의 직렬연결　　🔺 전구의 병렬연결

전구의 직렬연결	전구의 병렬연결
• 전기 회로에서 전구 두 개 이상을 한 줄로 연결하는 방법	• 전기 회로에서 전구 두 개 이상을 여러 개의 줄에 나누어 한 개씩 연결하는 방법
• 같은 수의 전구를 병렬연결할 때보다 전구의 밝기가 어두움.	• 같은 수의 전구를 직렬연결할 때보다 전구의 밝기가 밝음.
• 전구를 병렬연결할 때보다 전지를 더 오래 사용할 수 있음.	• 전구를 직렬연결할 때보다 전지를 더 오래 사용할 수 없음. → 에너지 소비가 더 많습니다.
• 전구 한 개의 불이 꺼지면 나머지 전구의 불도 꺼짐.	• 전구 한 개의 불이 꺼지면 나머지 전구의 불이 꺼지지 않음.

2 전구의 연결 방법에 따른 전구의 밝기

[1~2] 다음의 전기 회로를 보고 물음에 답하시오.

ㄱ 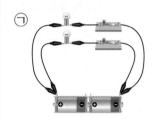　　ㄴ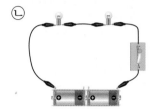

천재교육, 천재교과서, 금성, 김영사, 동아, 미래엔, 비상, 지학사

1 위 전기 회로에서 전구의 연결 방법에 맞게 각각 기호를 쓰시오.

(1) 전구 두 개를 한 줄로 연결했습니다.

(　　　　　)

(2) 전구 두 개를 각각 다른 줄에 나누어 한 개씩 연결했습니다.　(　　　　　)

천재교육, 천재교과서, 금성, 김영사, 동아, 미래엔, 비상, 지학사

2 위 전기 회로에서 스위치를 닫았을 때 전구의 밝기가 더 밝은 것을 골라 기호를 쓰시오.

(　　　　　)

9종 공통

3 다음 중 전구 두 개를 연결한 전기 회로에서 전구의 밝기가 밝은 전기 회로에 대해 바르게 말한 친구의 이름을 쓰시오.

> 서진: 전구 두 개가 한 줄에 연결되어 있어.
> 수정: 전구 두 개가 각각 다른 줄에 나누어 한 개씩 연결되어 있어.

(　　　　　)

9종 공통

4 다음은 전구의 연결 방법에 대한 설명입니다. (　　) 안의 알맞은 말에 ○표를 하시오.

> 전기 회로에서 전구 두 개 이상을 한 줄로 연결하는 방법을 전구의 (직렬 / 병렬)연결이라고 합니다.

[5~7] 다음의 전기 회로를 보고 물음에 답하시오.

(가)  (나)

천재교육, 천재교과서, 동아, 비상, 지학사

5 위 전기 회로 중 전구의 병렬연결에 해당하는 것을 골라 기호를 쓰시오.

( )

천재교육, 천재교과서, 동아, 비상, 지학사

6 위 **5**번의 전기 회로에서 전구 한 개의 불이 꺼졌을 때의 결과에 맞게 줄로 바르게 이으시오.

(1) [(가)] •   • ㉠ | 나머지 전구의 불이 꺼짐.

(2) [(나)] •   • ㉡ | 나머지 전구의 불이 꺼지지 않음.

📋 서술형·논술형 문제
천재교육

7 위 전기 회로의 각 전구에서 소비되는 에너지를 비교하여 쓰시오.

_____

_____

9종 공통

8 다음 보기 에서 전구의 연결 방법에 따른 전구의 밝기를 바르게 비교한 것을 골라 기호를 쓰시오.

보기
㉠ 전구의 직렬연결이 병렬연결보다 전구의 밝기가 더 밝습니다.
㉡ 전구의 병렬연결이 직렬연결보다 전구의 밝기가 더 밝습니다.
㉢ 전구의 연결 방법은 전구의 밝기에 영향을 미치지 않습니다.

( )

천재교육, 천재교과서, 금성, 김영사, 동아, 미래엔, 비상, 지학사

9 다음 전기 회로에 대한 설명으로 옳은 것을 두 가지 고르시오. (,)

① 전구가 직렬연결되어 있다.
② 전구 두 개가 각각 다른 줄에 연결되어 있다.
③ 전지 두 개가 서로 같은 극끼리 연결되어 있다.
④ 전구 끼우개에 연결된 전구 한 개를 빼내고 스위치를 닫으면 나머지 전구에 불이 켜진다.
⑤ 전구 끼우개에 연결된 전구 한 개를 빼내고 스위치를 닫으면 나머지 전구에 불이 켜지지 않는다.

천재교과서

10 다음은 전구 여러 개를 연결한 장식용 나무에 대한 설명입니다. ㉠, ㉡에 들어갈 알맞은 말을 각각 쓰시오.

전구를 [㉠](으)로만 연결하여 나무를 장식하면 전구 하나가 고장이 났을 때 전체 전구가 모두 꺼지고, 전구를 [㉡](으)로만 연결하면 전기와 전선이 많이 소비되므로 직렬연결과 병렬연결을 혼합하여 사용합니다.

㉠ ( )
㉡ ( )

9종
검정 교과서
단원평가

핵심 정리

→ 전기가 흐르는 전선 주위에 자석의 성질이 나타나는 것을 이용해 만든 자석

🌀 전자석의 성질

① 전자석의 끝부분을 짧은 빵 끈에 가까이 가져갔을 때: 스위치를 닫았을 때만 짧은 빵 끈이 전자석에 붙습니다.

➡️ 전자석은 전기가 흐를 때에만 자석의 성질이 나타남.

② 전자석에 연결한 전지의 수를 다르게 하여 스위치를 닫았을 때: 전지 두 개를 서로 다른 극끼리 한 줄로 연결했을 때가 전지 한 개만 연결했을 때보다 짧은 빵 끈이 더 많이 붙습니다.

➡️ 전자석은 자석의 세기를 조절할 수 있음.

③ 전자석의 양 끝에 나침반을 놓고 스위치를 닫았을 때: 나침반 바늘이 가리키는 방향이 바뀌고, 전지의 극을 반대로 하면 나침반 바늘이 가리키는 방향이 반대로 바뀝니다.

➡️ 전자석은 자석의 극을 바꿀 수 있음.

🌀 전자석을 이용하는 예: 전자석 기중기, 세탁기, 선풍기, 자기 부상 열차, 스피커, 머리말리개 등

🌀 전기 안전과 절약

→ 젓가락을 콘센트에 넣으면 감전 위험이 있습니다.

전기를 안전하게 사용하는 방법	• 젓가락을 콘센트에 넣지 않음. • 플러그의 머리 부분을 잡고 뽑음. • 물 묻은 손으로 플러그를 꽂지 않음. • 가구 밑에 전선이 깔리지 않도록 함. • 학교에 있는 전기 스위치로 장난치지 않음. • 전기 제품 위에 젖은 수건을 올려놓지 않음. • 콘센트 한 개에 플러그 여러 개를 한꺼번에 꽂아 사용하지 않음.
전기를 절약하는 방법	• 창문을 닫고 에어컨을 켬. • 냉장고 문을 닫고 물을 마심. • 낮에 사용하지 않는 전등을 끔. • 냉장고 문을 자주 여닫지 않음. • 외출할 때 전등이 켜져 있는지 확인함.

3 전자석의 성질과 이용 / 전기 안전과 절약

금성, 김영사, 미래엔, 비상, 아이스크림

1 다음 보기에서 전자석의 끝부분을 클립에 가까이 가져간 후 스위치를 닫았을 때 나타나는 현상으로 옳은 것을 골라 기호를 쓰시오.

> **보기**
> ㉠ 클립이 전자석에 붙습니다.
> ㉡ 아무런 변화도 나타나지 않습니다.
> ㉢ 클립이 전자석에서 멀리 밀려납니다.

(   )

금성, 김영사, 미래엔, 비상, 아이스크림

2 다음은 위 1번 답과 같은 결과가 나온 까닭입니다. ㉠, ㉡에 들어갈 알맞은 말을 각각 쓰시오.

> 전자석의 스위치를 닫으면 ㉠ 이/가 흘러서 ㉡ 의 성질이 나타나기 때문입니다.

㉠ (   )
㉡ (   )

[3~4] 다음은 전자석에 연결한 전지의 수를 다르게 하여 스위치를 닫았을 때의 결과입니다. 물음에 답하시오.

㉠  ㉡

◉ 전지 한 개를 연결했을 때   ◉ 전지 두 개를 연결했을 때

천재교육

3 위의 ㉠과 ㉡ 중 전자석의 세기가 더 센 것을 골라 기호를 쓰시오.

(   )

천재교육

4 다음 중 위 실험을 통해 알 수 있는 점으로 옳은 것에 ○표를 하시오.

(1) 전자석은 자석의 극을 바꿀 수 없습니다.

(   )

(2) 전자석은 자석의 세기를 조절할 수 있습니다.

(   )

9종 공통

5 다음 보기와 같이 북쪽과 남쪽을 가리키는 나침반 두 개를 전자석의 양 끝에 놓고 스위치를 닫았을 때 나침 반이 가리키는 방향으로 옳은 것을 골라 기호를 쓰시오.

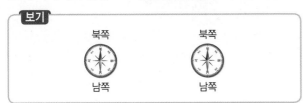

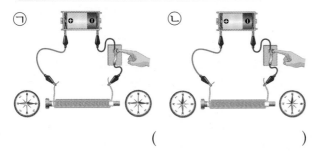

( )

9종 공통

6 다음 중 전자석의 극을 바꾸는 방법으로 옳은 것은 어느 것입니까? ( )

① 전지의 극을 반대로 연결한다.
② 전선을 더 굵은 것으로 바꾼다.
③ 전선을 더 얇은 것으로 바꾼다.
④ 전지를 한 개 더 서로 같은 극끼리 연결한다.
⑤ 전지를 한 개 더 서로 다른 극끼리 연결한다.

천재교육, 금성, 김영사, 동아, 미래엔

7 다음 중 전자석을 이용한 것으로 옳지 않은 것은 어느 것입니까? ( )

①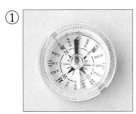
▲ 나침반

②
▲ 선풍기

③
▲ 전자석 기중기

④
▲ 자기 부상 열차

서술형·논술형 문제

9종 공통

8 다음에서 전기를 위험하게 사용하는 모습을 네 가지 찾아 ○표를 하고, 전기를 안전하게 사용하는 방법을 두 가지 쓰시오.

물 묻은 손

_____

_____

_____

9종 공통

9 다음 중 전기를 절약하여 사용하지 않은 친구의 이름을 쓰시오.

찬영: 사용하지 않는 전등은 껐어.
도희: 에어컨을 켤 때 창문을 닫았어.
민지: 텔레비전을 볼 때 컴퓨터를 계속 켜 놓았어.

( )

천재교과서, 금성, 미래엔, 비상, 지학사

10 다음 중 전기를 절약해야 하는 까닭으로 옳은 것에는 ○표를, 옳지 않은 것에는 ×표를 하시오.

(1) 전기를 절약하지 않으면 자원이 낭비되기 때문입니다. ( )
(2) 전기를 절약하지 않으면 환경 문제가 발생할 수 있습니다. ( )
(3) 전기를 절약하지 않으면 감전 사고가 발생할 수 있습니다. ( )

9종
검정 교과서
단원 평가

핵심 정리

🐚 태양 고도

① 태양 고도: 태양이 지표면과 이루는 각

② 태양 고도 측정 방법: 수직으로 세운 막대기에 연결된 실을 막대기의 그림자 끝에 맞춘 다음, 그림자와 실이 이루는 각을 측정합니다.

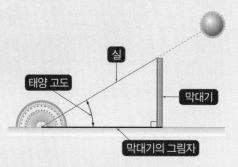

③ 태양의 남중 고도

• 태양 고도는 태양이 정남쪽에 위치했을 때 가장 높고, 이때를 태양이 남중했다고 합니다.

• 태양이 남중했을 때의 고도를 태양의 남중 고도라고 합니다.

🐚 하루 동안 태양 고도, 그림자 길이, 기온 변화

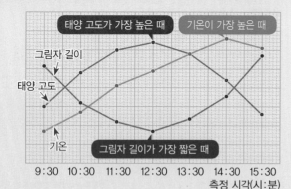

① 하루 동안 태양 고도는 12시 30분경에 가장 높고 그림자 길이는 12시 30분경에 가장 짧습니다. 한편 기온은 14시 30분경에 가장 높습니다.

② 태양 고도가 높아지면 그림자 길이는 짧아지고 기온은 대체로 높아집니다.

③ 태양 고도가 가장 높은 시각과 기온이 가장 높은 시각은 일치하지 않습니다. → 지표면이 데워져 공기의 온도가 높아지는 데 시간이 걸리기 때문입니다.

1 하루 동안 태양 고도, 그림자 길이, 기온 변화

1 9종 공통
다음 중 태양 고도가 더 높은 것의 기호를 쓰시오.

(   )

[2~3] 다음은 태양 고도를 측정하는 모습입니다. 물음에 답하시오.

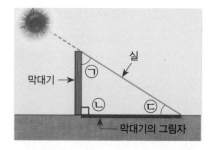

2 9종 공통
위 장치에서 태양 고도를 나타내는 것을 골라 기호를 쓰시오.

(   )

3 9종 공통
다음은 태양 고도를 측정하는 방법입니다. (   ) 안의 알맞은 말에 ○표를 하시오.

> 실을 연결한 막대기를 지표면에 (수직 / 수평)으로 세우고 막대기의 그림자 끝과 실이 이루는 각을 측정합니다.

4 9종 공통
다음 보기 에서 태양 고도가 가장 높은 경우를 골라 기호를 쓰시오.

> 보기
> ㉠ 태양이 남중했을 때
> ㉡ 태양이 서쪽 지평선으로 질 때
> ㉢ 태양이 동쪽 지평선에서 떠오를 때

(   )

5 다음은 태양 고도를 측정하는 모습입니다. ㉠ 값이 커질수록 그림자의 길이는 어떻게 되는지 쓰시오.

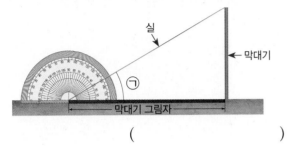

(   )

6 다음은 우리나라에서 한 시간 간격으로 측정한 태양 고도와 기온을 그래프로 나타낸 것입니다. 다음에 알맞은 시각을 각각 쓰시오.

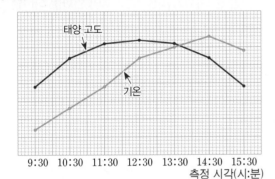

(1) 기온이 가장 높은 시각:

(   )

(2) 태양 고도가 가장 높은 시각:

(   )

7 다음 중 하루 동안 태양 고도와 그림자 길이 변화를 바르게 이야기한 친구의 이름을 쓰시오.

> 지수: 하루 동안 태양 고도는 계속 높아져.
> 영민: 태양 고도는 12시 30분경에 가장 높아.
> 수진: 태양 고도가 높을 때 그림자 길이가 길어.

(   )

8 다음은 하루 동안 태양 고도, 그림자 길이, 기온 변화 중 어느 것을 나타낸 것인지 쓰시오.

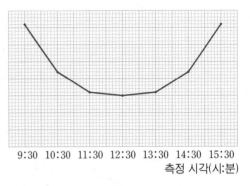

(   )

9 다음은 태양 고도, 그림자 길이, 기온의 관계에 대한 설명입니다. ☐ 안에 들어갈 알맞은 말을 쓰시오.

> 태양 고도가 [   ]지면 그림자 길이는 짧아지고, 기온은 높아집니다.

(   )

🗂 서술형·논술형 문제

10 다음은 오전 11시 30분부터 오후 1시 30분까지 한 시간 간격으로 그림자 길이와 기온을 측정한 결과입니다.

구분	그림자 길이(cm)	기온(℃)
㉠	8.4	25.1
㉡	7.8	25.9
㉢	8.7	26.8

(1) 위에서 12시 30분경에 측정한 값의 기호를 쓰시오.

(   )

(2) 위 (1)번의 답과 같이 생각한 까닭을 쓰시오.

_____

_____

핵심 정리

🐚 계절별 태양의 남중 고도, 낮의 길이, 기온 변화

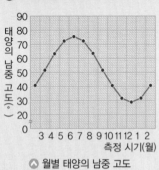

△ 월별 태양의 남중 고도

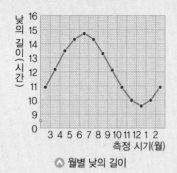

△ 월별 낮의 길이

① 여름에는 태양의 남중 고도가 높고 낮의 길이가 깁니다.
② 겨울에는 태양의 남중 고도가 낮고 낮의 길이가 짧습니다.

🐚 계절별 태양의 위치 변화: 여름에 태양의 남중 고도가 가장 높고, 겨울에 태양의 남중 고도가 가장 낮습니다.

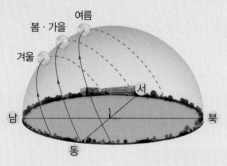

🐚 계절에 따라 기온이 달라지는 까닭

① 태양의 남중 고도와 태양 에너지양의 관계: 태양의 남중 고도가 높아지면 일정한 면적의 지표면은 더 많은 태양 에너지를 받습니다.

태양의 남중 고도가 높아짐.

② 계절에 따라 기온이 달라지는 까닭: 계절에 따라 태양의 남중 고도가 달라지기 때문입니다.

❷ 계절별 태양의 남중 고도 / 계절에 따라 기온이 달라지는 까닭

9종 공통

1 다음은 월별 태양의 남중 고도를 나타낸 그래프입니다. ㉠과 ㉡에 해당하는 계절을 각각 쓰시오.

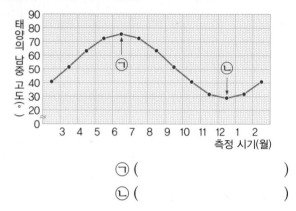

㉠ (   )
㉡ (   )

9종 공통

2 다음 중 계절에 따른 낮의 길이 변화를 나타낸 그래프로 옳은 것은 어느 것입니까? (   )

①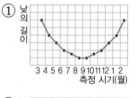

②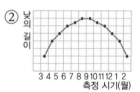

③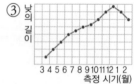

④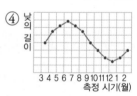

9종 공통

3 다음 보기 에서 태양의 남중 고도와 낮의 길이에 대한 설명으로 옳은 것을 골라 기호를 쓰시오.

보기
㉠ 태양의 남중 고도가 높아지면 낮의 길이가 길어집니다.
㉡ 태양의 남중 고도가 높아지면 낮의 길이가 짧아집니다.
㉢ 태양의 남중 고도와 낮의 길이는 관계가 없습니다.

(   )

[4~5] 다음은 계절별 태양의 위치 변화를 나타낸 것입니다. 물음에 답하시오.

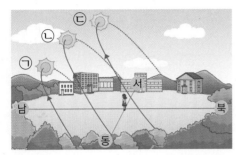

4 위에서 여름철 태양의 위치 변화의 기호를 쓰시오.

9종 공통

( )

5 위의 ㉠~㉢ 중 다음에 해당하는 것의 기호를 쓰시오.

9종 공통

- 태양의 남중 고도가 가장 낮습니다.
- 태양이 가장 남쪽으로 치우쳐서 뜨고, 가장 남쪽으로 치우쳐서 집니다.

( )

[6~7] 다음은 태양 고도와 태양 에너지양의 관계를 알아보기 위한 실험입니다. 물음에 답하시오.

⟁ 전등과 태양 전지판이 이루는 각이 클 때

⟁ 전등과 태양 전지판이 이루는 각이 작을 때

천재교육

6 위 ㉠과 ㉡ 중 태양 고도가 더 높은 것을 나타낸 것의 기호를 쓰시오.

( )

7 다음은 위 실험 결과로 알 수 있는 내용입니다. ☐ 안에 들어갈 알맞은 말을 쓰시오.

9종 공통

태양의 남중 고도가 높을수록 일정한 면적의 지표면에 도달하는 태양 에너지양이 많아져 지표면이 많이 데워지므로 기온이 ☐.

( )

8 다음 중 태양의 남중 고도가 높을 때 기온이 높은 까닭으로 옳은 것은 어느 것입니까? ( )

9종 공통

① 지구가 자전하기 때문이다.
② 낮의 길이가 짧기 때문이다.
③ 지구 자전축의 기울기가 달라지기 때문이다.
④ 태양과 지구 사이의 거리가 가깝기 때문이다.
⑤ 같은 면적의 지표면이 받는 태양 에너지양이 많아지기 때문이다.

9 다음은 계절에 따른 태양의 남중 고도와 기온을 설명한 것입니다. ㉠과 ㉡에 여름과 겨울 중 알맞은 계절을 각각 쓰시오.

9종 공통

㉠	태양의 남중 고도가 낮아 같은 면적의 지표면에 도달하는 태양 에너지양이 적고, 낮의 길이가 짧아 기온이 낮습니다.
㉡	태양의 남중 고도가 높아 같은 면적의 지표면에 도달하는 태양 에너지양이 많고, 낮의 길이가 길어 기온이 높습니다.

㉠ ( ) ㉡ ( )

📄 서술형·논술형 문제

9종 공통

10 다음은 태양의 고도에 따라 태양 빛이 비치는 면적을 나타낸 것입니다.

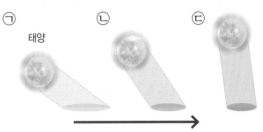

(1) 위에서 화살표 방향으로 갈수록 태양 고도는 높아지는지, 낮아지는지 쓰시오.

( )

(2) 위에서 ㉢은 여름과 겨울 중 어느 것에 해당하는지 쓰고, 그렇게 생각한 까닭을 쓰시오.

_____

_____

❸ 계절 변화가 생기는 까닭

🌏 지구본의 자전축 기울기에 따른 태양의 남중 고도 변화

지구본의 자전축이 기울어지지 않은 채 공전할 때	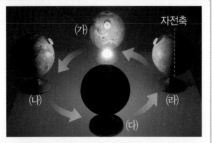 태양의 남중 고도가 달라지지 않음.
지구본의 자전축이 기울어진 채 공전할 때	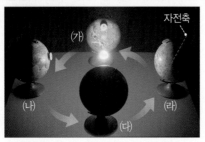 태양의 남중 고도가 달라짐.

🌏 계절 변화가 생기는 까닭

① 지구의 자전축이 기울어진 채 지구가 태양 주위를 공전하면 지구의 위치에 따라 태양의 남중 고도가 달라집니다.

② 태양의 남중 고도가 달라지면 일정한 면적의 지표면이 받는 태양 에너지양이 달라지고, 이로 인해 계절 변화가 생깁니다.

🌏 우리나라의 여름과 겨울의 태양의 남중 고도

① 여름에는 태양의 남중 고도가 높습니다.

② 겨울에는 태양의 남중 고도가 낮습니다.

③ 북반구에 있는 우리나라가 여름일 때 남반구에 있는 나라는 겨울입니다. → 북반구와 남반구의 계절은 반대입니다.

---

1 다음 중 지구본의 자전축을 기울인 것을 골라 기호를 쓰시오.

(   )

[2~5] 다음은 지구본의 자전축을 기울이고 전등 주위를 공전시키는 모습입니다. 물음에 답하시오.

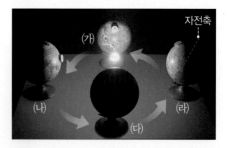

2 위 실험을 할 때 주의해야 할 점으로 옳지 <u>않은</u> 것을 다음 보기 에서 골라 기호를 쓰시오.

> **보기**
> ㉠ 지구본을 시계 반대 방향으로 공전시킵니다.
> ㉡ 전등의 높이를 태양 고도 측정기의 높이와 비슷하게 조절합니다.
> ㉢ 태양의 남중 고도 측정 위치는 지구본의 ⑺~⑷ 위치마다 모두 다르게 합니다.

(   )

3 다음 중 위 실험의 ⑺~⑷ 각 위치에서 측정해야 하는 것은 어느 것입니까? (   )

① 전등의 밝기
② 지구본의 크기
③ 전등 빛의 남중 고도
④ 자전축이 기울어진 각도
⑤ 지구본과 전등 사이의 거리

서술형·논술형 문제   9종 공통

4 앞의 실험에서 ㈎~㈏ 각 위치에서 측정한 전등 빛의 남중 고도를 비교하여 쓰시오.

_____

_____

9종 공통

5 앞의 실험 결과를 통해 알 수 있는 계절 변화가 생기는 까닭으로 옳은 것을 다음 보기 에서 골라 기호를 쓰시오.

보기
ㄱ 지구가 자전하기 때문입니다.
ㄴ 지구가 태양 주위를 공전하지 않기 때문입니다.
ㄷ 지구의 자전축이 기울어진 채 태양 주위를 공전하기 때문입니다.

(   )

9종 공통

6 다음 중 지구의 자전축이 기울어지지 않은 채 지구가 공전할 경우 태양의 남중 고도와 계절 변화를 바르게 짝지은 것은 어느 것입니까? (   )

	태양의 남중 고도	계절 변화
①	달라진다.	생긴다.
②	달라진다.	생기지 않는다.
③	달라지지 않는다.	생긴다.
④	달라지지 않는다.	생기지 않는다.
⑤	알 수 없다.	알 수 없다.

9종 공통

7 다음 보기 에서 계절이 변하는 까닭과 가장 관계가 있는 것을 두 가지 골라 기호를 쓰시오.

보기
ㄱ 지구의 크기
ㄴ 지구의 공전
ㄷ 지구 자전축의 기울기
ㄹ 지구에서 태양까지의 거리

(,   )

9종 공통

8 다음은 계절 변화가 생기는 까닭입니다. ㉠~㉢에 들어갈 알맞은 말을 각각 쓰시오.

지구의 자전축이 ㉠ 채 태양 주위를 공전합니다. ➡ 태양의 ㉡ 이/가 달라집니다. ➡ 지표면이 받는 ㉢ 이/가 달라집니다. ➡ 계절 변화가 생깁니다.

㉠ (   )
㉡ (   )
㉢ (   )

9종 공통

9 다음은 지구가 태양 주위를 공전하는 모습을 나타낸 것입니다. ㉠과 ㉡ 중 북반구에서 태양의 남중 고도가 더 높은 곳을 골라 기호를 쓰시오.

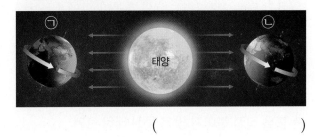

(   )

9종 공통

10 다음 중 위 9번에서 지구가 ㉡ 위치에 있을 때 우리나라에 대한 설명으로 옳은 어느 것입니까? (   )

① 기온이 높다.
② 낮의 길이가 길다.
③ 낮의 길이가 짧다.
④ 낮과 밤의 길이가 같다.
⑤ 태양의 남중 고도가 높다.

9종
검정 교과서
단원 평가

핵심 정리

🕯 초와 알코올이 탈 때 나타나는 현상

⬆ 초

⬆ 알코올

① 주변이 밝아지고 따뜻해집니다.
② 물질이 빛과 열을 내면서 탑니다.
③ 물질의 양이 변합니다. → 시간이 지날수록 초의 길이가 줄어들고, 알코올의 양이 줄어듭니다.

🕯 초가 탈 때 필요한 기체

천재교육, 천재교과서, 동아, 지학사

→ 작은 아크릴 통   → 큰 아크릴 통
㉠   ㉡

① 초가 타는 시간 비교: ㉠의 촛불이 ㉡의 촛불보다 먼저 꺼집니다. ➡ ㉡ 아크릴 통보다 ㉠ 아크릴 통 안에 공기(산소)가 더 적게 들어 있기 때문입니다.
② 초가 탈 때 필요한 기체: 산소

🕯 불을 직접 붙이지 않고 물질 태워 보기

천재교과서, 지학사

① 성냥 머리 부분과 향을 구리판의 원 위에 올려놓고 가열하기: 성냥 머리 부분에 먼저 불이 붙습니다. ➡ 성냥 머리 부분이 향보다 불이 붙는 온도가 낮기 때문입니다.

성냥 머리 부분   향

② 발화점: 어떤 물질이 불에 직접 닿지 않아도 스스로 타기 시작하는 온도 → 물질의 종류에 따라 발화점이 다릅니다.

🕯 연소와 연소의 조건

연소	물질이 산소와 만나 빛과 열을 내는 현상
연소의 조건	탈 물질, 산소, 발화점 이상의 온도

---

1 오른쪽과 같이 초가 탈 때 나타나는 현상을 관찰한 결과로 옳지 않은 것은 어느 것입니까?
( )

9종 공통

① 심지 주변이 움푹 팬다.
② 초가 녹아 촛농이 흘러내린다.
③ 불꽃의 모양은 위아래로 길쭉한 모양이다.
④ 불꽃의 윗부분은 밝고, 아랫부분은 어둡다.
⑤ 시간이 지나도 초의 길이는 변하지 않는다.

2 다음은 오른쪽과 같이 알코올이 탈 때 불꽃이 타는 모습과 밝기를 관찰한 결과를 정리한 것입니다. ㉠~㉢ 중 옳지 않은 내용을 골라 기호를 쓰시오.

9종 공통

불꽃이 타는 모습	㉠ 불꽃의 모양은 위아래로 길쭉한 모양임. ㉡ 불꽃의 색깔은 푸른색, 붉은색 등 다양함.
불꽃의 밝기	㉢ 불꽃의 밝기는 위치에 관계없이 일정함.

( )

3 다음 중 물질이 탈 때 나타나는 공통적인 현상으로 옳은 것은 어느 것입니까? ( )

9종 공통

① 산소가 발생한다.
② 주변이 어두워진다.
③ 빛과 열이 발생한다.
④ 물질의 양이 변하지 않는다.
⑤ 주변의 온도가 변하지 않는다.

4 다음 중 물질이 탈 때 나타나는 현상을 이용하는 예가 아닌 것은 어느 것입니까? (   )

① 생일 케이크에 촛불을 켠다.

② 캠핑을 가서 모닥불을 펴 주위를 밝힌다.

③ 가스레인지의 불을 이용해 음식을 익힌다.

④ 어두움 밤에 가로등을 켜서 주위를 밝힌다.

⑤ 벽난로에 장작불을 지펴 방 안을 따뜻하게 한다.

🧱 **서술형·논술형 문제**   천재교육, 천재교과서, 동아, 지학사

5 다음과 같이 크기가 같은 초 두 개에 불을 붙이고 크기가 다른 아크릴 통으로 촛불을 동시에 덮었습니다.

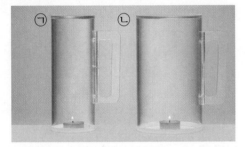

(1) 위 실험에서 촛불이 먼저 꺼지는 것의 기호를 쓰시오.

(   )

(2) 위 (1)번 답의 촛불이 먼저 꺼지는 까닭을 쓰시오.

_____

_____

천재교과서, 지학사

6 다음은 초가 타기 전과 초가 타고 난 후 아크릴 통 안에 들어 있는 공기 중의 산소 비율을 측정한 결과입니다. ㉠과 ㉡ 중 초가 타고 난 후의 결과를 골라 기호를 쓰시오.

㉠	㉡
약 21 %	약 17 %

(   )

[7~8] 다음과 같이 성냥의 머리 부분과 나무 부분을 철판의 가운데로부터 같은 거리에 올려놓고 가운데 부분을 가열하였습니다. 물음에 답하시오.

동아, 미래엔, 아이스크림

7 위 실험에서 성냥의 머리 부분과 나무 부분 중 먼저 불이 붙는 것은 어느 것인지 쓰시오.

성냥의 (   ) 부분

동아, 미래엔, 아이스크림

8 위 실험 결과로 보아 성냥의 머리 부분과 나무 부분 중 발화점이 더 높은 것은 어느 것인지 쓰시오.

성냥의 (   ) 부분

9 다음 중 물질에 따라 불이 붙는 데 걸리는 시간이 다른 까닭으로 옳은 것은 어느 것입니까? (   )

① 물질의 무게가 다르기 때문이다.

② 물질의 모양이 다르기 때문이다.

③ 물질의 부피가 다르기 때문이다.

④ 물질의 발화점이 다르기 때문이다.

⑤ 물질의 단단한 정도가 다르기 때문이다.

10 다음 ☐ 안에 들어갈 알맞은 말을 쓰시오.

물질이 산소와 만나 빛과 열을 내며 타는 현상을 ☐☐(이)라고 합니다.

(   )

9종
검정 교과서
단원평가

🔥 초가 연소한 후 생성되는 물질

① 초가 연소한 후 푸른색 염화 코발트 종이의 색깔 변화 알아보기
> 물에 닿으면 붉은색으로 변합니다.

| 정리 >> | 초가 연소한 후 물이 생성되었기 때문에 푸른색 염화 코발트 종이가 붉은색으로 변함. |

② 초가 연소한 후 석회수의 변화 알아보기

| 정리 >> | 초가 연소한 후 이산화 탄소가 생성되었기 때문에 석회수가 뿌옇게 흐려짐. |

③ 초가 연소한 후 생성되는 물질: 초가 연소한 후 물과 이산화 탄소가 생성됩니다.

🔥 물질이 연소한 후 생성되는 물질

① 물질이 연소하면 물, 이산화 탄소와 같이 새로운 물질이 생성됩니다. ➡ 연소 전의 물질은 연소 후에 다른 물질로 변합니다.

② 물질이 연소한 후 생성되는 물질: 물질이 연소한 후 물과 이산화 탄소가 생성됩니다.

③ 물질이 연소한 후 무게가 줄어든 까닭: 연소 후 생성된 물질이 공기 중으로 날아갔기 때문입니다.

② 연소 후 생성되는 물질

9종 공통

1 오른쪽과 같은 푸른색 염화 코발트 종이의 성질에 맞게 줄로 바르게 이으시오.

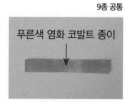
푸른색 염화 코발트 종이

(1) 물에 닿았을 때 · · ㉠ 푸른색을 띰.

(2) 물에 닿지 않았을 때 · · ㉡ 붉은색을 띰.

[2~4] 오른쪽은 초가 연소한 후 생성되는 물질을 확인하기 위한 실험 모습입니다. 물음에 답하시오.

집기병
촛불

천재교육

2 다음 중 위 실험에서 집기병에 나타나는 변화로 옳은 것을 두 가지 고르시오. (　　,　　)
① 아무런 변화가 없다.
② 집기병 안쪽 벽면이 뿌옇게 흐려진다.
③ 집기병 바깥쪽 벽면이 뿌옇게 흐려진다.
④ 집기병 안쪽 벽면에 작은 액체 방울이 맺힌다.
⑤ 집기병 바깥쪽 벽면에 작은 액체 방울이 맺힌다.

9종 공통

3 위 실험에서 3분이 지난 뒤 촛불을 끄고 푸른색 염화 코발트 종이를 집기병 안쪽 벽면에 문지르면 푸른색 염화 코발트 종이는 어떤 색깔로 변하는지 쓰시오.
(　　　　　　　)

9종 공통

4 다음 중 위 실험을 통해 알 수 있는 초가 연소한 후 생성되는 물질에 ○표를 하시오.

| 물 | 산소 | 이산화 탄소 |

5 다음과 같이 석회수를 어떤 기체가 들어 있는 집기병에 넣었더니 석회수가 뿌옇게 흐려졌습니다. 이 집기병 안에 들어 있는 기체는 무엇인지 쓰시오.

9종 공통

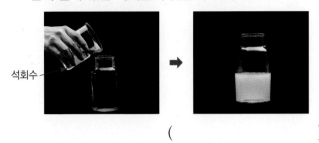

석회수

(   )

[6~7] 다음은 초가 연소한 후 석회수의 변화를 알아보는 실험입니다. 물음에 답하시오.

❶ 초에 불을 붙이고 작은 아크릴 통으로 촛불 덮기
❷ 촛불이 꺼지면 아크릴 통을 들어 올려 아크릴판으로 입구 막기
❸ 아크릴 통에 석회수를 붓고 아크릴판으로 입구를 다시 덮은 후 살짝 흔들면서 변화 관찰하기

아크릴판

석회수

6 다음 중 위 과정 ❸에서 관찰한 석회수의 변화로 옳은 것은 어느 것입니까? (   )

9종 공통

① 뿌옇게 흐려진다.
② 붉은색으로 변한다.
③ 푸른색으로 변한다.
④ 계속 무색투명하다.
⑤ 표면에 기포가 생긴다.

7 위 실험 결과를 통해 확인할 수 있는 초가 연소한 후 생성되는 물질을 쓰시오.

9종 공통

(   )

8 다음 중 초가 연소한 후 생성되는 물질끼리 바르게 짝지은 것은 어느 것입니까? (   )

9종 공통

① 물, 산소
② 물, 알코올
③ 물, 이산화 탄소
④ 산소, 이산화 탄소
⑤ 물, 산소, 이산화 탄소

9 다음의 내용을 확인할 수 있는 실험 방법으로 옳은 것을 두 가지 고르시오. (,   )

천재교육, 천재교과서, 미래엔, 지학사

   알코올이 연소한 후 물과 이산화 탄소가 생성됩니다.

① 석회수를 이용하여 물을 확인한다.
② 석회수를 이용하여 이산화 탄소를 확인한다.
③ 푸른색 리트머스 종이를 이용하여 물을 확인한다.
④ 푸른색 염화 코발트 종이를 이용하여 물을 확인한다.
⑤ 푸른색 염화 코발트 종이를 이용하여 이산화 탄소를 확인한다.

🗂 서술형·논술형 문제

천재교과서, 김영사, 미래엔, 비상, 지학사

10 오른쪽과 같이 초가 연소하고 난 후에 초의 길이(무게)가 줄어드는 까닭을 쓰시오.

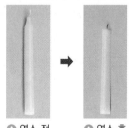

🔺 연소 전   🔺 연소 후

_____

_____

핵심 정리

🍰 소화와 소화 방법

① 소화: 연소가 일어날 때 한 가지 이상의 연소 조건을
없애 불을 끄는 것 → 탈 물질, 산소,
발화점 이상의
온도

② 소화 방법

탈 물질 없애기	산소 공급 막기	발화점 미만으로 온도 낮추기

▲ 촛불을 입으로 불기	▲ 촛불을 컵으로 덮기	▲ 촛불에 물 뿌리기

🍰 연소 물질에 따른 소화 방법

연소 물질	소화 방법
나무, 종이, 섬유	물이나 소화기로 불을 끌 수 있음.
기름, 가스, 전기	물을 사용하면 안 되고, 소화기를 사용하거나 마른 모래로 덮어 불을 끌 수 있음.

→ 물을 사용하면 불이 더 크게 번지거나 감전이 될 수 있어 위험합니다.

🍰 소화기 사용 방법

천재교육, 천재교과서, 금성, 미래엔, 지학사

불이 난 곳으로 소화기 옮기기 → 안전핀 뽑기 → 호스를 잡고 불이 난 방향을 향해 손잡이를 움켜쥐고 불 끄기

🍰 화재가 발생했을 때의 대처 방법

① 젖은 수건으로 코와 입을 막고 몸을 낮춰 대피하고 119에 신고합니다.

② 아래층으로 대피할 때에는 승강기를 이용하지 말고 계단을 이용해야 합니다. → 아래층으로 대피하기 어려울 때에는 옥상으로 대피합니다.

③ 밖으로 대피하기 어려울 때에는 연기가 방 안에 들어오지 못하도록 물을 적신 옷이나 이불로 문틈을 막아야 합니다.

③ 소화 방법 / 화재 안전 대책

9종 공통

1 다음은 불을 끄는 방법에 대한 설명입니다. ㉠과 ㉡에 들어갈 알맞은 말을 각각 쓰시오.

> ㉠ 의 조건 중에서 한 가지 이상의 조건을 없애 불을 끄는 것을 ㉡ (이)라고 합니다.

㉠ ( )

㉡ ( )

9종 공통

2 다음과 같이 타고 있는 촛불을 집기병으로 덮으면 촛불이 꺼지는 까닭으로 옳은 것은 어느 것입니까?

( )

▲ 촛불을 집기병으로 덮음. ▲ 촛불이 꺼짐.

① 산소가 공급되기 때문이다.

② 탈 물질이 없어지기 때문이다.

③ 산소가 공급되지 않기 때문이다.

④ 이산화 탄소가 공급되지 않기 때문이다.

⑤ 발화점 미만으로 온도가 낮아지기 때문이다.

9종 공통

3 다음 보기 에서 촛불이 꺼지는 까닭이 위 2번 답과 같은 경우인 것을 골라 기호를 쓰시오.

> 보기
> ㉠ 촛불을 입으로 불기
> ㉡ 촛불에 모래 뿌리기
> ㉢ 초의 심지를 핀셋으로 집기
> ㉣ 촛불에 분무기로 물 뿌리기

( )

4 오른쪽과 같이 촛불을 물 수건으로 덮으면 촛불이 꺼지는 까닭과 관련 있는 소화 방법을 두 가지 고르시오. (　　,　　)

9종 공통

물수건

① 산소 공급하기
② 산소 공급 막기
③ 탈 물질 없애기
④ 발화정 이상으로 온도 높이기
⑤ 발화점 미만으로 온도 낮추기

5 다음 중 촛불을 끌 수 있는 방법으로 옳지 <u>않은</u> 것은 어느 것입니까? (　　　)

9종 공통

① 촛불을 컵으로 덮는다.
② 촛불에 휴대용 선풍기 바람을 쏘인다.
③ 타고 있는 초의 심지를 가위로 자른다.
④ 타고 있는 초의 심지를 핀셋으로 집는다.
⑤ 촛불에 성냥의 머리 부분을 가까이 가져간다.

📝 서술형·논술형 문제

6 오른쪽과 같은 알코올램프의 불을 끄는 방법을 쓰고, 불이 꺼지는 까닭을 연소의 조건과 관련지어 쓰시오.

9종 공통

(1) 불을 끄는 방법: _____

_____

(2) 불이 꺼지는 까닭: _____

7 다음 중 불을 끄는 방법과 소화의 조건을 <u>잘못</u> 짝지은 것은 어느 것입니까? (　　　)

9종 공통

① 소화제 뿌리기: 산소 공급 막기
② 마른 모래로 덮기: 산소 공급 막기
③ 연료 조절 밸브 잠그기: 탈 물질 없애기
④ 물 뿌리기: 발화점 미만으로 온도 낮추기
⑤ 향초의 심지를 핀셋으로 집기: 산소 공급 막기

8 다음 중 화재가 발생했을 때 물로 불을 끌 수 없는 연소 물질을 두 가지 고르시오. (　　,　　)

9종 공통

① 종이　　　　　　② 기름
③ 섬유　　　　　　④ 나무
⑤ 전기 기구

9 다음 중 소화기를 사용하여 불을 끌 때 두 번째로 해야 하는 과정의 기호를 쓰시오.

천재교육, 천재교과서, 금성, 미래엔, 지학사

> ㉠ 소화기의 안전핀 뽑기
> ㉡ 소화기를 불이 난 곳으로 옮기기
> ㉢ 소화기의 손잡이를 움켜쥐고 소화 물질 뿌리기
> ㉣ 바람을 등지고 선 후 호스의 끝부분을 불이 난 방향을 향해 잡기

(　　　　　　　　)

10 다음은 화재가 발생했을 때의 대처 방법입니다. (　　) 안의 알맞은 말에 각각 ○표를 하시오.

9종 공통

> • 연기가 많은 곳에서는 코와 입을 젖은 수건으로 막고 몸을 (낮춰 / 세워) 이동합니다.
> • 아래층으로 이동할 때에는 (계단 / 승강기)을/를 이용해야 합니다.

핵심 정리

🍡 **우리 몸의 운동 기관**: 몸을 움직이는 뼈와 근육 등

① 운동 기관의 생김새 예

• 머리뼈: 위쪽은 둥글고, 아래쪽은 각이 져 있습니다.

• 팔뼈: 길이가 길고, 아래쪽 뼈는 긴뼈 두 개로 이루어져 있습니다.

• 갈비뼈: 휘어 있고, 여러 개가 있으며 좌우로 둥글게 연결되어 안쪽에 공간을 만듭니다.

• 척추뼈: 짧은뼈 여러 개가 세로로 이어져 기둥을 이룹니다.

• 다리뼈: 팔뼈보다 길고 굵으며, 아래쪽 뼈는 긴뼈 두 개로 이루어져 있습니다.

• 근육: 뼈에 연결되어 있습니다.

🍡 **근육이 뼈를 어떻게 움직이는지 알아보기**   천재교육

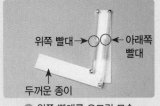 

위쪽 빨대 → ○○ ← 아래쪽 빨대

두꺼운 종이

⬆ 위쪽 빨대를 오므린 모습   ⬆ 아래쪽 빨대를 오므린 모습

① 위쪽 빨대를 오므릴 때: 모형이 구부러집니다.
➡ 위쪽 빨대의 길이는 줄어들고, 아래쪽 빨대의 길이는 늘어납니다.

② 아래쪽 빨대를 오므릴 때: 모형이 펴집니다.
➡ 아래쪽 빨대의 길이는 줄어들고, 위쪽 빨대의 길이는 늘어납니다.

③ 두꺼운 종이는 각각 위팔뼈와 아래팔뼈에 해당하고, 빨대는 팔뼈에 붙어 있는 근육에 해당합니다.

④ 알게 된 원리: 팔을 구부릴 때에는 팔뼈에 붙은 안쪽 근육이 오므라들고, 팔을 펼 때에는 펴집니다.

🍡 **뼈와 근육이 하는 일**
┗→ 뼈는 스스로 움직일 수 없습니다.

뼈	• 우리 몸의 형태를 만들고 몸을 지탱함. • 심장, 폐, 뇌 등 몸속 기관을 보호함.
근육	뼈에 연결되어 길이가 줄어들거나 늘어나면서 뼈를 움직이게 함.

❶ 운동 기관

1 다음 보기 에서 뼈에 대한 설명으로 옳은 것을 골라 기호를 쓰시오.   9종 공통

보기
㉠ 머리뼈: 긴뼈입니다.
㉡ 갈비뼈: 둥근 바가지 모양입니다.
㉢ 척추뼈: 짧은뼈 여러 개가 세로로 이어져 기둥을 이룹니다.

(   )

[2~4] 다음은 우리 몸의 뼈의 모습입니다. 물음에 답하시오.

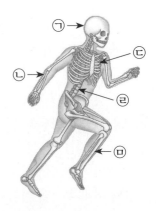

2 위에서 팔뼈인 것을 골라 기호를 쓰시오.   9종 공통

(   )

3 위에서 휘어져 있으며, 좌우로 둥글게 연결되어 공간을 만드는 뼈를 골라 기호와 이름을 각각 쓰시오.   9종 공통

(,   )

4 위에서 팔뼈보다 길고 굵으며, 아래쪽 뼈는 긴뼈 두 개로 이루어져 있는 뼈의 기호를 쓰시오.   9종 공통

(   )

[5~8] 다음과 같이 두꺼운 종이와 빨대를 이용하여 뼈와 근육 모형을 만들었습니다. 물음에 답하시오.

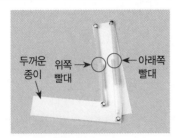

두꺼운 종이   위쪽 빨대 →   ← 아래쪽 빨대

🔺 뼈와 근육 모형

천재교육

5 다음 중 위 모형은 무엇을 알아보기 위한 것입니까?
( )

① 뼈의 모양
② 근육의 두께
③ 빨대의 길이
④ 근육의 종류
⑤ 뼈와 근육의 관계

천재교육

6 다음 **보기** 에서 위 뼈와 근육 모형의 위쪽 빨대를 오므릴 때에 대한 설명으로 옳은 것을 골라 기호를 쓰시오.

보기
㉠ 모형이 펴집니다.
㉡ 위쪽 빨대의 길이가 늘어납니다.
㉢ 아래쪽 빨대의 길이가 늘어납니다.

( )

천재교육

7 다음 중 위 뼈와 근육 모형이 펴질 때에 대한 설명으로 옳은 것을 두 가지 고르시오. (,)

① 위쪽 빨대의 길이가 늘어난다.
② 위쪽 빨대의 길이가 줄어든다.
③ 아래쪽 빨대의 길이가 늘어난다.
④ 아래쪽 빨대의 길이가 줄어든다.
⑤ 위쪽과 아래쪽 빨대의 길이는 변하지 않는다.

천재교육

8 다음 중 앞의 뼈와 근육 모형에 대해 **잘못** 말한 친구의 이름을 쓰시오.

영지: 뼈와 근육의 움직임을 생각해 볼 수 있어.
한성: 우리 몸의 감각 기관이 어떻게 자극을 받아들이는지 알 수 있어.
정현: 두꺼운 종이는 우리 몸의 뼈를, 빨대는 뼈에 붙어 있는 근육을 나타내.

( )

9종 공통

9 다음 **보기** 에서 팔을 펴는 원리에 대한 설명으로 옳은 것을 골라 기호를 쓰시오.

보기
㉠ 팔 안쪽 근육의 길이가 늘어나면 아래팔뼈가 내려가 팔이 펴집니다.
㉡ 팔 안쪽 근육의 길이가 줄어들면 아래팔뼈가 올라와 팔이 펴집니다.
㉢ 팔 안쪽 근육의 길이가 늘어나면 아래팔뼈가 올라와 팔이 펴집니다.

( )

🎒 서술형·논술형 문제
9종 공통

10 다음은 뼈와 근육이 하는 일을 정리한 표입니다. 빈칸에 들어갈 근육이 하는 일을 한 가지 쓰시오.

뼈	• 우리 몸의 형태를 만들고 몸을 지탱함. • 심장, 폐, 뇌 등 몸속 기관을 보호함.
근육	

_____

_____

9종
검정 교과서
단원평가

❷ 소화 기관 / 호흡 기관

🌀 우리 몸의 소화 기관

① 소화 기관: 음식물의 소화와 흡수 등을 담당하는 입, 식도, 위, 작은창자, 큰창자, 항문 등 → 간, 쓸개, 이자는 소화를 도와주는 기관입니다.

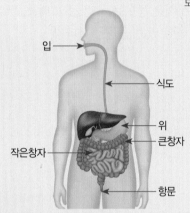

② 음식물을 잘게 쪼개고 분해하여 영양소와 수분을 흡수하고, 나머지는 항문으로 배출합니다.

③ 음식물이 이동하는 소화 기관의 순서

입 → 식도 → 위 → 작은창자 → 큰창자 → 항문

🌀 우리 몸의 호흡 기관

① 호흡 기관: 호흡을 담당하는 코, 기관, 기관지, 폐 등

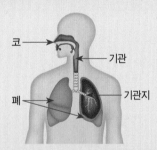

② 코로 공기가 드나들고 기관, 기관지로 공기가 이동하며, 폐는 산소를 받아들이고 이산화 탄소를 몸 밖으로 내보냅니다.

③ 숨을 들이마시고 내쉴 때 공기의 이동
• 숨을 들이마실 때: 코 → 기관 → 기관지 → 폐
• 숨을 내쉴 때: 폐 → 기관지 → 기관 → 코

④ 숨을 들이마시고 내쉴 때 몸의 변화 천재교육, 금성, 아이스크림, 지학사
• 숨을 들이마실 때: 폐의 크기와 가슴둘레가 커집니다.
• 숨을 내쉴 때: 폐의 크기와 가슴둘레가 작아집니다.

---

1 다음은 어느 기관에 대한 설명인지 쓰시오.

9종 공통

> 음식물의 소화와 흡수 등을 담당합니다.

(   )

---

2 다음 중 소화에 직접 관여하지 않고 소화를 도와주는 기관은 어느 것입니까? (   )

9종 공통

① 위   ② 식도
③ 쓸개   ④ 큰창자
⑤ 작은창자

---

3 다음은 음식물이 소화되는 과정을 나타낸 것입니다. ☐ 안에 들어갈 알맞은 기관은 어느 것입니까?

9종 공통

(   )

> 입 ➡ 식도 ➡ 위 ➡ 작은창자 ➡ [   ] ➡ 항문

① 요도   ② 방광
③ 기관지   ④ 큰창자
⑤ 오줌관

---

4 다음의 생김새에 알맞은 소화 기관을 보기에서 골라 각각 기호를 쓰시오.

9종 공통

> **보기**
> ㉠ 위   ㉡ 식도   ㉢ 작은창자

(1) 긴 관 모양: (   )

(2) 작은 주머니 모양: (   )

(3) 꼬불꼬불한 관 모양: (   )

5 오른쪽은 우리 몸속의 소화 기관을 나타낸 것입니다. ㉠~㉤ 중 식도와 작은창자를 연결하는 기관의 기호를 쓰시오.

9종 공통

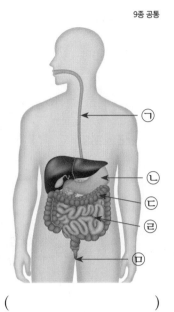

(   )

6 다음 중 호흡과 호흡 기관에 대한 설명으로 옳지 <u>않은</u> 것은 어느 것입니까? (   )

9종 공통

① 코는 공기가 드나드는 곳이다.
② 기관은 공기가 이동하는 통로이다.
③ 호흡은 숨을 들이마시고 내쉬는 활동이다.
④ 기관지는 코와 기관 사이를 이어주는 관이다.
⑤ 호흡 기관에는 코, 기관, 기관지, 폐 등이 있다.

📚 서술형·논술형 문제

9종 공통

7 다음은 호흡 기관의 모습입니다.

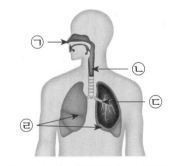

(1) 위의 호흡 기관 중 폐를 골라 기호를 쓰시오.

(   )

(2) 폐가 하는 일을 쓰시오.

_____

_____

8 다음 호흡 기관과 특징을 줄로 바르게 이으시오.

9종 공통

(1) 코 •

• ㉠ 나뭇가지처럼 생겼으며 폐와 연결되어 있음.

(2) 기관 •

• ㉡ 공기가 드나드는 곳으로, 얼굴에 위치하고 있음.

(3) 기관지 •

• ㉢ 굵은 관처럼 생겼으며, 공기가 이동하는 통로임.

9 다음은 숨을 들이마실 때와 내쉴 때의 공기의 이동을 순서대로 나타낸 것입니다. ㉠, ㉡에 들어갈 알맞은 기관을 각각 쓰시오.

9종 공통

숨을 들이마실 때	㉠ ➡ 기관 ➡ 기관지 ➡ ㉡
숨을 내쉴 때	㉡ ➡ 기관지 ➡ 기관 ➡ ㉠

㉠ (   ) ㉡ (   )

10 다음 중 숨을 내쉴 때 폐의 크기와 가슴둘레에 대한 설명으로 옳은 것을 두 가지 고르시오. (,   )

천재교육, 금성, 아이스크림, 지학사

① 가슴둘레는 커진다.
② 폐의 크기는 커진다.
③ 가슴둘레는 작아진다.
④ 폐의 크기는 작아진다.
⑤ 폐의 크기는 변하지 않는다.

핵심 정리

🐚 우리 몸의 순환 기관

① 순환 기관: 혈액의 이동에 관여하는 심장과 혈관 등

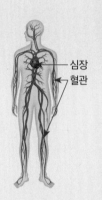

심장
혈관

🐚 순환 기관이 하는 일 알아보기 천재교육, 천재교과서, 김영사, 동아, 미래엔

① 붉은 색소 물이 담긴 수조에 주입기를 넣고, 주입기의 펌프를 빠르게 누르거나 느리게 누르면서 붉은 색소 물이 이동하는 모습을 관찰한 결과

주입기의 펌프	붉은 색소 물의 이동 빠르기	붉은 색소 물의 이동량
빠르게 누를 때	빠르게 움직임.	많아짐.
느리게 누를 때	느리게 움직임.	적어짐.

② 주입기의 펌프는 우리 몸의 심장, 관은 혈관, 붉은 색소 물은 혈액에 해당합니다.

③ 심장의 펌프 작용으로 심장에서 나온 혈액이 혈관을 통해 온몸으로 이동하여 영양소와 산소를 공급하고, 다시 심장으로 돌아오는 과정을 반복합니다.

🐚 우리 몸의 배설 기관

① 배설 기관: 배설을 담당하는 콩팥, 방광 등

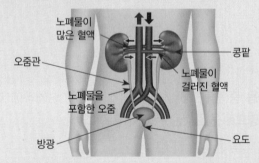

노폐물이 많은 혈액
오줌관
노폐물을 포함한 오줌
방광
콩팥
노폐물이 걸러진 혈액
요도

② 노폐물은 혈액에 실려 이동하다가 콩팥에서 걸러지고, 걸러진 노폐물은 오줌이 됩니다. 노폐물이 걸러진 혈액은 다시 온몸을 순환합니다.

❸ 순환 기관 / 배설 기관

1 다음은 우리 몸속의 순환 과정에 대한 설명입니다. ☐ 안에 공통으로 들어갈 알맞은 말을 쓰시오.
9종 공통

> 혈액은 [ ]에서 나와 온몸을 거쳐 다시 [ ](으)로 돌아오는 순환 과정을 반복합니다.

( )

2 다음 보기 에서 혈관에 대한 설명으로 옳은 것끼리 바르게 짝지은 것은 어느 것입니까? ( )
9종 공통

> **보기**
> ㉠ 순환 기관입니다.
> ㉡ 온몸에 복잡하게 퍼져 있습니다.
> ㉢ 펌프 작용으로 혈액을 순환시킵니다.
> ㉣ 심장에서 나온 혈액은 혈관으로 이동하지 않습니다.

① ㉠, ㉡   ② ㉠, ㉢   ③ ㉠, ㉣
④ ㉡, ㉢   ⑤ ㉢, ㉣

3 오른쪽의 우리 몸속 기관에 대한 설명으로 옳은 것은 어느 것입니까?
9종 공통

( )

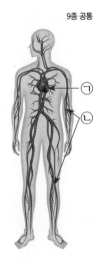

㉠
㉡

① 호흡 기관이다.
② ㉠은 펌프 작용을 한다.
③ ㉡은 혈관으로, 머리 쪽에는 없다.
④ 심장에서 나온 혈액은 ㉡을 통하여 배설된다.
⑤ ㉠은 우리가 움직일 때에만 혈액을 이동시킨다.

🍎 서술형·논술형 문제   천재교육, 천재교과서, 김영사, 동아, 미래엔

4 다음은 주입기를 사용하여 붉은 색소 물을 이동시키는 실험과 우리 몸속 기관을 나타낸 것입니다.

 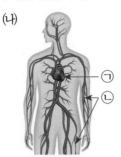

(개) 펌프 관 붉은 색소 물

🔺 색소 물 이동시키기

(내) ㉠ ㉡

🔺 우리 몸속 기관

(1) (개)의 펌프는 우리 몸속 기관 중 어느 것에 해당 하는지 (내)에서 골라 기호와 이름을 쓰시오.
(,   )

(2) (개)의 펌프를 빠르게 눌렀을 때 붉은 색소 물의 이동량과 이동 빠르기가 어떻게 변하는지 쓰시오.

_____

_____

9종 공통

5 다음 중 배설에 대해 바르게 말한 친구를 골라 이름을 쓰시오.

> 주연: 혈액이 온몸으로 이동하는 과정이야.
> 정한: 산소를 들이마시고 이산화 탄소를 내보내는 과정이야.
> 선우: 혈액 속의 노폐물을 오줌으로 만들어 몸 밖으로 내보내는 과정이야.

(   )

9종 공통

6 다음 보기 에서 배설 기관에 대한 설명으로 옳지 않은 것을 골라 기호를 쓰시오.

> 보기
> ㉠ 콩팥, 방광은 배설 기관입니다.
> ㉡ 요도는 오줌이 몸 밖으로 이동하는 통로입니다.
> ㉢ 오줌관은 방광에서 콩팥으로 오줌이 이동하는 통로입니다.

(   )

9종 공통

7 다음에서 설명하는 배설 기관의 이름을 쓰시오.

> • 작은 공 모양이며, 콩팥과 연결되어 있습니다.
> • 오줌을 저장하였다가 일정량이 모이면 몸 밖으로 내보냅니다.

(   )

[8~10] 다음은 우리 몸의 어떤 기관이 하는 일을 알아보기 위한 실험 방법입니다. 물음에 답하시오.

> ❶ 거름망을 비커에 걸쳐 놓기
> ❷ 다른 비커에 노란 색소 물과 붉은색 모래를 넣고 잘 섞어 ❶의 거름망 위에 붓기
>
>
>
> 거름망   노란 색소 물과 붉은색 모래

천재교과서

8 다음 중 위 실험 결과에 대해 잘못 말한 친구의 이름을 쓰시오.

> 진하: 붉은색 모래는 거름망을 통과해.
> 영주: 노란 색소 물만 거름망을 통과해.

(   )

천재교과서

9 다음 중 위의 거름망에 해당하는 우리 몸의 기관은 어느 것입니까? (   )

① 요도   ② 방광   ③ 콩팥
④ 항문   ⑤ 오줌관

천재교과서

10 다음 보기 에서 위 실험으로 알게 된 점에 대한 설명 으로 옳은 것을 골라 기호를 쓰시오.

> 보기
> ㉠ 작은창자는 영양소를 흡수합니다.
> ㉡ 노폐물은 오줌이 되어 요도에 저장됩니다.
> ㉢ 콩팥에서 혈액 속의 노폐물을 걸러 오줌으로 만듭니다.

(   )

4 자극의 전달 / 운동할 때 일어나는 몸의 변화

우리 몸의 감각 기관과 자극의 전달

① 감각 기관: 주변에서 발생한 자극을 받아들이는 눈, 귀, 코, 혀, 피부 등

② 자극이 전달되어 반응하는 과정

뇌는 행동을 결정하고 명령하는 신경입니다.

| 감각 기관 | ➡ | 자극을 전달하는 신경 | ➡ | 뇌 |

➡ 명령을 전달하는 신경 ➡ 운동 기관

운동할 때 일어나는 몸의 변화

① 운동을 하면 몸에서 에너지를 많이 내면서 열이 많이 나기 때문에 체온이 올라갑니다.

② 산소와 영양소를 많이 이용하므로 심장이 빠르게 뛰어 맥박이 빨라지고, 호흡도 빨라집니다.

③ 운동을 하고 시간이 지나면 체온이 내려가고 맥박이 느려져 운동 전 상태로 돌아갑니다.

몸을 움직이기 위해 각 기관이 하는 일

운동 기관	영양소와 산소를 이용하여 몸을 움직임.
소화 기관	음식물을 소화하여 영양소를 흡수함.
호흡 기관	산소를 흡수하고, 이산화 탄소를 내보냄.
순환 기관	영양소와 산소를 온몸에 전달하고, 이산화 탄소와 노폐물을 각각 호흡 기관과 배설 기관에 전달함.
배설 기관	혈액 속의 노폐물을 걸러 내어 오줌으로 배설함.
감각 기관	주변의 자극을 받아들임.

9종 공통

1 다음 중 감각 기관에 대한 <u>잘못</u> 말한 친구의 이름을 쓰시오.

> 영지: 입속에 있고 길쭉한 모양이며 맛을 느끼는 것은 혀야.
> 수현: 몸 표면을 감싸며 차가움, 뜨거움, 아픔, 촉감 등을 느끼는 것은 피부야.
> 성민: 얼굴 가운데에 튀어나와 있고 구멍이 두 개 있으며 냄새를 맡는 것은 입이야.

(   )

9종 공통

2 영서는 시계에서 울리는 알람 소리를 듣고 잠에서 깨어 났습니다. 이때 알람 소리를 들은 감각 기관은 어느 것입니까? (   )

① 눈   ② 귀   ③ 코

④ 혀   ⑤ 피부

9종 공통

3 다음은 자극이 전달되고 반응하는 과정입니다. ㉠, ㉡에 들어갈 말을 바르게 짝지은 것은 어느 것입니까?

(   )

> 감각 기관 ➡ ㉠ 을/를 전달하는 신경 ➡ 뇌(행동을 결정하는 신경) ➡ ㉡ 을/를 전달 하는 신경 ➡ 운동 기관

	㉠	㉡		㉠	㉡
①	자극	반응	②	자극	명령
③	반응	명령	④	반응	자극
⑤	명령	반응			

9종 공통

4 다음의 각 기관과 하는 일을 줄로 바르게 이으시오.

(1) 신경계   ·   ·㉠ 명령을 수행함.

(2) 감각 기관   ·   ·㉡ 자극을 받아들임.

(3) 운동 기관   ·   ·㉢ 행동을 결정하고, 명령을 전달함.

5 다음은 손을 씻을 때의 자극과 반응을 정리한 것입니다. ㉠과 ㉡에 들어갈 알맞은 말을 각각 쓰시오.

구분	상황
㉠	더러운 손을 봄.
㉡	손을 물에 씻음.

㉠ (   )

㉡ (   )

6 위 **5번**의 자극을 받아들이는 감각 기관은 무엇인지 쓰시오.

(   )

서술형·논술형 문제

7 다음은 운동할 때 몸에서 일어나는 변화를 나타낸 표입니다.

구분	평상시	운동 직후	5분 휴식 후
체온(C°)	36.7	36.9	36.6
맥박 수(회)	65	102	69

(1) 평상시와 운동 직후, 5분 휴식 후 중 체온이 가장 높은 때는 언제인지 쓰시오.

(   )

(2) 운동 직후에 빠르게 뛰는 맥박을 평상시와 같은 상태로 되돌리는 방법을 쓰시오.

_____

_____

8 다음 중 운동할 때 우리 몸에서 나타나는 변화로 옳지 않은 것은 어느 것입니까? (   )

① 호흡이 빨라진다.

② 에너지를 많이 낸다.

③ 심장 박동이 빨라진다.

④ 혈액 순환이 느려진다.

⑤ 몸의 영양소를 많이 사용한다.

9 다음 중 몸을 움직이기 위해 각 기관이 하는 일에 대해 잘못 말한 친구는 누구입니까? (   )

① 선미: 근육이 없고 뼈만 있어도 몸을 움직일 수 있어.

② 진아: 소화 기관에서 영양소를 흡수하여 몸을 움직일 수 있게 해.

③ 진영: 몸을 움직일 때 여러 가지 자극을 받아들이는 기관은 감각 기관이야.

④ 승현: 몸을 움직일 때 필요한 산소를 받아들이는 것은 호흡 기관이 하는 일이야.

⑤ 경수: 몸속의 노폐물이 쌓이지 않도록 몸 밖으로 내보내는 것은 배설 기관이 하는 일이야.

10 다음은 몸을 움직이기 위해 순환 기관이 하는 일입니다. ☐ 안에 들어갈 알맞은 말을 쓰시오.

> 영양소와 산소를 온몸에 전달하고, 이산화 탄소와 ☐을/를 각각 호흡 기관과 배설 기관에 전달합니다.

(   )

9종 검정 교과서 단원 평가

핵심 정리

🌰 에너지가 필요한 까닭과 에너지를 얻는 방법

구분	에너지가 필요한 까닭	에너지를 얻는 방법
식물	자라서 열매를 맺는 데 필요함.	빛을 이용하여 스스로 양분을 만들어 에너지를 얻음. (광합성)
동물	살아가는 데 필요함.	식물이나 다른 동물을 먹고 그 양분으로 에너지를 얻음.
자동차	움직이는 데 필요함.	기름(연료)을 넣거나 전기를 충전함.
가스 보일러	물을 데우거나 집 안을 따뜻하게 하는 데 필요함.	가스를 공급함.

➡ 에너지는 석탄, 석유, 천연가스, 햇빛, 바람, 물 등 여러 가지 에너지 자원에서 얻을 수 있습니다.

🌰 에너지 형태 → 한 물체에서 여러 가지 에너지 형태를 찾을 수도 있습니다.

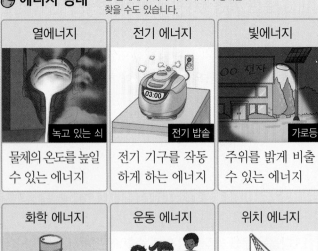

열에너지	전기 에너지	빛에너지
녹고 있는 쇠	전기 밥솥	가로등
물체의 온도를 높일 수 있는 에너지	전기 기구를 작동하게 하는 에너지	주위를 밝게 비출 수 있는 에너지

화학 에너지	운동 에너지	위치 에너지
음식물, 석유 등	공을 차는 아이들	높은 곳의 추
음식물, 석유, 석탄 등이 가진 에너지	움직이는 물체가 가진 에너지	높은 곳의 물체가 가진 에너지

1 에너지의 필요성 / 에너지 형태

1 다음 중 에너지가 필요한 까닭에 대한 설명으로 옳지 않은 것은 어느 것입니까? (   )

① 텔레비전을 볼 때 에너지가 필요하다.
② 생물이 살아가려면 에너지가 필요하다.
③ 에너지가 없어도 잘 자라는 식물도 있다.
④ 자동차가 움직이는 데 에너지가 필요하다.
⑤ 우리가 일상생활을 할 때는 에너지가 필요하다.

[2~3] 다음은 여러 가지 생물의 모습입니다. 물음에 답하시오.

㉠
🔺 다람쥐

㉡
🔺 토마토

㉢
🔺 사과나무

㉣
🔺 살쾡이

2 위 ㉠~㉣ 중 빛을 이용하여 스스로 양분을 만들어 에너지를 얻는 생물을 두 가지 골라 기호를 쓰시오.

(,   )

3 다음은 식물과 동물이 에너지를 얻는 방법의 공통점을 설명한 것입니다. ☐ 안에 들어갈 알맞은 말은 어느 것입니까? (   )

> 생물은 모두 ☐에서 에너지를 얻습니다.

① 전기
② 바람
③ 석유
④ 양분
⑤ 다른 생물

4 다음 중 생물이나 기계가 에너지를 얻는 방법으로 옳지 않은 것은 어느 것입니까? (   )

9종 공통

① 사람: 음식을 먹는다.

② 토끼: 다른 생물을 먹는다.

③ 텔레비전: 가스를 공급한다.

④ 벼: 광합성으로 스스로 양분을 만든다.

⑤ 자동차: 기름을 넣거나 전기를 충전한다.

천재교과서

5 다음 보기 에서 가스를 사용하지 못하게 되었을 때 생길 수 있는 일에 대한 설명으로 옳은 것을 두 가지 골라 기호를 쓰시오.

보기
㉠ 휴대 전화를 충전할 수 없습니다.
㉡ 밤에 전등을 켤 수 없어 어둡게 생활하게 됩니다.
㉢ 가스레인지를 사용하지 못해 음식을 익혀 먹을 수 없습니다.
㉣ 추운 겨울에 보일러를 사용하지 못해 집 안을 따뜻하게 하기 어렵습니다.

(,   )

6 다음 중 높은 곳에 있는 물체가 가진 에너지 형태는 어느 것입니까? (   )

9종 공통

① 열에너지   ② 빛에너지

③ 운동 에너지   ④ 위치 에너지

⑤ 화학 에너지

7 다음 중 위 6번 답의 에너지 형태와 가장 관련 있는 상황은 어느 것입니까? (   )

9종 공통

① 음식   ② 끓고 있는 물

③ 달리는 자동차   ④ 높이 올라간 그네

⑤ 공을 차는 아이들

서술형·논술형 문제

천재교과서

8 다음은 놀이터의 모습입니다. ㉠~㉤에서 찾을 수 있는 에너지 형태를 각각 쓰시오.

㉠ 미끄럼틀 위의 아이
㉡ 높이 올라간 시소
㉢ 휴대 전화 배터리
㉣ 달리는 자전거
㉤ 달리는 스케이트 보드

_____

_____

9 오른쪽과 같이 옷의 주름을 펴 주는 뜨거운 다리미에서 볼 수 있는 에너지 형태에 대한 설명으로 옳은 것은 어느 것입니까? (   )

9종 공통

① 움직이는 물체가 가진 에너지이다.

② 주위를 밝게 비출 수 있는 에너지이다.

③ 물체의 온도를 높일 수 있는 에너지이다.

④ 높은 곳에 있는 물체가 가진 에너지이다.

⑤ 생물이 생명 활동을 하는 데 필요한 에너지이다.

10 다음 중 텔레비전과 세탁기가 작동하거나 전등을 켜는 데 공통으로 이용되는 에너지 형태는 어느 것입니까?

9종 공통

(   )

① 열에너지   ② 빛에너지

④ 화학 에너지   ④ 전기 에너지

⑤ 운동 에너지

❷ 다른 형태로 바뀌는 에너지

9종 공통

1 다음 중 에너지 전환에 대한 설명으로 옳은 것을 두 가지 고르시오. (,   )

① 에너지 형태가 바뀌는 것을 말한다.

② 에너지 형태가 바뀌지 않는 것을 말한다.

③ 운동 에너지는 위치 에너지로만 전환된다.

④ 빛에너지는 다른 에너지 형태로 전환되지 않는다.

⑤ 에너지가 전환된 후 다시 원래의 에너지 형태로 전환될 수 있다.

핵심 정리

천재교과서, 금성, 동아, 미래엔, 아이스크림

🌍 **에너지 전환** → 우리가 이용하는 대부분의 에너지는 태양에서 온 에너지 형태가 전환된 것입니다.

뜻	에너지 형태가 바뀌는 것
이용	에너지를 전환하여 생활에서 필요한 여러 가지 형태의 에너지를 얻음.

천재교과서, 금성, 동아, 미래엔, 아이스크림

🌍 **롤러코스터에서 열차가 이동할 때 각 구간별 에너지 전환**

구분	에너지 전환
1구간	전기 에너지 → 운동 에너지, 위치 에너지
2구간	위치 에너지 → 운동 에너지
3구간	운동 에너지 → 위치 에너지

🌍 **에너지 형태가 바뀌는 예**

상황	에너지 전환
빔 투사기	운동 에너지 → 전기 에너지 → 빛에너지, 열에너지 ┗→ 발전기
폭포에서 떨어지는 물	위치 에너지 → 운동 에너지
손전등	화학 에너지 → 전기 에너지 → 빛에너지, 열에너지 ┗→ 건전지
눈썰매를 타고 내려오는 아이들	위치 에너지 → 운동 에너지
뛰어노는 아이	화학 에너지 → 운동 에너지
모닥불	화학 에너지 → 빛에너지, 열에너지 ┗→ 나무

[2~3] 다음은 롤러코스터에서 움직이는 열차의 모습입니다. 물음에 답하시오.

천재교과서, 금성, 동아, 미래엔, 아이스크림

2 다음은 위 ㉠ 구간에서 일어나는 에너지 전환을 나타낸 것입니다. ☐ 안에 들어갈 알맞은 말을 쓰시오.

┌─────┐ 에너지 → 운동 에너지, 위치 에너지

(   )

천재교과서, 금성, 동아, 미래엔, 아이스크림

3 다음 중 ㉡ 구간에서 일어나는 에너지 전환을 바르게 나타낸 것은 어느 것입니까? (   )

① 운동 에너지 → 위치 에너지

② 위치 에너지 → 운동 에너지

③ 화학 에너지 → 위치 에너지

④ 화학 에너지 → 운동 에너지

⑤ 위치 에너지 → 화학 에너지

4 다음 중 전기 에너지를 빛에너지로 전환하여 사용하는 예는 어느 것입니까? (   )

① 끓고 있는 물   ② 달리는 자전거
③ 움직이는 그네   ④ 불이 켜진 전등
⑤ 날고 있는 독수리

5 다음 □ 안에 들어갈 공을 차는 아이들에게서 볼 수 있는 에너지 전환의 형태로 가장 알맞은 것에 ○표를 하시오.

△ □ → 운동 에너지

빛에너지   위치 에너지   화학 에너지

🔧 **서술형·논술형 문제**

6 다음은 에너지 전환 과정을 나타낸 것입니다.

← 태양 전지   전기다리미 →

(1) 위 태양 전지는 태양의 빛에너지를 어떤 에너지로 전환하는지 쓰시오.

(   )

(2) 위 전기다리미에서 일어나는 에너지 전환 과정을 쓰시오.

_____

_____

7 다음 ㉠과 ㉡에 들어갈 알맞은 말을 바르게 짝지은 것은 어느 것입니까? (   )

식물은 태양의 ㉠ 에너지를 이용해 광합성을 하여 ㉡ 에너지로 저장합니다.

	㉠	㉡		㉠	㉡
①	빛	열	②	빛	화학
③	빛	운동	④	열	화학
⑤	열	운동			

8 다음 보기 에서 위치 에너지가 운동 에너지로 전환되는 경우를 골라 기호를 쓰시오.

보기
㉠ 모닥불을 피울 때
㉡ 폭포에서 물이 떨어질 때
㉢ 어두운 밤에 손전등을 켰을 때

(   )

9 다음은 오른쪽과 같은 태양광 로봇이 움직일 때 일어나는 에너지 전환 과정을 나타낸 것입니다. □ 안에 알맞은 말을 쓰시오.

태양 전지

태양의 빛에너지	→태양 전지→	전기 에너지	→전동기→	□ 에너지

10 다음 □ 안에 들어갈 알맞은 말을 쓰시오.

우리가 사용하는 대부분의 에너지는 □ 에서 온 에너지 형태가 전환된 것입니다.

(   )

핵심 정리

🌿 식물이나 동물이 에너지를 효율적으로 이용하는 예

식물	동물
• 겨울을 준비하기 위해 나무는 가을에 잎을 떨어뜨림. • 겨울눈의 비늘은 추운 겨울에 열에너지가 빠져나가는 것을 줄여 주어 어린싹이 얼지 않도록 함.	• 곰, 다람쥐, 박쥐 등은 겨울에 겨울잠을 잠. • 철새들은 먼 거리를 날아갈 때 바람을 이용함. • 돌고래의 유선형 몸은 헤엄칠 때 물의 저항을 적게 받음.

🔺 목련의 겨울눈

🔺 겨울잠을 자는 북극곰

🌰 전기 기구의 에너지 효율을 높인 예

① 발광 다이오드[LED]등처럼 에너지 효율이 높은 것을 사용합니다. ┌ 전등은 주위를 밝게 하는 도구이므로, 전기 에너지가 빛에너지로 많이 전환될수록 에너지 효율이 높습니다.

천재교육, 천재교과서, 동아, 미래엔, 지학사

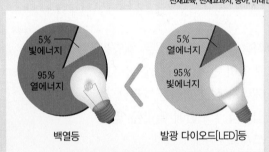

5 %
빛에너지
95 %
열에너지
백열등

5 %
열에너지
95 %
빛에너지
발광 다이오드[LED]등

🔺 전등에서 전기 에너지(100 %)의 전환 비율

② 에너지 소비 효율 등급이 1등급에 가까운 제품, 에너지 절약 표시나 고효율 기자재 표시가 붙어 있는 제품을 사용합니다.

🌰 건축물의 에너지 효율을 높인 예

① 태양의 빛에너지나 열에너지를 이용하는 장치를 사용합니다.

② 창문 크기를 조절하여 태양 에너지를 많이 이용하도록 합니다.

③ 이중창, 단열재 등을 사용합니다. ┌ 건물 안의 열 손실을 줄입니다.

🔺 이중창

---

❸ 효율적인 에너지 활용 방법

정답 9쪽

9종 공통

1 다음은 식물이 에너지를 효율적으로 이용하는 예입니다. □ 안에 들어갈 알맞은 말은 어느 것입니까? (   )

> 나무는 겨울을 준비하기 위해 기온이 떨어지기 시작하면 □□□을/를 떨어뜨립니다.

① 잎　　　　② 꽃　　　　③ 씨
④ 열매　　　⑤ 줄기

📝 서술형·논술형 문제　　천재교과서, 금성, 동아, 미래엔, 비상, 아이스크림, 지학사

2 다음은 겨울철 여러 가지 동물의 모습입니다.

곰　다람쥐
뱀　개구리

(1) 위와 같이 동물이 에너지를 효율적으로 이용하기 위해 하는 행동은 무엇인지 쓰시오.

(   )

(2) 겨울철에 동물이 위와 같은 행동을 하는 까닭을 환경의 특징과 관련지어 쓰시오.

_____

_____

천재교육, 천재교과서, 금성, 김영사, 동아, 미래엔, 비상, 지학사

3 오른쪽의 에너지 소비 효율 등급에 대한 설명으로 옳은 것을 두 가지 고르시오. (,   )

① 전기 에너지를 이용하는 기구에 붙인다.
② 주로 열에너지를 이용하는 기구에 붙인다.
③ 주로 위치 에너지를 이용하는 기구에 붙인다.
④ 에너지 소비 효율 등급이 1등급에 가까운 제품일수록 에너지 효율이 높다.
⑤ 에너지 소비 효율 등급이 5등급에 가까운 제품일수록 에너지 효율이 높다.

BOOK 1

교과서 개념을 쉽게 이해할 수 있는

개념북

✦ 쉽고 자세한 개념 학습 ✦ 다양한 검정 교과서 자료

6-2

과학
리더

천재교육

Chunjae
Makes
Chunjae

▼

과학 리더 6-2

편집개발 김성원, 박나현, 박주영
디자인총괄 김희정
표지디자인 윤순미, 장미
내지디자인 박희춘
본문 사진 제공 셔터스톡, 게티이미지코리아
제작 황성진, 조규영

발행일 2024년 6월 1일 2판 2024년 6월 1일 1쇄
발행인 (주)천재교육
주소 서울시 금천구 가산로9길 54
신고번호 제2001-000018호
고객센터 1577-0902
교재 구입 문의 1522-5566

※ 정답 분실 시에는 천재교육 홈페이지에서 내려받으세요.
※ KC 마크는 이 제품이 공통안전기준에 적합하였음을 의미합니다.
※ 주의
책 모서리에 다칠 수 있으니 주의하시기 바랍니다.
부주의로 인한 사고의 경우 책임지지 않습니다.
8세 미만의 어린이는 부모님의 관리가 필요합니다.

리더가 되기 위한 공부 비법

과학 리더

6-2

구성과 특징

개념북

1 쉽고 재미있게 개념을 익히고 다지기

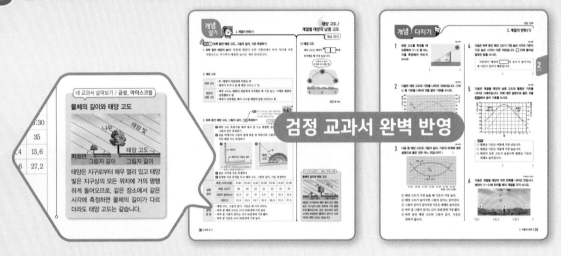

검정 교과서 완벽 반영

2 Step ❶, ❷, ❸단계로 단원 실력 쌓기

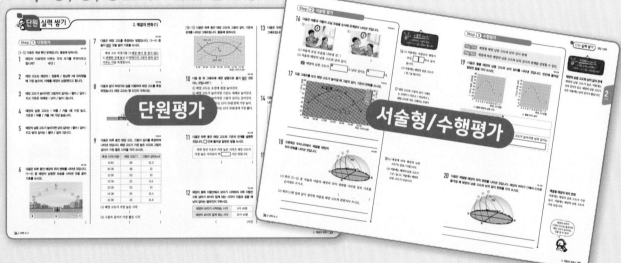

단원평가

서술형/수행평가

3 대단원 평가로 단원 마무리하기

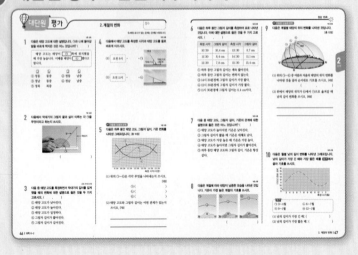

평가북

1 스피드 쪽지 시험

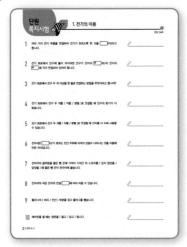

2 학교시험에 잘 나오는 대표 문제

연습+실전

3 대단원 평가로 단원 정리

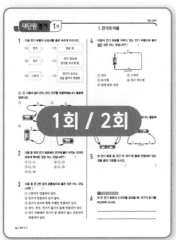

1회 / 2회

4 서술형·논술형 평가 완벽 대비

1회 / 2회

코칭북

① 문제 풀고

② 정답 보고

③ 자세한 풀이로 완벽 이해

차례

등장인물 소개

소년 탐정 코비

13세 소년
명석한 두뇌로 수많은 사건을
해결하는 탐정이지만, 덜렁대고
성급해 위기를 자초하기도 한다.

써니

13세 소녀
차분한 성격이지만,
탐정 코비가 사고를 칠 때마다
불같이 화를 내는 두 얼굴을 가졌다.

괴도 팡팡

20세 청년
베일에 가려진 도둑으로,
번번이 탐정 코비와 써니의
활약에 실패한다.

페로

괴도 팡팡을 도와 보물을
훔치는 도우미 새

🌸 연관 학습 안내

초등 3학년	이 단원의 학습	중학교
자석의 이용 자석에 붙는 물체는 철로 만들어져 있다는 것을 배웠어요.	전기의 이용 전기 회로, 전지와 전구의 연결 방법, 전자석 등에 대해 배워요.	전기와 자기 마찰 전기와 자기장 등에 대해 배울 거예요.

만화로 단원 미리보기

소년 탐정 코비가 도착하기 전에 아무것도 만지지 마!

소년 탐정 코비가 도착했습니다.

어서 오게. 우리 박물관의 최고의 보물이 감쪽같이 사라졌네.

걱정하지 마세요. 사건 현장은 어디죠?

이쪽이네. 보물 대신 폭탄이 설치되어 있어.

이 많은 보안 장치를 뚫고 폭탄을 설치하다니 이건 보통 도둑이 아니야.

손으로 만지면 터짐!

그렇다면 혹시······

잠깐 기다려. 폭탄이 작동될지도 몰라.

폭탄은 여기에 들어올 때 이미 작동됐어.

전지가 병렬연결되어 있어. 전구의 불빛이 어두워서 타이머의 숫자가 잘 보이지 않네.

몇 분이나 남은 거야?

전기의 이용

1

 단원 안내

(1) 전구에 불이 켜지는 조건 / 전구의 연결 방법에 따른 전구의 밝기
(2) 전자석의 성질과 이용 / 전기의 안전과 절약

이어서
개념 웹툰

6 전구에 불이 켜지는 조건 / 전구의 연결 방법에 따른 전구의 밝기

개념 체크

개념 ① 전구에 불이 켜지는 조건

1. 여러 가지 전기 부품의 쓰임새

전지	전지 끼우개	스위치
→ (+)극과 (−)극이 있습니다.		
전기 회로에 전기를 흐르게 함.	전선을 쉽게 연결할 수 있도록 전지를 넣어 사용함.	전기가 흐르는 길을 끊거나 연결함.

전구	전구 끼우개	집게 달린 전선
필라멘트 / 꼭지쇠 / 꼭지		
빛을 내는 전기 부품임. 전구에 전기가 흐르면 필라멘트에서 빛이 납니다.	전선에 쉽게 연결할 수 있도록 전구를 끼워서 사용함.	전기 부품을 쉽게 연결할 수 있음.

☑ 전기 부품

전기 부품은 ❶ [전][기] 가 잘 흐르는 부분과 ❷ [전][기] 가 잘 흐르지 않는 부분으로 이루어져 있습니다.

난 전기가 흘러.

난 전기가 흐르지 않아.

정답 ❶ 전기 ❷ 전기

2. 전지, 전구, 전선을 연결하여 전구에 불 켜기

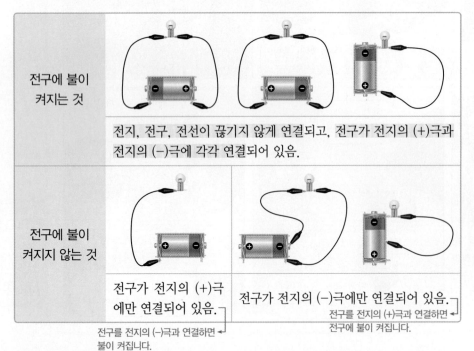

전구에 불이 켜지는 것	전지, 전구, 전선이 끊기지 않게 연결되고, 전구가 전지의 (+)극과 전지의 (−)극에 각각 연결되어 있음.
전구에 불이 켜지지 않는 것	전구가 전지의 (+)극에만 연결되어 있음. ┐ 전구를 전지의 (−)극과 연결하면 불이 켜집니다. / 전구가 전지의 (−)극에만 연결되어 있음. 전구를 전지의 (+)극과 연결하면 전구에 불이 켜집니다.

내 교과서 살펴보기 / 지학사

전기 부품이 전기가 잘 흐르는 물질과 전기가 잘 흐르지 않는 물질로 되어 있는 까닭

전기 부품의 모든 부분에 전기가 흐르게 되면 감전 위험이 있을 뿐만 아니라, 제대로 작동하지 않을 가능성이 있기 때문입니다.

용어 여러 가지 전기 부품을 연결하여 전기가 흐르도록 한 것

3. **전기 회로**: 스위치를 닫지 않으면 전구에 불이 켜지지 않고, 스위치를 닫으면 전구에 불이 켜집니다.

△ 전기 회로: 스위치를 닫았을 때

4. **전기 회로에서 전구에 불이 켜지는 조건** → 전지, 전구, 전선의 전기가 잘 흐르는 부분끼리 끊어짐 없이 연결되어야 전기가 흘러 전구에 불이 켜집니다.

① 전지, 전구, 전선이 끊기지 않게 연결되어 있습니다.
② 전구가 전지의 (+)극과 전지의 (−)극에 각각 연결되어 있습니다.

개념② 전구의 연결 방법에 따른 전구의 밝기

1. 전구의 연결 방법에 따른 전구의 밝기 비교하기

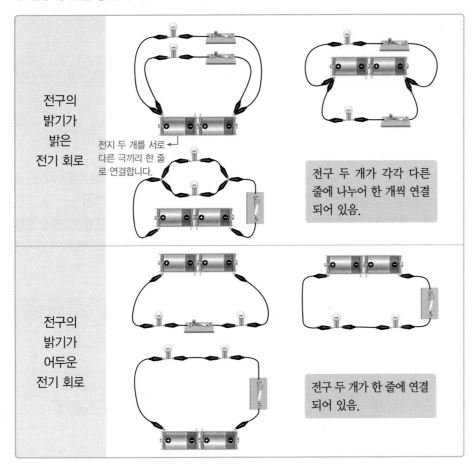

전지 두 개를 서로 다른 극끼리 한 줄로 연결합니다.

전구 두 개가 각각 다른 줄에 나누어 한 개씩 연결되어 있음.

전구 두 개가 한 줄에 연결되어 있음.

☑ **전기 회로의 스위치를 닫았을 때 전구에 불이 켜지는 까닭**

전기 회로의 스위치를 닫으면 전기 회로에 ❸ ㅈ ㄱ 가 흘러서 전구에 불이 켜집니다.

전기야. 고마워. 네 덕에 빛이 나네.

정답 ❸ 전기

내 교과서 살펴보기 / 천재교과서, 금성

전지의 수에 따른 전구의 밝기

전기 회로에서 전지 두 개를 연결할 때 한 전지의 (+)극을 다른 전지의 (−)극에 연결하면 전지 한 개를 연결할 때보다 전구의 밝기가 더 밝습니다.

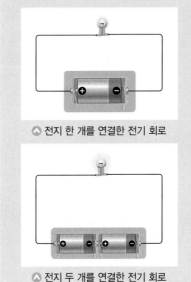

△ 전지 한 개를 연결한 전기 회로

△ 전지 두 개를 연결한 전기 회로

2. 전구 끼우개에 연결된 전구 한 개를 빼내고 스위치를 닫았을 때 나머지 전구의 변화

┌ 전구의 밝기가 밝은 전기 회로 ┐	┌ 전구의 밝기가 어두운 전기 회로 ┐
나머지 전구에 불이 켜짐.	나머지 전구에 불이 켜지지 않음.
└→ 전구 두 개가 각각 다른 줄에 나누어 한 개씩 연결되어 있습니다.	전구 두 개가 한 줄로 연결되어 있습니다. ←┘

3. 전구의 연결 방법

전구의 직렬연결	전구의 병렬연결
• 전기 회로에서 전구 두 개 이상을 한 줄로 연결하는 방법 • 같은 수의 전구를 병렬연결할 때보다 전구의 밝기가 어두움. • 전구를 병렬연결할 때보다 전지를 더 오래 사용할 수 있음. • 전구 한 개의 불이 꺼지면 나머지 전구의 불도 꺼짐.	• 전기 회로에서 전구 두 개 이상을 여러 개의 줄에 나누어 한 개씩 연결하는 방법 • 같은 수의 전구를 직렬연결할 때보다 전구의 밝기가 밝음. • 전구를 직렬연결할 때보다 전지를 더 오래 사용할 수 없음. • 전구 한 개의 불이 꺼져도 나머지 전구의 불이 꺼지지 않음.

(내 교과서 살펴보기 / 김영사, 동아)

전구의 연결 방법에 따른 전구의 사용 기간

같은 전지를 사용하는 경우 여러 개의 전구를 직렬연결하면 병렬연결할 때보다 전구를 더 오래 사용할 수 있습니다. → 여러 개의 전구를 직렬연결할 때가 전지를 더 오래 사용할 수 있기 때문입니다.

4. 전구 여러 개를 연결한 장식용 나무

① 장식용 나무의 전구는 직렬연결과 병렬연결을 혼합하여 사용합니다.

② 전구를 직렬로만 연결하여 나무를 장식하면 전구 하나가 고장이 났을 때 전체 전구가 모두 꺼지고, 전구를 병렬로만 연결하면 전기와 전선이 많이 소비되기 때문입니다.

⬆ 장식용 나무

☑ **전구의 연결 방법에 따른 차이점**

전구의 연결 방법에 따라 전구의 ❹ [ㅂ][ㄱ]와 전지의 사용 기간이 다릅니다.

우리는 너희보다 밝게 빛나지.

☑ **전구의 연결 방법에 따라 각 전구에서 소비되는 에너지**

여러 개의 전구를 병렬연결하면 직렬연결할 때보다 각 전구에서 소비되는 에너지가 ❺(작습 / 큽)니다.

아. 힘들어.

정답 ❹ 밝기 ❺ 큽

개념 다지기

9종 공통

1 다음 전기 부품의 이름을 각각 쓰시오.

모습	이름
	(1)
	(2)

천재교육, 천재교과서, 금성, 김영사, 동아, 미래엔, 지학사

2 다음 중 전구에 불이 켜지는 것을 골라 기호를 쓰시오.

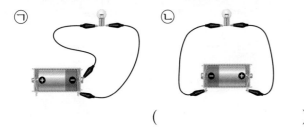

(   )

9종 공통

3 다음은 전기 회로에 대한 설명입니다. ☐ 안에 들어갈 알맞은 말을 쓰시오.

여러 가지 전기 부품을 연결하여 ☐☐☐이/가 흐르도록 한 것을 전기 회로라고 합니다.

(   )

천재교과서, 미래엔, 지학사

4 다음 보기 에서 전구의 밝기가 밝은 전기 회로를 두 가지 골라 기호를 쓰시오.

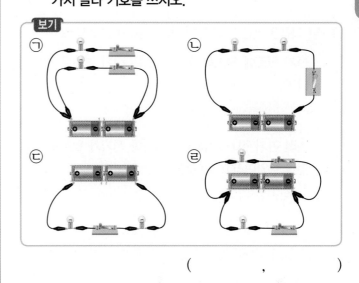

(,   )

천재교과서, 동아, 지학사

5 다음 중 전구 끼우개에 연결된 전구 한 개를 빼내고 스위치를 닫았을 때의 결과를 줄로 바르게 이으시오.

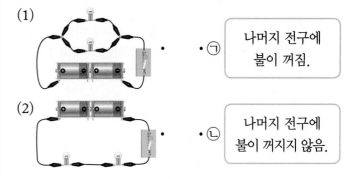

(1) • • ㉠ 나머지 전구에 불이 꺼짐.

(2) • • ㉡ 나머지 전구에 불이 꺼지지 않음.

9종 공통

6 다음은 전구의 연결 방법에 대한 설명입니다. (   ) 안의 알맞은 말에 각각 ○표를 하시오.

전기 회로에서 전구 두 개 이상을 한 줄로 연결하는 방법을 전구의 (직렬 / 병렬)연결이라고 하고, 전구 두 개 이상을 여러 개의 줄에 나누어 한 개씩 연결하는 방법을 (직렬 / 병렬)연결이라고 합니다.

Step 1 단원평가

9종 공통

[1~5] 다음은 개념 확인 문제입니다. 물음에 답하시오.

1 전기 회로에 전기를 흐르게 하는 전기 부품은 무엇입니까? (   )

2 여러 가지 전기 부품을 연결하여 전기가 흐르도록 한 것을 무엇이라고 합니까?
(   )

3 같은 수의 전구를 (직렬 / 병렬)연결한 전기 회로의 전구가 (직렬 / 병렬)연결한 전기 회로의 전구보다 더 밝습니다.

4 전구를 병렬연결한 전지는 전구를 직렬연결한 전지보다 오래 사용할 수 (없습 / 있습)니다.

5 전기 회로에서 전구 여러 개를 (직렬 / 병렬)연결하였을 때는 전구 한 개의 불이 꺼지면 나머지 전구의 불이 꺼지지 않습니다.

9종 공통

6 다음 전기 부품의 이름에 맞게 줄로 바르게 이으시오.

(1)    • ㉠ 전구 끼우개

(2)    • ㉡ 스위치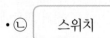

(3)    • ㉢ 전지 끼우개

천재교육, 천재교과서, 금성, 동아, 아이스크림

7 다음 설명과 관계있는 전기 부품은 어느 것입니까?
(   )

> 전기가 흐르는 길을 끊거나 연결합니다.

① 전지   ② 전구
③ 스위치   ④ 전지 끼우개
⑤ 집게 달린 전선

천재교육, 천재교과서, 김영사, 미래엔, 비상

8 다음과 같이 전지, 전선, 전구를 연결했을 때, 결과가 나머지와 다른 하나는 어느 것입니까? (   )

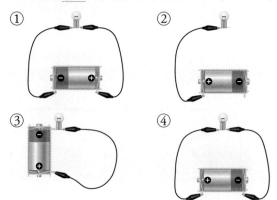

9종 공통

9 다음 중 전기 회로에서 전구에 불이 켜지는 조건으로 옳은 것은 어느 것입니까? (   )

① 전선과 전구만 서로 연결해야 한다.
② 전지와 전선만 서로 연결해야 한다.
③ 전기 회로의 스위치를 닫지 않는다.
④ 전기 부품의 전기가 잘 흐르지 않는 부분끼리 연결해야 한다.
⑤ 전구는 전지의 (+)극과 전지의 (−)극에 각각 연결해야 한다.

[10~11] 다음과 같이 전지와 전구를 연결하여 전기 회로를 만들어 보았습니다. 물음에 답하시오.

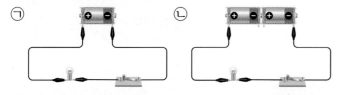

천재교과서, 금성

10 위 전기 회로에서 다르게 한 조건은 무엇인지 쓰시오.

( )

천재교과서, 금성

11 위 전기 회로에서 스위치를 닫았을 때, 전구의 밝기가 더 밝은 것을 골라 기호를 쓰시오.

( )

[12~13] 다음과 같이 전구 두 개의 연결 방법을 다르게 하여 여러 가지 전기 회로를 만들었습니다. 물음에 답하시오.

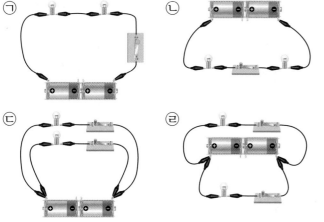

천재교육, 천재교과서, 미래엔, 지학사

12 위 전기 회로 중 전구의 직렬연결에 해당하는 것을 두 가지 골라 기호를 쓰시오.

(,)

천재교육, 천재교과서, 미래엔, 지학사

13 앞의 전기 회로에서 스위치를 닫았을 때 전구가 더 밝은 전기 회로끼리 바르게 짝지은 것은 어느 것입니까?

( )

① ㉠, ㉡   ② ㉠, ㉣
③ ㉡, ㉢   ④ ㉡, ㉣
⑤ ㉢, ㉣

천재교과서, 동아

14 다음의 전기 회로에서 전구 끼우개에 연결된 전구 한 개를 빼내고 스위치를 닫으면 나머지 전구는 어떻게 됩니까? ( )

① 불빛의 색깔이 바뀐다.
② 나머지 전구에 불이 켜진다.
③ 나머지 전구에 불이 켜지지 않는다.
④ 전구 한 개를 빼내기 전보다 전구가 더 밝아진다.
⑤ 전구 한 개를 빼내기 전보다 전구가 더 어두워진다.

천재교과서, 금성, 김영사, 미래엔

15 다음 중 전구의 연결 방법에 대한 설명으로 옳은 것에는 ○표를, 옳지 않은 것에는 ×표를 하시오.

(1) 전기 회로에서 전구 두 개 이상을 한 줄로 연결하는 방법을 전구의 병렬연결이라고 합니다.

( )

(2) 같은 수의 전구를 병렬연결한 전기 회로의 전구가 직렬연결한 전기 회로의 전구보다 더 밝습니다.

( )

(3) 전구를 병렬연결한 전기 회로의 전지는 전구를 직렬연결한 전기 회로의 전지보다 오래 사용할 수 없습니다.

( )

1. 전기의 이용 | **13**

천재교육, 천재교과서, 김영사, 미래엔, 비상

16 다음과 같이 전지, 전선, 전구를 여러 가지 방법으로 연결하였습니다.

(1) 위 전기 회로 중 전구에 불이 켜지지 않는 것을 골라 기호를 쓰시오.

(   )

(2) 위 (1)번의 답과 같이 생각한 까닭을 쓰시오.

답 전구가 전지의 ❶ [　　　　]에만 연결되어 있고, ❷ [　　　　]에는 연결되어 있지 않기 때문이다.

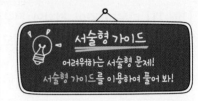

서술형 가이드
어려워하는 서술형 문제!
서술형 가이드를 이용하여 풀어 봐!

16 (1) 전지, 전구, 전선이 끊기지 않고 연결되어야 전구에 불이 (켜집 / 켜지지 않습)니다.

(2) 전구가 전지의 [　][　]과 전지의 (−)극에 각각 연결될 때 전구에 불이 켜집니다.

천재교육, 천재교과서, 미래엔, 비상, 지학사

17 다음의 전기 회로에서 ㉠과 같이 연결하였던 전구 두 개를 ㉡과 같이 바꾸어 연결하였습니다.

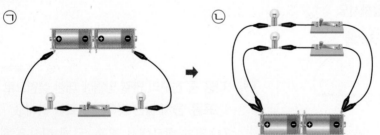

(1) 위 전기 회로에서 전구 두 개는 각각 어떤 방법으로 연결되어 있는지 쓰시오.

㉠ (   )
㉡ (   )

(2) 위의 ㉠에서 스위치를 닫았을 때와 전구의 연결 방법을 ㉡과 같이 바꾸어 연결하고 스위치를 닫았을 때 전구의 밝기는 어떻게 되는지 쓰시오.

17 (1) • 전구 두 개를 한 줄로 연결하는 것: 전구의 (직렬 / 병렬)연결
　　• 전구 두 개를 여러 개의 줄에 나누어 한 개씩 연결하는 것: 전구의 (직렬 / 병렬)연결

(2) 전구 두 개는 직렬연결할 때보다 병렬연결할 때 전구의 밝기가 더 (밝 / 어둡)습니다.

Step ③ 수행평가

학습 주제 전구의 연결 방법에 따른 전구의 밝기 비교하기

학습 목표 전구의 연결 방법에 따른 특징을 설명할 수 있다.

수행평가 가이드
다양한 유형의 수행평가!
수행평가 가이드를 이용해 풀어 봐!

1
단원

[18~20] 다음은 전구의 연결 방법을 다르게 하여 전기 회로를 만든 모습입니다.

ㄱ

ㄴ

천재교육, 천재교과서, 미래엔, 지학사

18 다음은 위의 ㄱ과 ㄴ 전기 회로에서 전구 두 개의 연결 방법에 대한 설명입니다. (개)와 (내)에 들어갈 알맞은 말을 각각 쓰시오.

> ㄱ 전기 회로는 전구 두 개가 ⟨ 개 ⟩(으)로 연결되어 있고, ㄴ 전기 회로는 전구 두 개가 ⟨ 내 ⟩(으)로 연결되어 있습니다.

(개) (   )

(내) (   )

전구의 연결 방법

전구의 직렬연결	전구 두 개 이상을 한 줄로 연결하는 방법
전구의 병렬연결	전구 두 개 이상을 여러 개의 줄에 나누어 한 개씩 연결하는 방법

천재교과서, 미래엔

19 위의 ㄱ과 ㄴ 중 전지를 더 오래 사용할 수 있는 것을 골라 기호를 쓰시오.

(   )

전지를 오래 사용하려면 각 전구에서 소비되는 에너지가 작아야 해.

천재교육, 천재교과서, 미래엔, 지학사

20 위의 ㄱ과 ㄴ 중 전구의 밝기가 더 밝은 것을 골라 기호를 쓰고, 그렇게 생각한 까닭을 쓰시오.

_____

_____

전구의 연결 방법에 다른 전구의 밝기

전구를 직렬연결할 때보다 병렬연결할 때 전구의 밝기가 더 밝습니다.

용어 전기가 흐르는 전선 주위에 자석의 성질이 나타나는 것을 이용해 만든 자석

개념 1 전자석의 성질과 이용

1. 전자석 만들기

실험 동영상

전선과 전선이 겹쳐지거나 벌어지지 않도록
촘촘하게 한 방향으로 감습니다.

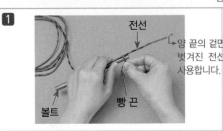

1 전선 / 양 끝의 겉면이 벗겨진 전선을 사용합니다. / 볼트 / 빵 끈	2
전선의 한쪽 끝부분을 10cm 정도 남기고 빵 끈으로 볼트의 한쪽 끝에 전선 고정하기	전선의 다른 쪽 끝부분이 10 cm 정도 남을 때까지 볼트에 전선을 촘촘하게 감은 뒤 빵 끈으로 전선 고정하기
3	4 짧은 빵 끈이 전자석에 붙습니다.
집게 달린 전선으로 전지, 스위치, 볼트에 감은 전선의 끝을 연결하여 전자석 완성하기	완성한 전자석의 스위치를 닫은 뒤 전자석의 한쪽 끝부분을 짧은 빵 끈에 가까이 가져가 보기

✓ 전자석

철심에 전선을 감아 전기를 흐르게 하면 전선 주위에 ❶ [ㅈ] [ㅅ] 의 성질이 나타납니다.

우아. 나 자석이 되었어.

정답 ❶ 자석

2. 전자석의 성질 알아보기

실험 동영상

① 전자석의 끝부분을 짧은 빵 끈에 가까이 가져간 결과

→ 침핀, 클립, 둥근 철 고리 등을 사용할 수도 있습니다.

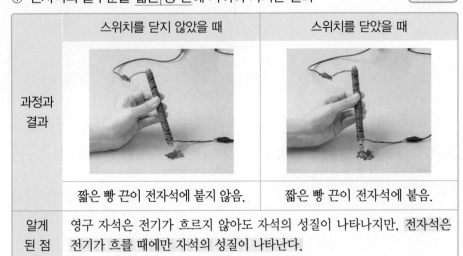

	스위치를 닫지 않았을 때	스위치를 닫았을 때
과정과 결과	짧은 빵 끈이 전자석에 붙지 않음.	짧은 빵 끈이 전자석에 붙음.
알게 된 점	영구 자석은 전기가 흐르지 않아도 자석의 성질이 나타나지만, 전자석은 전기가 흐를 때에만 자석의 성질이 나타난다.	

내 교과서 살펴보기 / 금성

전선 주위에 놓인 나침반 바늘의 움직임

• 전선을 나침반 바늘과 나란하게 나침반 위에 올리고, 전선에 전기를 흐르게 하면 나침반 바늘이 움직입니다. ➡ 전기가 흐르는 전선 주위에 자석의 성질이 생기기 때문입니다.

• 전지의 연결 방향을 바꾸면 나침반 바늘이 반대 방향으로 움직입니다.

(−)   전지의 연   (+)
결 방향을
바꿀 때
(+)   (−)

• 전지 한 개를 연결할 때보다 전지 두 개를 한 줄로 연결할 때 나침반 바늘이 움직이는 각도가 커집니다.

② 전자석에 연결한 전지의 수를 다르게 하여 스위치를 닫았을 때 전자석 끝부분에 붙은 짧은 빵 끈의 개수를 센 결과

	전지 한 개를 연결했을 때	전지 두 개를 서로 다른 극끼리 한 줄로 연결했을 때
과정과 결과		
	전지 두 개를 서로 다른 극끼리 한 줄로 연결했을 때 짧은 빵 끈이 더 많이 붙음. → 전지 한 개를 연결했을 때보다 전자석의 세기가 더 셉니다.	
알게 된 점	영구 자석은 자석의 세기가 일정하지만, 전자석은 자석의 세기를 조절할 수 있다. → 서로 다른 극끼리 연결하는 전지의 수에 따라 자석의 세기가 달라집니다.	

③ 전자석의 양 끝에 나침반을 놓고 스위치를 닫았을 때 나침반 바늘이 가리키는 방향과 전자석의 극을 표시한 결과

	스위치를 닫았을 때 → 나침반 바늘의 S극은 전자석의 N극을, 나침반 바늘의 N극은 전자석의 S극을 가리킵니다.	전지의 극을 반대로 하고 스위치를 닫았을 때
과정과 결과	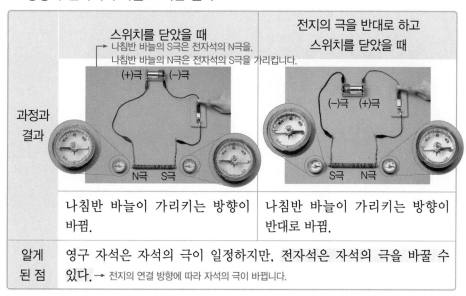	
	나침반 바늘이 가리키는 방향이 바뀜.	나침반 바늘이 가리키는 방향이 반대로 바뀜.
알게 된 점	영구 자석은 자석의 극이 일정하지만, 전자석은 자석의 극을 바꿀 수 있다. → 전지의 연결 방향에 따라 자석의 극이 바뀝니다.	

3. 전자석을 이용하는 예 → 이외에도 전동 휠체어, 머리말리개, 자기 공명 영상 장치, 세탁기, 전기 자동차 등이 있습니다.

⚠ 전자석 기중기

⚠ 자기 부상 열차

⚠ 선풍기

⚠ 스피커

개념 체크

✓ **전자석의 극**

전자석에 연결한 ❷ [ㅈ][ㅈ]의 연결 방향을 반대로 바꾸면 전자석의 극도 바뀝니다.

내 연결 방향을 바꾸면

내 극도 바뀌지.

✓ **전자석 기중기**

전자석을 이용하여 ❸(철 / 유리)로 된 제품을 붙여 다른 장소로 쉽게 옮길 수 있습니다.

난 철로 된 물체를 옮길 수 있어.

정답 ❷ 전지 ❸ 철

개념② 전기의 안전과 절약

1. 전기를 위험하게 사용하는 모습과 낭비하는 모습을 찾은 뒤 고친 행동 → 전기를 안전하게 사용하는 방법은 붉은색으로, 전기를 절약하는 방법은 초록색으로 나타내었습니다.

학교

- 낮에는 전등 끄기
- 창문을 닫고 에어컨 켜기
- 플러그의 머리 부분을 잡고 플러그 뽑기
- 전선 주위에서 뛰거나 장난치지 않기
- 젓가락을 콘센트에 넣지 않기 → 감전의 위험이 있습니다.

집

- 냉장고 문을 닫고 물 마시기
- 물 묻은 손을 수건으로 닦은 뒤 플러그 꽂기
- 콘센트 한 개에 플러그 한 개만 꽂습니다. ←
- 콘센트 한 개에 플러그 여러 개를 한꺼번에 꽂아서 사용하지 않기
- 정리되지 않은 전선을 줄로 묶거나 정리하기

2. 전기를 안전하게 사용하고 절약하는 방법

전기를 안전하게 사용하는 방법	• 가구 밑에 전선이 깔리지 않도록 함. • 학교에 있는 전기 스위치로 장난치지 않음. • 전기 제품 위에 젖은 수건을 올려놓지 않음.
전기를 절약하는 방법	• 냉장고 문을 자주 여닫지 않음. • 외출할 때 전등이 켜져 있는지 확인함. • 컴퓨터와 텔레비전을 사용하는 시간을 줄임.

3. 전기를 안전하게 사용하고 절약해야 하는 까닭

① 전기를 안전하게 사용하지 않으면 감전 사고나 전기 화재 등이 발생할 수 있습니다.
② 전기를 절약하지 않으면 자원이 낭비되고 환경 문제가 발생할 수 있습니다.

개념 체크

내 교과서 살펴보기 / 지학사

전기를 안전하게 사용할 수 있도록 개발한 제품

과전류 차단 장치, 퓨즈, 콘센트 덮개 등

⊙ 과전류 차단 장치

⊙ 콘센트 덮개

☑ **전기를 절약하는 방법**

우리 생활에서 불필요한 전기 사용을 줄이고 외출할 때는 전기 제품을 ❹(켜 / 꺼) 둡니다.

나 좀 꺼 줘.
나도

정답 ❹ 꺼

개념 다지기

1 다음은 전자석에 대한 설명입니다. □ 안에 공통으로 들어갈 알맞은 말을 쓰시오.

9종 공통

> 전자석은 전기가 흐르는 전선 주위에 □□의 성질이 나타나는 것을 이용해 만든 □□입니다.

( )

2 다음은 스위치를 닫지 않았을 때와 닫았을 때 전자석의 끝부분을 클립에 가까이할 때의 결과입니다. 이 중 스위치를 닫았을 때의 결과로 옳은 것을 골라 기호를 쓰시오.

금성, 김영사, 미래엔, 비상, 아이스크림

㉠	㉡
클립이 전자석에 붙지 않음.	클립이 전자석에 붙음.

( )

3 다음은 전자석의 양 끝에 나침반을 놓고 스위치를 닫았을 때의 모습입니다. 전지의 극을 반대로 하고 스위치를 닫았을 때의 모습으로 옳은 것을 보기 에서 골라 기호를 쓰시오.

9종 공통

보기
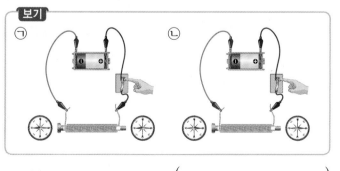

( )

4 다음 중 전자석에 대한 설명으로 옳지 <u>않은</u> 것은 어느 것입니까? ( )

9종 공통

① 자석의 극이 있다.
② 전자석의 세기를 조절할 수 있다.
③ 전기가 흐르지 않으면 극이 바뀐다.
④ 전기가 흐르면 철로 된 물체가 붙는다.
⑤ 전기가 흐르는 동안에만 극이 나타난다.

5 다음 중 전기를 안전하게 사용하기 위해 플러그를 안전하게 뽑은 경우를 골라 기호를 쓰시오.

9종 공통

㉠

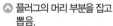
△ 플러그의 머리 부분을 잡고 뽑음.

㉡

△ 플러그의 전선을 잡고 잡아 당김.

( )

6 다음 보기 에서 전기를 절약하는 방법으로 옳은 것을 두 가지 골라 기호를 쓰시오.

9종 공통

보기
㉠ 사용하지 않는 노트북을 켜 둡니다.
㉡ 냉장고 문을 자주 여닫지 않습니다.
㉢ 에어컨을 켤 때 창문을 열어 둡니다.
㉣ 외출할 때 전등이 켜져 있는지 확인합니다.

(,)

Step 1 단원평가

9종 공통

[1~5] 다음은 개념 확인 문제입니다. 물음에 답하시오.

1 전기가 흐르는 전선 주위에 자석의 성질이 나타나는 것을 이용해 만든 자석을 무엇이라고 합니까?

(   )

2 (영구 자석 / 전자석)은 자석의 세기를 조절할 수 있습니다.

3 전자석은 자석의 극을 바꿀 수 (있습 / 없습)니다.

4 플러그의 (머리 / 전선) 부분을 잡고 플러그를 뽑습니다.

5 창문을 (열고 / 닫고) 냉방 기구를 켭니다.

금성

6 다음은 아래의 전기 회로에서 스위치를 닫았을 때 나침반 바늘이 움직이는 까닭입니다. □ 안에 들어갈 알맞은 말을 쓰시오.

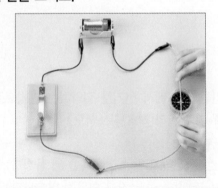

전기가 흐르는 전선 주위에 □의 성질이 생기기 때문입니다.

(   )

천재교과서

7 다음은 전자석을 만드는 방법입니다. 순서에 맞게 기호를 쓰시오.

> ㉠ 집게 달린 전선으로 전지, 스위치, 볼트에 감은 전선의 끝을 연결합니다.
> ㉡ 전선 한쪽 끝부분을 10 cm 정도 남기고 빵 끈으로 볼트의 한쪽 끝에 전선을 고정합니다.
> ㉢ 전선의 다른 쪽 끝부분이 10 cm 정도 남을 때까지 볼트에 전선을 감은 뒤 빵 끈으로 전선을 고정합니다.

(,   ,   )

금성, 김영사, 미래엔, 비상, 아이스크림

8 다음은 전자석의 끝부분을 클립에 가까이 가져갈 때의 결과입니다. 이를 통해 알 수 있는 전자석의 성질로 옳은 것에 ○표를 하시오.

스위치를 닫지 않았을 때	스위치를 닫았을 때
클립이 전자석에 붙지 않음.	클립이 전자석에 붙음.

(1) 자석의 극을 바꿀 수 있습니다. (   )
(2) 자석의 세기를 조절할 수 있습니다. (   )
(3) 전기가 흐를 때만 자석의 성질이 나타납니다.

(   )

천재교육

9 다음은 전지 한 개와 전지 두 개를 연결한 전자석 끝에 각각 침판을 가까이 한 결과입니다. 전지 두 개를 서로 다른 극끼리 한 줄로 연결한 전자석을 골라 기호를 쓰시오.

㉠ 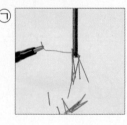 ㉡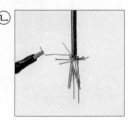

(   )

9종 공통

10 다음과 같이 전자석 양 끝에 놓은 나침반 바늘이 가리키는 방향을 반대로 할 수 있는 방법으로 옳은 것은 어느 것입니까? (　　　　)

① 전지의 극을 반대로 연결한다.
② 스위치 대신 전구를 연결한다.
③ 전자석 주위에 철로 된 물체를 놓는다.
④ 전지를 두 개를 서로 같은 극끼리 한 줄로 연결한다.
⑤ 전지를 두 개를 서로 다른 극끼리 한 줄로 연결한다.

천재교육, 금성, 김영사, 동아, 미래엔, 비상

11 다음 보기 에서 전자석을 이용한 예로 옳은 것을 두 가지 골라 기호를 쓰시오.

> **보기**
> ㉠ 전지　　　　㉡ 선풍기
> ㉢ 나침반　　　㉣ 자기 부상 열차

(　　　　, 　　　　)

9종 공통

12 다음 중 전기를 낭비하는 경우로 옳은 것을 골라 기호를 쓰시오.

㉠ 콘센트 한 개에 플러그 여러 개를 한꺼번에 꽂아서 사용하기

㉡ 낮에 전등 켜 두기

(　　　　)

천재교과서, 비상

13 다음 중 전기를 안전하게 사용하는 친구는 누구입니까? (　　　　)

① 연수: 콘센트에 젓가락을 넣어봐야지.
② 민지: 콘센트에 플러그를 한 개만 꽂아 사용해야지.
③ 수근: 물에 젖은 행주를 전기 제품에 걸쳐 놓아야지.
④ 지성: 물 묻은 손으로 전기가 흐르는 전기 제품을 만져야지.
⑤ 민호: 콘센트에서 플러그를 뽑을 때는 전선을 잡아당기면서 뽑아야지.

9종 공통

14 다음 중 전기를 절약하는 방법으로 옳지 <u>않은</u> 것은 어느 것입니까? (　　　　)

① 컴퓨터의 사용 시간을 줄인다.
② 에어컨을 켤 때 창문을 닫는다.
③ 냉장고 문을 자주 여닫지 않는다.
④ 냉장고 문을 열어 놓고 물을 마신다.
⑤ 사용하지 않는 전기 제품은 플러그를 뽑아 놓는다.

천재교육, 천재교과서, 금성, 미래엔, 비상, 지학사

15 다음 중 전기를 안전하게 사용해야 하는 까닭으로 옳은 것을 두 가지 고르시오. (　　　　, 　　　　)

① 감전될 수 있기 때문이다.
② 전기 화재가 일어날 수 있기 때문이다.
③ 전기를 사용하는 시간이 제한적이기 때문이다.
④ 전기를 만드는 데 적은 비용이 필요하기 때문이다.
⑤ 전기를 만드는 데 적은 시간이 필요하기 때문이다.

천재교육

16 다음과 같이 전자석에 전지를 한 개 연결했을 때와 두 개를 서로 다른 극끼리 한 줄로
연결했을 때 전자석 끝에 붙은 침핀의 개수를 비교해 보았습니다.

㉠ 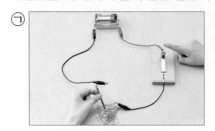 ㉡

⬆ 전지를 한 개 연결했을 때 　　　⬆ 전지 두 개를 연결했을 때

(1) 위 두 전자석의 스위치를 닫았을 때, 전자석의 끝에 붙은 침핀의 개수가
더 많은 것을 골라 기호를 쓰시오.

(　　　　　　　　　)

(2) 위 실험을 통해 알 수 있는 전자석의 성질을 쓰시오.

답 전자석은 나란히 연결한 ❶ [　　　　　]의 개수를 달리하여 자석의
❷ [　　　　　]을/를 조절할 수 있다.

서술형 가이드
어려워하는 서술형 문제!
서술형 가이드를 이용하여 풀어 봐!

16 (1) 전자석의 세기가 세질수록
전자석 끝에 침핀이 (적게
/ 많이) 붙습니다.

(2) 전자석은 나란히 연결한 전지
의 개수에 따라 [　][　]
이/가 달라집니다.

9종 공통

17 다음은 전기를 사용하고 있는 모습입니다.

㉠  ㉡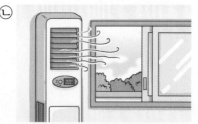

⬆ 전선을 잡아당겨 플러그 뽑기 　　　⬆ 창문을 열어 놓고 에어컨 켜 놓기

(1) 위의 ㉠과 ㉡ 중 전기를 위험하게 사용하는 모습을 골라 기호를 쓰시오.

(　　　　　　　　　)

(2) 위 (1)번 답에 해당하는 모습에서 전기를 안전하게 사용하려면 어떻게 해야
하는지 쓰시오.

_____

_____

17 (1) 플러그를 잡아당겨 전선을
뽑으면 위험하고, 창문을
열어 놓고 에어컨을 켜 놓으면
전기가 [　][　] 됩니다.

(2) 플러그를 뽑을 때에는
[　][　] 부분을 잡아야
합니다.

Step 3 수행평가

학습 주제 전자석의 성질 알아보기

학습 목표 나침반을 이용하여 전자석의 성질을 알 수 있다.

[18~20] 다음은 전자석의 양 끝에 나침반을 놓고 스위치를 닫았을 때의 결과입니다.

전자석

S극 ㉠   ㉡ N극

9종 공통

18 위 실험에서 ㉠과 ㉡은 각각 무슨 극인지 쓰시오.

㉠ (   )극

㉡ (   )극

9종 공통

19 다음은 위 실험에서 전지의 극을 반대로 연결하고 스위치를 닫았을 때의 결과와 알게 된 점입니다. ☐ 안에 공통으로 들어갈 알맞은 말을 쓰시오.

> 나침반 바늘이 가리키는 방향이 처음과 ☐ 이/가 되므로 전자석의 극도 ☐ 이/가 된다는 것을 알 수 있습니다.

(   )

9종 공통

20 위 19번 실험을 통해 알 수 있는 전자석의 성질을 오른쪽 영구 자석과 비교하여 쓰시오.

⬥ 여러 가지 영구 자석

_____

_____

수행평가 가이드
다양한 유형의 수행평가!
수행평가 가이드를 이용해 풀어 봐!

1 단원

자석 주위의 나침반 바늘이 가리키는 방향

나침반 바늘의 N극은 자석의 S극을 가리키고, 나침반 바늘의 S극은 자석의 N극을 가리킵니다.

전지의 두 극을 연결한 방향에 따라 극의 위치가 달라져.

영구 자석

막대자석과 같이 자석의 성질이 계속 유지되는 자석입니다.

1. 전기의 이용

Q 배점 표시가 없는 문제는 문제당 4점입니다.

천재교육, 동아, 지학사

1 오른쪽의 전구에서 ㉠과 ㉡의 이름을 각각 쓰시오.

㉠ (   )

㉡ (   )

천재교육, 천재교과서, 미래엔

4 다음은 앞 3번 답에서 전구에 불이 켜지지 않는 까닭에 대한 설명입니다. ☐ 안에 들어갈 알맞은 말을 쓰시오.

> 전구가 전지의 ☐☐극에만 연결되어 있기 때문입니다.

(   )

천재교육, 천재교과서, 금성, 동아, 아이스크림

2 다음 중 여러 가지 전기 부품의 쓰임새로 옳은 것은 어느 것입니까? (   )

① 전지: 빛을 낸다.

② 전구: 전기 회로에 전기를 흐르게 한다.

③ 스위치: 전기가 흐르는 길을 끊거나 연결한다.

④ 전구 끼우개: 전선을 쉽게 연결할 수 있도록 전지를 넣어 사용한다.

⑤ 전지 끼우개: 전선에 쉽게 연결할 수 있도록 전구를 넣어 사용한다.

9종 공통

5 다음의 전기 회로에 대한 설명으로 옳지 않은 것은 어느 것입니까? (   )

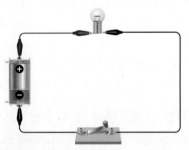

① 스위치를 닫으면 전구에 불이 켜진다.

② 스위치를 닫으면 전기가 흐르지 않는다.

③ 전구, 전지, 전선, 스위치를 연결하여 만든 것이다.

④ 스위치를 닫으면 전지, 전구, 전선이 끊기지 않게 연결된다.

⑤ 전구가 전지의 (+)극과 전지의 (−)극에 각각 연결되어 있다.

천재교육, 천재교과서, 미래엔

3 다음과 같이 전지, 전선, 전구를 연결했을 때 전구에 불이 켜지지 않는 것은 어느 것입니까? (   )

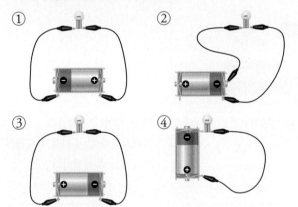

6 다음의 두 전기 회로에 대한 설명으로 옳지 <u>않은</u> 것은
어느 것입니까? ( )

천재교과서, 금성

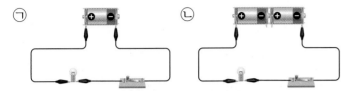

① 전구의 수와 전지의 종류는 같게 한다.
② 스위치를 닫으면 ㉡은 ㉠보다 전구의 밝기가 밝다.
③ ㉡에서 전지는 서로 같은 극끼리 한 줄로 연결
되어 있다.
④ 전지의 수에 따른 전구의 밝기를 비교하기 위한
실험이다.
⑤ 전지의 수에 따라 전구의 밝기가 달라진다는 것을
알 수 있다.

[7~8] 다음과 같이 전구의 연결 방법을 다르게 하여 전기 회로를
만들었습니다. 물음에 답하시오.

천재교육, 천재교과서, 금성, 김영사, 동아, 미래엔, 비상, 지학사

7 다음 중 위 전기 회로에서 스위치를 닫았을 때 전구의
밝기를 바르게 비교하여 말한 친구의 이름을 쓰시오.

> 현수: ㉠과 ㉡에서 전구의 밝기가 같아.
> 서민: ㉠이 ㉡보다 전구의 밝기가 밝아.
> 규진: ㉡이 ㉠보다 전구의 밝기가 밝아.

( )

김영사, 동아

8 위 전기 회로 중 전구를 더 오래 사용할 수 있는 것을
골라 기호를 쓰시오.

( )

🛢 **서술형·논술형 문제**

천재교과서, 미래엔

9 다음과 같이 전구의 연결 방법을 다르게 하여 전기
회로를 만들었습니다. [총 12점]

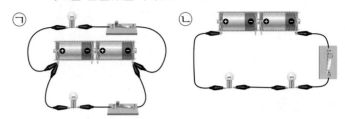

(1) 위의 전기 회로에서 전구 두 개를 직렬연결한
것을 골라 기호를 쓰시오. [4점]

( )

(2) 위의 전기 회로에서 전지의 사용 기간을 비교
하여 쓰시오. [8점]

_____

_____

천재교과서

10 다음의 두 전기 회로에 대한 설명으로 옳지 <u>않은</u> 것은
어느 것입니까? ( )

① 전구의 연결 방법이 다르다.
② ㉠은 ㉡보다 전구의 밝기가 밝다.
③ ㉡은 전구가 한 줄로 연결되어 있다.
④ ㉡은 ㉠보다 전지를 더 오래 사용할 수 없다.
⑤ ㉠은 전구가 병렬연결, ㉡은 전구가 직렬연결되어
있다.

11 오른쪽의 전기 회로에서 나침반 바늘이 반대 방향으로 회전하게 하려면 어떻게 해야 합니까? (   )

금성

① 전지의 극을 반대로 연결한다.
② 전선을 더 굵은 것으로 바꾼다.
③ 전선을 더 얇은 것으로 바꾼다.
④ 전지를 서로 같은 극끼리 한 개 더 연결한다.
⑤ 전지를 서로 다른 극끼리 한 개 더 연결한다.

금성, 김영사, 미래엔, 비상, 아이스크림

12 다음은 스위치를 닫았을 때만 전자석의 끝부분에 클립이 붙는 까닭입니다. ㉠, ㉡에 들어갈 알맞은 말을 각각 쓰시오.

> 전자석은 [㉠]이/가 흐를 때만 [㉡]의 성질이 나타나기 때문입니다.

㉠ (   )
㉡ (   )

천재교육

13 다음과 같이 전지 한 개를 연결한 전자석과 전지 두 개를 서로 다른 극끼리 한 줄로 연결한 전자석의 스위치를 닫았을 때, 전자석 끝에 붙은 침핀의 개수를 비교하여 쓰시오. [8점]

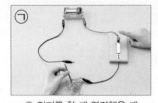

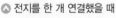

⚓ 전지를 한 개 연결했을 때   ⚓ 전지 두 개를 연결했을 때

_____

_____

[14~15] 다음과 같이 전자석의 양 끝에 나침반을 놓아 두었습니다. 물음에 답하시오.

9종 공통

14 위 실험에서 스위치를 닫았을 때 나침반의 움직임으로 옳은 것을 보기 에서 골라 기호를 쓰시오.

> **보기**
> ㉠ 나침반 바늘이 계속 돌아갑니다.
> ㉡ 나침반 바늘이 움직이지 않습니다.
> ㉢ 나침반 바늘이 가리키는 방향이 바뀝니다.

(   )

9종 공통

15 위 실험에서 전지의 극을 반대로 하고 스위치를 닫았더니 다음과 같았습니다. ㉠과 ㉡의 전자석의 극을 각각 쓰시오.

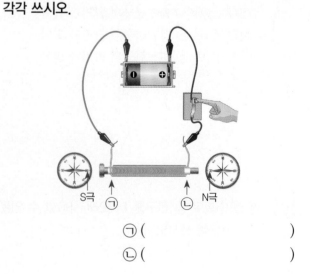

S극 ㉠   ㉡ N극

㉠ (   )
㉡ (   )

16 다음의 전자석이 영구 자석과 다른 점으로 옳은 것을 두 가지 고르시오. (　　,　　)

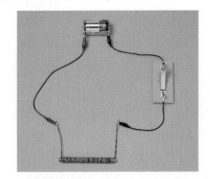

① N극과 S극이 있다.
② 철로 된 물체가 붙는다.
③ 자석의 세기가 일정하다.
④ 전지의 연결 방향에 따라 극이 바뀐다.
⑤ 전기가 흐를 때만 자석의 성질이 나타난다.

17 다음을 전자석을 이용할 때와 이용하지 않은 것으로 분류할 때, 아래의 자기 부상 열차와 같은 무리에 속하지 <u>않는</u> 것은 어느 것입니까? (　　　)

① 선풍기　　　　② 나침반
③ 스피커　　　　④ 머리말리개
⑤ 전자석 기중기

---

18 다음은 친구들이 전기를 안전하게 사용하는 방법에 대해 이야기한 내용입니다. [총 12점]

> 경수: 물 묻은 손으로 전기 제품을 만져도 돼.
> 미나: 전선을 길게 늘어뜨리거나 어지럽게 꼬아서 사용하면 안 돼.
> 민서: 콘센트 한 개에 플러그 여러 개를 한꺼번에 꽂아 사용하면 안 돼.

(1) 위의 대화에서 전기를 위험하게 사용한 친구의 이름을 쓰시오. [4점]
(　　　　　　)

(2) 위 (1)번 답의 친구가 전기를 안전하게 사용하려면 어떻게 해야 하는지 쓰시오. [8점]

_____

_____

19 다음 중 전기를 절약하는 방법으로 옳은 것에는 ○표를, 옳지 <u>않은</u> 것에는 ×표를 하시오.
(1) 사용하지 않는 전등을 끕니다. (　　　)
(2) 에어컨을 켤 때 창문을 닫습니다. (　　　)
(3) 사용하지 않는 전기 제품의 플러그를 콘센트에 꽂아 놓습니다. (　　　)

20 다음 보기 에서 전기를 절약하지 않을 때 일어날 수 있는 점으로 옳은 것을 두 가지 골라 기호를 쓰시오.

> **보기**
> ㉠ 자원이 낭비됩니다.
> ㉡ 환경 문제가 발생할 수 있습니다.
> ㉢ 감전 사고가 발생할 수 있습니다.
> ㉣ 전기 화재가 발생할 수 있습니다.

(　　　,　　　)

 연관 학습 안내

초등 5학년	이 단원의 학습	중학교
날씨와 우리 생활 습도, 구름, 기압, 공기 덩어리의 성질 등에 대해 배웠어요.	계절의 변화 태양의 남중 고도, 계절의 변화 원인 등에 대해 배워요.	태양계 태양과 태양계의 구성원에 대해 배울 거예요.

만화로 단원 미리보기

계절의 변화

2

이어서 개념 웹툰

개념① 하루 동안 태양 고도, 그림자 길이, 기온 측정하기

1. 하루 동안 태양의 높이: 아침에 태양이 동쪽 지평선에서 떠서 저녁에 서쪽 지평선으로 지기까지 태양의 높이는 계속 달라집니다.

2. 태양 고도

태양 고도	• 뜻: 태양이 지표면과 이루는 각 • 태양이 뜨거나 질 때 태양 고도는 0 °임.
태양의 남중 고도	• 태양 고도는 태양이 정남쪽에 위치했을 때 가장 높고, 이때를 태양이 남중했다고 함. • 태양이 남중했을 때의 고도를 태양의 남중 고도라고 함.

용어 공기의 온도로, 보통 지표면에서 1.5 m 높이의 백엽상 속에 놓인 온도계로 측정한 온도임.

실험 동영상

3. 하루 동안 태양 고도, 그림자 길이, 기온 측정하기

내 교과서 살펴보기 / 천재교육

	① 태양 고도 측정기를 태양 빛이 잘 드는 편평한 곳에 놓고 막대기의 그림자 길이 측정하기 ② 실을 막대기의 그림자 끝에 맞춘 뒤 막대기의 그림자와 실이 이루는 각인 태양 고도 측정하기 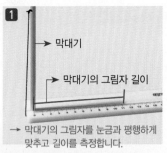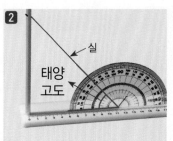 ③ 같은 시각에 기온 측정하기 ④ 일정한 시간 간격을 두고 태양 고도, 그림자 길이, 기온 측정하기

실험 방법 (위 내용)

실험 결과	측정 시각(시:분)	9:30	10:30	11:30	12:30	13:30	14:30	15:30
	태양 고도(°)	36	46	52	55	52	45	35
	그림자 길이(cm)	15.2	12	10	8.8	10	12.4	15.6
	기온(℃)	21.8	23.5	24.7	25.9	26.8	27.6	27.2

알게 된 점	• 태양 고도, 그림자 길이, 기온은 매 시각 다르다. • 하루 중 태양 고도는 12시 30분경에 가장 높다. • 하루 중 그림자 길이는 12시 30분경에 가장 짧다. • 하루 중 기온은 14시 30분경에 가장 높다.

개념 체크

☑ 태양 고도

태양 고도는 태양이 ❶[ㅈ][ㄴ]쪽에 위치했을 때 가장 높습니다.

나보다 더 높이 떠 있을 수는 없을 걸!

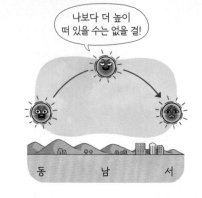

동   남   서

정답 ❶ 정남

내 교과서 살펴보기 / 금성, 아이스크림

물체의 길이와 태양 고도

태양은 지구로부터 매우 멀리 있고 태양 빛은 지구상의 모든 위치에 거의 평행하게 들어오므로, 같은 장소에서 같은 시각에 측정하면 물체의 길이가 다르더라도 태양 고도는 같습니다.

개념 ② 하루 동안 태양 고도, 그림자 길이, 기온의 관계

1. 태양 고도, 그림자 길이, 기온 그래프 그리기

용어 가로축과 세로축의 눈금이 만나는 곳에 점을 찍은 다음, 이웃한 두 점을 선분으로 이어 그린 그래프

탐구 과정	① 투명 모눈종이 세 장의 <u>가로축에</u> 측정 시각을 각각 쓰기 ② 측정한 태양 고도를 <u>꺾은선그래프로</u> 나타내기 ③ 색깔이 다른 유성 펜을 사용하여 그림자 길이와 기온을 꺾은선그래프로 나타내기 → 꺾은선그래프로 나타내면 시간에 따른 측정값의 변화를 쉽게 알 수 있습니다. ④ 꺾은선그래프가 서로 겹쳐지도록 셀로판테이프로 붙이기
탐구 결과	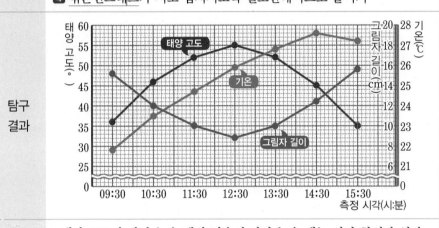
알게 된 점	• 태양 고도가 가장 높은 때와 기온이 가장 높은 때는 시간 차이가 있다. • 태양 고도가 높아지면 그림자 길이는 짧아지고 기온은 대체로 높아진다. • 기온 그래프는 태양 고도 그래프와 모양이 비슷하고, 그림자 길이 그래프는 태양 고도 그래프와 모양이 다르다.

2. 하루 동안 태양 고도, 그림자 길이, 기온 변화

태양 고도	오전에는 점점 높아지다가 12시 30분경에 가장 높고, 오후에는 낮아짐.
그림자 길이	오전에는 점점 짧아지다가 12시 30분경에 가장 짧고, 오후에는 길어짐.
기온	오전에 점점 높아지다가 14시 30분경에 가장 높고, 이후 서서히 낮아짐.

3. 하루 동안 태양 고도, 그림자 길이, 기온의 관계

① 태양 고도가 높아지면 그림자의 길이는 짧아지고 기온은 대체로 높아집니다.
② 태양 고도가 가장 높은 시각과 기온이 가장 높은 시각이 서로 다른 까닭: 지표면이 데워져 공기의 온도가 높아지는 데 시간이 걸리기 때문입니다.
└→ 약 두 시간 정도 차이가 있습니다.

개념 체크

☑ 하루 동안 태양 고도, 그림자 길이, 기온의 관계

태양 고도가 높아질수록 그림자 길이는 ❷ㅉㅇ 지고 지표면은 더 강한 빛을 받으므로 기온이 높아집니다.

☑ 태양 고도가 가장 높은 시각과 기온이 가장 높은 시각이 다른 까닭

지표면이 데워져 공기의 온도가 높아지는 데 시간이 걸리므로 기온이 가장 높은 시각은 태양이 남중한 시각보다 약 ❸ㄷ 시간 뒤입니다.

정답 ❷ 짧아 ❸ 두

2. 계절의 변화 | **31**

용어 태양이 지평선 위로 보이기 시작하여 지평선 아래로 져서 보이지 않게 될 때까지의 시간

개념 3 계절별 태양의 남중 고도, 낮의 길이, 기온의 변화

1. 계절별 태양의 남중 고도, 낮의 길이 비교하기

① 월별 태양의 남중 고도와 낮의 길이 비교

월별 태양의 남중 고도	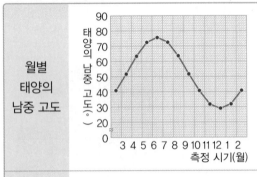	• 태양의 남중 고도가 가장 높은 계절: 여름 • 태양의 남중 고도가 가장 낮은 계절: 겨울 • 태양의 남중 고도는 6~7월에 가장 높고, 12~1월에 가장 낮음.
월별 낮의 길이	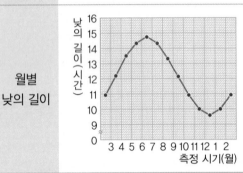	• 낮의 길이가 가장 긴 계절: 여름 • 낮의 길이가 가장 짧은 계절: 겨울 • 낮의 길이는 6~7월에 가장 길고, 12~1월에 가장 짧음.

② 태양의 남중 고도와 낮의 길이, 월평균 기온의 관계
- 계절에 따라 태양의 남중 고도가 달라집니다.
- 태양의 남중 고도가 높은 여름에는 낮의 길이가 길고 기온이 높습니다.
- 태양의 남중 고도가 낮은 겨울에는 낮의 길이가 짧고 기온이 낮습니다.

2. 계절별 태양의 위치 변화

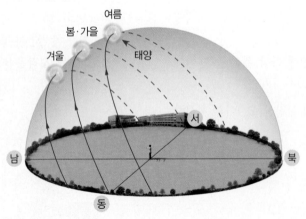

태양의 남중 고도 비교	여름 > 봄·가을 > 겨울
낮의 길이 비교	여름 > 봄·가을 > 겨울
기온 비교	여름 > 봄·가을 > 겨울

개념 체크

☑ **계절별 태양의 남중 고도**

태양의 남중 고도가 ❹ ㄴ 은 여름에는 햇빛이 교실 안쪽으로 조금 들어오지만, 태양의 남중 고도가 ❺ ㄴ 은 겨울에는 햇빛이 더 깊게 들어옵니다.

정답 ❹ 높 ❺ 낮

내 교과서 살펴보기 / 천재교과서, 미래엔

태양의 남중 고도는 6월경에 가장 높지만 월평균 기온은 8월경에 가장 높은 까닭: 지표면이 데워져 공기의 온도가 높아지는 데 시간이 걸리기 때문입니다.

내 교과서 살펴보기 / 천재교육, 김영사

계절별 태양의 위치 변화
여름에는 태양의 남중 고도가 높고, 겨울에는 태양의 남중 고도가 낮습니다.

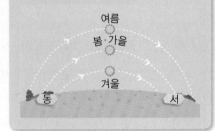

개념 다지기

1 태양 고도를 측정할 때 오른쪽의 ㉠~㉢ 중 어느 각을 측정해야 하는지 쓰시오.

9종 공통

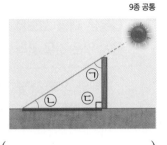

( )

2 다음은 태양 고도와 기온을 나타낸 그래프입니다. ㉠과 ㉡ 중 기온을 나타낸 것을 골라 기호를 쓰시오.

9종 공통

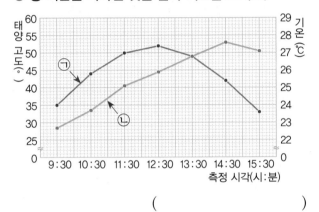

( )

3 다음 중 태양 고도와 그림자 길이, 기온의 관계에 대한 설명으로 옳은 것은 어느 것입니까? ( )

9종 공통

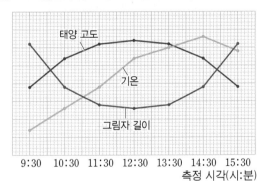

① 태양 고도가 가장 높을 때 기온이 가장 높다.
② 태양 고도가 높아지면 그림자 길이는 길어진다.
③ 그림자 길이가 길어지면 기온은 대체로 높아진다.
④ 하루 중 그림자 길이는 12시 30분경에 가장 짧다.
⑤ 하루 동안 태양 고도와 그림자 길이, 기온은 변하지 않는다.

4 다음은 하루 동안 태양 고도가 가장 높은 시각과 기온이 가장 높은 시각이 다른 까닭입니다. ☐ 안에 들어갈 알맞은 말을 쓰시오.

9종 공통

지표면이 데워져 ☐의 온도가 높아지는 데 시간이 걸리기 때문입니다.

( )

5 다음은 계절별 태양의 남중 고도와 월평균 기온을 나타낸 그래프입니다. 이에 대한 설명으로 옳은 것을 **보기**에서 골라 기호를 쓰시오.

9종 공통

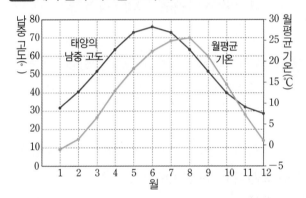

보기
㉠ 월평균 기온은 여름에 가장 낮습니다.
㉡ 월평균 기온은 겨울에 가장 높습니다.
㉢ 태양의 남중 고도가 높을수록 월평균 기온은 대체로 높아집니다.

( )

6 다음은 계절별 태양의 위치 변화를 나타낸 것입니다. 태양이 ㉠~㉢에 위치할 때의 계절을 각각 쓰시오.

천재교육, 김영사

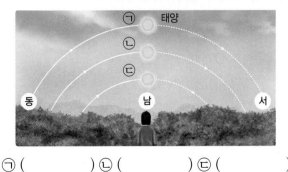

㉠ ( ) ㉡ ( ) ㉢ ( )

Step 1 단원평가

9종 공통

[1~5] 다음은 개념 확인 문제입니다. 물음에 답하시오.

1 태양이 지표면과 이루는 각의 크기를 무엇이라고
합니까?   태양 (   )

2 태양 고도는 태양이 (정동쪽 / 정남쪽)에 위치했을
때 가장 높으며, 이때를 태양이 남중했다고 합니다.

3 태양 고도가 높아지면 그림자의 길이는 (짧아 / 길어)
지고 기온은 대체로 (낮아 / 높아)집니다.

4 태양의 남중 고도는 (여름 / 겨울)에 가장 높고,
기온은 (여름 / 겨울)에 가장 높습니다.

5 태양의 남중 고도가 높아지면 낮의 길이는 (짧아 / 길어)
지고 밤의 길이는 (짧아 / 길어)집니다.

9종 공통

6 다음은 하루 동안 태양의 위치 변화를 나타낸 것입니다.
㉠~㉢ 중 태양이 남중한 모습을 나타낸 것을 골라
기호를 쓰시오.

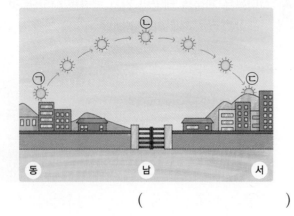

(   )

9종 공통

7 다음은 태양 고도를 측정하는 방법입니다. ㉠~㉢ 중
옳지 <u>않은</u> 것을 골라 기호를 쓰시오.

> 태양 고도 측정기를 ㉠ 태양 빛이 잘 들지 않는
> ㉡ 편평한 곳에 놓고 ㉢ 막대기의 그림자 끝과 실이
> 이루는 각을 측정합니다.

(   )

9종 공통

8 다음과 같이 막대기와 실을 이용하여 태양 고도를 측정
하였습니다. 태양 고도는 몇 도인지 구하시오.

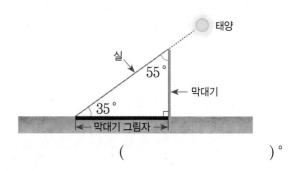

(   )°

천재교육

9 다음은 하루 동안 태양 고도, 그림자 길이를 측정하여
나타낸 것입니다. 태양 고도가 가장 높은 시각과 그림자
길이가 가장 짧은 시각을 각각 쓰시오.

측정 시각(시:분)	태양 고도(°)	그림자 길이(cm)
9:30	36	15.2
10:30	46	12
11:30	52	10
12:30	55	8.8
13:30	52	10
14:30	35	12.4
15:30	45	15.6

(1) 태양 고도가 가장 높은 시각

(   )

(2) 그림자 길이가 가장 짧은 시각

(   )

[10~11] 다음은 하루 동안 태양 고도와 그림자 길이, 기온의 관계를 나타낸 그래프입니다. 물음에 답하시오.

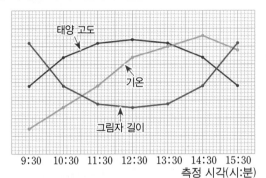

9종 공통

10 다음 중 위 그래프에 대한 설명으로 옳지 않은 것은 어느 것입니까? (   )

① 태양 고도는 오전에 점점 높아진다.
② 태양 고도가 높아지면 기온도 대체로 높아진다.
③ 태양 고도가 높아지면 그림자 길이는 길어진다.
④ 하루 중 태양 고도는 12시 30분경에 가장 높다.
⑤ 하루 중 그림자 길이는 12시 30분경에 가장 짧다.

9종 공통

11 다음은 하루 동안 태양 고도와 기온의 관계를 설명한 것입니다. ☐ 안에 들어갈 알맞은 말을 쓰시오.

> 하루 동안 기온이 가장 높은 시각은 태양 고도가 가장 높은 시각보다 약 ☐ 시간 뒤입니다.

(   )

9종 공통

12 태양이 동쪽 지평선에서 보이기 시작하여 서쪽 지평선으로 넘어가 보이지 않게 되는 시각이 다음과 같을 때 낮의 길이는 얼마인지 구하시오.

태양이 보이기 시작하는 시각	6시 40분
태양이 보이지 않게 되는 시각	18시 40분

(   )시간

9종 공통

13 다음은 우리나라에서 측정한 월별 태양의 남중 고도 그래프입니다. ㉠과 ㉡에 알맞은 계절을 쓰시오.

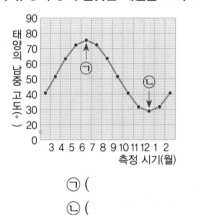

㉠ (   )
㉡ (   )

9종 공통

14 다음은 태양의 남중 고도와 낮의 길이에 대한 설명입니다. ㉠과 ㉡에 들어갈 알맞은 말을 각각 쓰시오.

> 태양의 남중 고도가 높아지면 낮의 길이가 ㉠ 지고, 태양의 남중 고도가 낮아지면 낮의 길이가 ㉡ 집니다.

㉠ (   )
㉡ (   )

9종 공통

15 다음은 계절별 태양의 위치 변화를 나타낸 것입니다. 태양의 남중 고도가 가장 높은 계절을 나타낸 것의 기호와 계절을 바르게 짝지은 것은 어느 것입니까?

(   )

① ㉠, 여름   ② ㉠, 겨울
③ ㉡, 봄·가을   ④ ㉢, 여름
⑤ ㉢, 겨울

천재교과서

16 다음은 여름과 겨울의 교실 모습을 순서에 관계없이 나타낸 것입니다.

ㄱ  ㄴ

(1) 겨울의 교실 모습을 나타낸 것: (   )

(2) 겨울의 태양의 남중 고도와 낮의 길이:

답 태양의 남중 고도가 ❶ [   ]고 낮의 길이는 ❷ [   ]다.

천재교육

17 다음 그래프를 보고 태양 고도가 높아질 때 그림자 길이, 기온의 변화를 쓰시오.

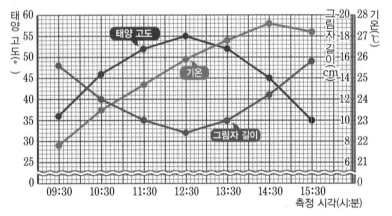

_____

_____

9종 공통

18 오른쪽은 우리나라에서 계절별 태양의 위치 변화를 나타낸 것입니다.

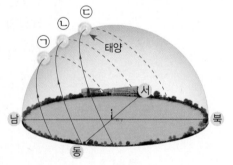

(1) 위의 ㄱ~ㄷ 중 겨울과 여름의 태양의 위치 변화를 나타낸 것의 기호를 순서대로 쓰시오.

(,   )

(2) 위의 (1)번 답과 같이 생각한 까닭을 태양 고도와 관련지어 쓰시오.

_____

_____

서술형 가이드
어려워하는 서술형 문제!
서술형 가이드를 이용하여 풀어 봐!

16 (1) 겨울에는 여름보다 햇빛이 교실 [ ][ ]까지 들어옵니다.

(2) 겨울에는 태양의 남중 고도가 (낮 / 높)습니다.

17 태양 고도와 그림자 길이 그래프는 모양이 (다르고 / 비슷하고), 태양 고도와 기온 그래프는 모양이 (다릅 / 비슷합)니다.

18 (1) 계절에 따라 태양의 남중 고도가 (같습 / 다릅)니다.

(2) 여름에는 태양의 남중 고도가 (낮 / 높)고, 겨울에는 태양의 남중 고도가 낮습니다.

수행평가 가이드
다양한 유형의 수행평가!
수행평가 가이드를 이용해 풀어 봐!

학습 주제 계절별 태양 남중 고도와 낮의 길이 관계

학습 목표 계절에 따른 태양의 남중 고도와 낮의 길이의 관계를 설명할 수 있다.

9종 공통

19 다음은 월별 태양의 남중 고도와 낮의 길이를 나타낸 것입니다. 빈칸에 들어갈 알맞은 말을 각각 쓰시오.

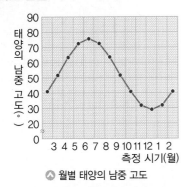
⬆ 월별 태양의 남중 고도

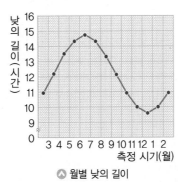
⬆ 월별 낮의 길이

태양의 남중 고도가 가장 높은 계절	❶
낮의 길이가 가장 긴 계절	❷
태양의 남중 고도와 낮의 길이 관계	태양의 남중 고도가 높아지면 낮의 길이는 ❸

태양의 남중 고도와 낮의 길이 관계
태양의 남중 고도가 높은 여름에는 낮의 길이가 길고, 태양의 남중 고도가 낮은 겨울에는 낮의 길이가 짧습니다.

2 단원

9종 공통

20 다음은 계절별 태양의 위치 변화를 나타낸 것입니다. 태양의 위치가 ㉠에서 ㉢으로 옮겨갈 때 태양의 남중 고도와 낮의 길이 변화를 각각 쓰시오.

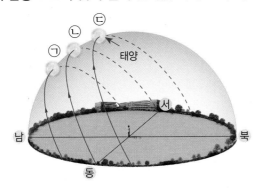

계절별 태양의 위치 변화
여름에는 태양의 남중 고도가 가장 높고, 겨울에는 태양의 남중 고도가 가장 낮습니다.

태양의 위치가 ㉠에서 ㉢으로 옮겨가면 태양 고도가 높아지는 것을 알 수 있어!

개념 1 계절에 따라 기온이 달라지는 까닭 ▶ 용어 태양으로부터 오는 열과 빛 형태의 에너지

실험 동영상

1. 태양의 남중 고도에 따른 태양 에너지 비교하기

① 전등의 기울기에 따른 바람의 세기 비교하기

내 교과서 살펴보기 / 천재교육

<table>
<tr><td rowspan="2">실험
방법</td><td colspan="2">① 태양 전지판에 프로펠러 달린 전동기를 연결하고 검은색 도화지 위에 올려놓기
② 전등과 태양 전지판이 이루는 각을 하나는 크게, 나머지 하나는 작게 하여 전등 설치하기 → 다른 조건은 모두 같게 하고 전등의 기울기만 다르게 하여 실험합니다.
③ 태양 전지판과 전등 사이의 거리가 25 cm가 되게 조절하기
④ 동일한 밝기의 두 전등을 동시에 켜고 전등의 기울기에 따른 빛이 닿는 면적과 바람의 세기 비교하기 → 프로펠러의 회전 빠르기가 빠를수록 바람의 세기가 셉니다.</td></tr>
<tr><td colspan="2">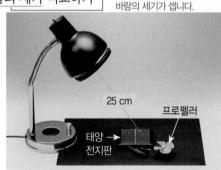
25 cm 프로펠러 태양 전지판</td></tr>
<tr><td rowspan="3">실험
결과</td><td>전등과
태양 전지판이
이루는 각</td><td>각이 클 때   각이 작을 때</td></tr>
</table>

전등과 태양 전지판이 이루는 각	각이 클 때	각이 작을 때
빛이 닿는 면적	좁음.	넓음.
바람의 세기	셈.	약함.

알게 된 점	• 전등과 태양 전지판이 이루는 각이 클 때: 일정한 면적의 태양 전지판에 도달하는 에너지양이 많기 때문에 바람의 세기가 더 세다. • 전등과 태양 전지판이 이루는 각이 작을 때: 일정한 면적의 태양 전지판에 도달하는 에너지양이 적기 때문에 바람의 세기가 더 약하다.

② 모형실험과 실제 비교하기

모형 실험	전등	태양 전지판	전등과 태양 전지판이 이루는 각
실제	태양	지표면	태양의 남중 고도

2. 태양의 남중 고도와 지표면이 받는 태양 에너지양의 관계: 태양의 남중 고도가 높아지면 일정한 면적의 지표면은 더 많은 태양 에너지를 받습니다.

내 교과서 살펴보기 / 천재교과서

태양 전지판을 기울여 태양 고도를 조절하는 방법

막대기

▲ 그림자 길이가 짧음.   ▲ 그림자 길이가 김.

태양 전지판의 기울기를 다르게 하여 태양 빛을 비출 때, 태양 전지판에 생긴 막대기의 그림자 길이가 짧을수록 태양 고도가 높습니다.

☑ **태양의 남중 고도와 태양 에너지양의 관계**

태양의 남중 고도가 ❶ [ㄴ][ㅇ] 질수록 일정한 면적의 지표면이 받는 태양 에너지양이 많아집니다.

태양이 높이 떠 있어야 힘이 더 세져!
으쌰!

정답 ❶ 높아

3. 계절에 따라 기온이 달라지는 까닭

① 태양의 남중 고도가 높을수록 기온이 높아지는 까닭
- 태양의 남중 고도가 높아지면 일정한 면적의 지표면에 도달하는 태양 에너지 양이 많아져 지표면이 많이 데워지므로 기온이 높아집니다.
- 태양의 남중 고도가 높아지면 낮의 길이도 길어져 기온이 높아지는 데 영향을 줍니다.

② 계절에 따른 태양의 남중 고도와 기온 변화

여름	태양의 남중 고도가 높아 같은 면적의 지표면에 도달하는 태양 에너지 양이 많고 낮의 길이가 길어 기온이 높음.
겨울	태양의 남중 고도가 낮아 같은 면적의 지표면에 도달하는 태양 에너지 양이 적고 낮의 길이가 짧아 기온이 낮음.

빛이 좁은 면적을 비추기 때문에 일정한 면적에 도달하는 에너지 양이 많아요.

빛이 넓은 면적을 비추기 때문에 일정한 면적에 도달하는 에너지 양이 적어요.

⬆ 태양의 남중 고도가 높을 때 ⬆ 태양의 남중 고도가 낮을 때

개념② 계절 변화가 생기는 까닭

실험 동영상

1. 계절이 변화하는 원인 알아보기

① 실험 방법 → 다른 조건은 모두 같게 하고, 지구본의 자전축 기울기만 다르게 하여 실험합니다.

1️⃣ 태양 고도 측정기를 지구본의 우리나라 위치에 붙이기
2️⃣ 지구본의 자전축을 수직으로 세우고, 전등으로부터 30 cm 떨어진 거리에 두기
3️⃣ 전등의 높이를 태양 고도 측정기와 비슷하게 조절하고 전등 켜기
4️⃣ 지구본을 시계 반대 방향으로 공전시켜 ㉮~㉺ 위치에서 각각 태양의 남중 고도 측정하기 → 태양 고도 측정기가 항상 전등을 바라보게 합니다.
5️⃣ 지구본의 자전축을 23.5 ° 기울이고 3️⃣~4️⃣와 같은 방법으로 태양의 남중 고도 측정하기

개념 체크

✔ **계절에 따라 기온이 달라지는 까닭**

계절에 따라 태양의 ❷ ㄴ ㅈ 고도가 달라지기 때문입니다.

태양의 남중 고도가 높아서 더워.

정답 ❷ 남중

내 교과서 살펴보기 / 천재교육

전등을 태양, 지구본을 지구라고 할 때 실험과 실제의 다른 점

- 실제 태양과 지구 사이의 거리는 전등과 지구본 사이의 거리보다 훨씬 멉니다.

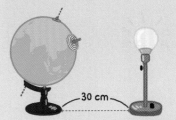

- 실험에서는 지구본이 공전만 하지만 실제로 지구는 자전을 하면서 태양 주위를 돕니다.

② 실험 결과

구분	지구본의 자전축을 기울이지 않은 채 공전시킬 때				지구본의 자전축을 기울인 채 공전시킬 때			
모습								
지구본의 위치	(가)	(나)	(다)	(라)	(가)	(나)	(다)	(라)
태양의 남중 고도	52°	52°	52°	52°	52°	76°	52°	29°
실험 결과	지구본의 위치에 따라 태양의 남중 고도가 달라지지 않음.				지구본의 위치에 따라 태양의 남중 고도가 달라짐.			

③ 알게 된 점

- 지구의 자전축이 기울어지지 않은 채 태양 주위를 공전하면, 지구의 위치에 따라 태양의 남중 고도가 달라지지 않습니다.
- 지구의 자전축이 기울어진 채 태양 주위를 공전하면, 지구의 위치에 따라 태양의 남중 고도가 달라집니다. → 지구의 자전축이 기울어진 채 자전만 한다면 낮과 밤은 생기지만 태양의 남중 고도가 달라지지 않으므로 계절 변화가 생기지 않습니다.

2. 계절 변화가 생기는 까닭   용어 지구가 태양 주위를 주기적으로 도는 길

① 지구의 자전축이 공전 궤도면에 대하여 기울어진 채 태양 주위를 공전하기 때문입니다. ➡ 그 결과 지구의 위치에 따라 태양의 남중 고도가 달라져서 일정한 면적의 지표면에 도달하는 태양 에너지양이 달라집니다.

② 우리나라의 여름과 겨울의 태양의 남중 고도

여름에는 태양의 남중 고도가 높습니다.   겨울에는 태양의 남중 고도가 낮습니다.

└→ 지구의 자전축이 기울어진 방향이 태양을 향하는 위치에서는 태양의 남중 고도가 높아 여름이 됩니다.

☑ **지구 자전축의 기울기에 따른 태양의 남중 고도**

지구 ❸ ☐ ☐ ☐ 이 기울어진 채 공전하면 태양의 남중 고도가 달라집니다.

지구의 위치에 따라 태양의 남중 고도가 달라져.

정답 ❸ 자전축

내 교과서 살펴보기 / 천재교과서, 금성, 김영사, 미래엔, 아이스크림

남반구에 있는 뉴질랜드의 계절은 우리나라와 어떻게 다를까요?

- 북반구에 있는 우리나라의 태양의 남중 고도가 높을 때 남반구에 있는 뉴질랜드는 태양의 남중 고도가 낮습니다.
- 따라서 우리나라가 여름일 때 뉴질랜드는 겨울입니다.

[1~3] 다음은 태양의 남중 고도에 따른 태양 에너지양을 비교하기 위한 실험입니다. 물음에 답하시오.

(가) 프로펠러
◎ 전등과 태양 전지판이 이루는 각이 클 때

(나) 프로펠러
◎ 전등과 태양 전지판이 이루는 각이 작을 때

천재교육

1 위 실험에서 각각의 요소가 실제로 나타내는 것을 줄로 바르게 이으시오.

(1) 전등 · · ㉠ 지표면

(2) 태양 전지판 · · ㉡ 태양 고도

(3) 전등과 태양 전지판이 이루는 각 · · ㉢ 태양

천재교육

2 위 (가), (나) 중 프로펠러의 바람의 세기가 더 센 것의 기호를 쓰시오.

( )

천재교육

3 위 **2**번과 같은 결과가 나타나는 까닭입니다. ( ) 안의 알맞은 말에 각각 ○표를 하시오.

전등에서 나오는 빛의 양은 일정하지만 전등이 태양 전지판을 비추는 각이 커질수록 빛이 닿는 면적이 (좁아 / 넓어)지므로 같은 면적의 태양 전지판에 도달하는 빛의 양은 (적어 / 많아)지기 때문입니다.

9종 공통

4 다음 지구본의 자전축 기울기와 태양의 남중 고도 변화를 줄로 바르게 이으시오.

(1) 지구본의 자전축이 기울어지지 않은 채 공전할 때 · · ㉠ 태양의 남중 고도가 달라지지 않음.

(2) 지구본의 자전축이 기울어진 채 공전할 때 · · ㉡ 태양의 남중 고도가 달라짐.

9종 공통

5 다음 보기 에서 계절 변화가 생기는 까닭에 대한 설명으로 옳은 것을 골라 기호를 쓰시오.

보기
㉠ 지구는 공전하지 않고 자전만 하기 때문입니다.
㉡ 지구의 자전축이 기울어진 채 공전하여 태양의 남중 고도가 달라지기 때문입니다.
㉢ 지구의 자전축이 기울어지지 않은 채 공전하여 태양의 남중 고도가 달라지기 때문입니다.

( )

9종 공통

6 다음과 같이 지구가 ㉠ 위치에 있을 때 우리나라에서의 계절로 옳은 것은 어느 것입니까? ( )

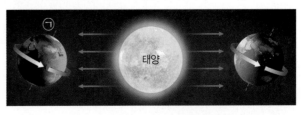

태양

① 봄
② 여름
③ 가을
④ 겨울
⑤ 알 수 없다.

Step 1 단원평가

9종 공통

[1~5] 다음은 개념 확인 문제입니다. 물음에 답하시오.

1 전등과 태양 전지판이 이루는 각이 클 때 프로펠러의 바람 세기가 더 (약합 / 셉)니다.

2 태양의 남중 고도가 높을수록 같은 면적의 지표면이 받는 태양 에너지양이 (적어 / 많아)져 기온이 (낮아 / 높아)집니다.

3 여름과 겨울 중 태양의 남중 고도가 낮아 같은 면적의 지표면에 도달하는 태양 에너지양이 적고 낮의 길이가 짧아 기온이 낮은 계절은 언제입니까?

( )

4 계절 변화가 생기는 까닭은 지구의 자전축이 (수직인 / 기울어진) 채 태양 주위를 공전하여 태양의 남중 고도가 달라지기 때문입니다.

5 북반구에서는 여름에는 태양의 남중 고도가 (낮고 / 높고), 겨울에는 태양의 남중 고도가 (낮습 / 높습)니다.

9종 공통

6 다음 ( ) 안의 알맞은 말에 각각 ○표를 하시오.

태양의 남중 고도가 (낮은 / 높은) 여름에는 기온이 높아 얇은 옷을 입고 시원한 음식을 먹지만, 태양의 남중 고도가 (낮은 / 높은) 겨울에는 기온이 낮아서 두꺼운 옷을 입고 따뜻한 음식을 많이 먹습니다.

[7~8] 다음과 같이 전등과 태양 전지판이 이루는 각을 다르게 하여 프로펠러의 바람 세기를 비교하였습니다. 물음에 답하시오.

⚠ 전등과 태양 전지판이 이루는 각이 클 때

⚠ 전등과 태양 전지판이 이루는 각이 작을 때

천재교육

7 위 실험은 무엇을 알아보기 위한 것인지 다음 보기에서 골라 기호를 쓰시오.

> **보기**
> ㉠ 전등의 종류와 태양 에너지양의 관계
> ㉡ 프로펠러의 종류와 태양 에너지양의 관계
> ㉢ 태양의 남중 고도와 태양 에너지양의 관계

( )

천재교육

8 다음 중 위 실험에서 전등과 태양 전지판이 이루는 각이 클 때의 결과에 대한 설명으로 옳은 것을 두 가지 고르시오. (,)

① 프로펠러의 바람 세기가 더 세다.
② 프로펠러의 바람 세기가 더 약하다.
③ 전등에서 나오는 에너지양이 더 많아진다.
④ 태양 전지판이 더 많은 태양 에너지를 받는다.
⑤ 태양 전지판이 더 적은 태양 에너지를 받는다.

천재교과서

9 다음에서 모눈종이에 비추는 손전등 빛의 밝기가 더 밝은 것을 골라 기호를 쓰시오.

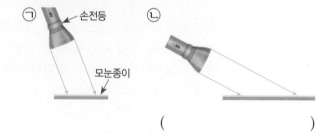

( )

9종 공통

10 다음 보기 에서 계절에 따라 기온이 달라지는 까닭에 대한 설명으로 옳지 않은 것을 골라 기호를 쓰시오.

> 보기
> ㉠ 태양의 남중 고도와 관련이 있습니다.
> ㉡ 태양의 남중 고도가 높을수록 같은 면적의 지표면에 도달하는 태양 에너지양이 적어집니다.
> ㉢ 같은 면적의 지표면에 도달하는 태양 에너지양이 많을수록 기온이 높아집니다.

(   )

9종 공통

13 다음에서 앞의 ㉡ 실험 결과를 바르게 이야기한 친구의 이름을 쓰시오.

> 연호: ㈎와 ㈏에서 측정한 태양의 남중 고도는 같아.
> 민진: 지구본의 위치에 따라 태양의 남중 고도가 달라져.

(   )

2 단원

[11~13] 다음은 지구본의 자전축 기울기를 다르게 하여 전등 주위를 공전시키는 모습입니다. 물음에 답하시오.

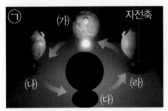
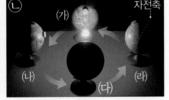

ⓐ 지구본의 자전축을 기울이지 않은 채 공전시킬 때

ⓐ 지구본의 자전축을 기울인 채 공전시킬 때

9종 공통

11 다음은 위 실험을 할 때 주의할 점입니다. (   ) 안의 알맞은 말에 ○표를 하시오.

> 전등의 높이를 태양 고도 측정기와 비슷하게 조절하고, 지구본을 (시계 / 시계 반대) 방향으로 공전시킵니다.

9종 공통

14 다음 중 지구가 자전축이 기울어진 채 태양 주위를 공전하기 때문에 나타나는 현상으로 옳지 않은 것은 어느 것입니까? (   )

① 계절 변화가 생긴다.
② 낮의 길이가 변한다.
③ 그림자 길이가 일정하다.
④ 계절에 따라 기온이 달라진다.
⑤ 태양의 남중 고도가 달라진다.

9종 공통

15 다음은 지구가 태양 주위를 공전하는 모습을 나타낸 것입니다. 지구가 ㉠ 위치에 있을 때에 대한 설명으로 옳지 않은 것은 어느 것입니까?(   )

① 우리나라는 여름이다.
② 뉴질랜드는 겨울이다.
③ 기온은 남반구가 더 높다.
④ 낮의 길이는 북반구가 더 길다.
⑤ 태양의 남중 고도는 북반구가 더 높다.

9종 공통

12 다음은 위의 ㉠에서 측정한 태양의 남중 고도입니다. 빈칸에 들어갈 알맞은 숫자를 각각 쓰시오.

지구본의 위치	㈎	㈏	㈐	㈑
태양의 남중 고도(°)		52		52

천재교육

16 다음은 태양의 남중 고도에 따른 태양 에너지양을 알아보기 위한 실험입니다.

⊙ 전등과 태양 전지판이 이루는 각이 클 때   ⊙ 전등과 태양 전지판이 이루는 각이 작을 때

(1) 프로펠러의 바람 세기가 더 센 것: (   )

(2) 실험 결과 알게 된 점

답 태양의 남중 고도가 ❶ [   ] 아지면 일정한 면적의 지표면에

도달하는 ❷ [   ] 이/가 많아진다.

16 (1) 태양 전지판이 받는 태양 에너지양이 많을수록 바람 세기가 더 (셉 / 약합)니다.

(2) 지표면이 받는 태양 에너지양은 태양의 남중 [ ][ ] 와 관련이 있습니다.

9종 공통

17 오른쪽은 여름과 겨울일 때 태양의 남중 고도를 나타낸 것입니다. 겨울과 비교하여 여름에 기온이 높은 까닭을 태양 에너지양과 관련지어 쓰시오.

⊙ 여름   ⊙ 겨울

17 우리나라는 (여름 / 겨울)에 태양의 남중 고도가 가장 높습니다.

_____

_____

9종 공통

18 다음과 같이 지구가 ㉠과 ㉡ 위치에 각각 있을 때 남반구에서 태양의 남중 고도를 비교하여 쓰시오.

18 남반구에 있는 나라는 북반구에 있는 우리나라와 계절이 (같습 / 반대입)니다.

_____

_____

천재교육

Step 3 수행평가

학습 주제 : 계절 변화가 생기는 까닭

학습 목표 : 모형실험을 통해 계절 변화가 생기는 까닭을 알 수 있다.

9종 공통

19 다음은 지구의 자전축이 기울어진 채 태양 주위를 공전하는 모습을 모형실험으로 나타낸 것입니다.

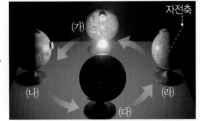

⬥ 지구본을 23.5° 기울이고, 전등으로부터 30 cm 거리에 둠.

⬥ 지구본의 자전축을 기울인 채 전등 주위를 공전시킴.

(1) 지구본의 ㈎~㈐ 위치에서 태양의 남중 고도는 달라지는지, 달라지지 않는지 쓰시오.

(   )

(2) 다음은 위 (1)번의 실험 결과 알 수 있는 계절이 변하는 까닭입니다. ☐ 안에 들어갈 알맞은 말을 쓰시오.

> 지구의 자전축이 기울어진 채 태양 주위를 공전하면 ☐ 이/가 달라지기 때문에 계절 변화가 생깁니다.

(   )

모형실험이 나타내는 것

전등	태양
지구본	지구
지구본을 회전시키는 것	지구의 공전

지구의 자전축이 수직인 채 공전한다면 태양의 남중 고도는 달라지지 않아.

9종 공통

20 다음은 지구와 태양의 모습입니다. 지구가 ㉠ 위치에 있을 때 우리나라의 기온을 ㉡ 위치에 있을 때와 비교하여 쓰고, 그 까닭을 태양의 남중 고도와 관련지어 쓰시오.

지구의 북반구와 남반구의 계절

북반구와 남반구는 계절이 반대이므로 북반구가 여름일 때 남반구는 겨울입니다.

Q 배점 표시가 없는 문제는 문제당 4점입니다.

9종 공통

1 다음은 태양 고도에 대한 설명입니다. ⊙과 ⓒ에 들어갈 말을 바르게 짝지은 것은 어느 것입니까? (   )

> 태양 고도는 태양이 ⊙ 쪽에 위치했을 때 가장 높습니다. 이때를 태양이 ⓒ 했다고 합니다.

	⊙	ⓒ			⊙	ⓒ
①	정동	동중		②	정동	남중
③	정남	동중		④	정남	남중
⑤	정북	북중				

9종 공통

2 다음에서 막대기의 그림자 끝과 실이 이루는 각 ⊙을 무엇이라고 하는지 쓰시오.

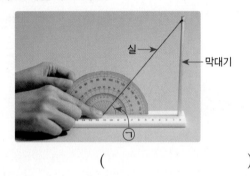

(   )

금성, 아이스크림

3 다음 중 태양 고도를 측정하면서 막대기의 길이를 길게 했을 때의 변화에 대한 설명으로 옳은 것을 두 가지 고르시오. (,   )

① 태양 고도가 낮아진다.
② 태양 고도가 높아진다.
③ 태양 고도가 일정하다.
④ 그림자 길이가 짧아진다.
⑤ 그림자 길이가 길어진다.

9종 공통

4 다음에서 태양 고도를 측정한 시각과 태양 고도를 줄로 바르게 이으시오.

(1) 오전 8시   •

(2) 오전 11시   •

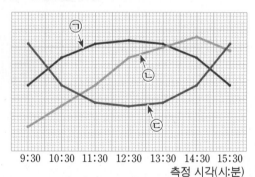

• ⊙

• ⓒ

📝 서술형·논술형 문제

9종 공통

5 다음은 하루 동안 태양 고도, 그림자 길이, 기온 변화를 나타낸 그래프입니다. [총 10점]

9:30 10:30 11:30 12:30 13:30 14:30 15:30
측정 시각(시:분)

(1) 위의 ⊙~ⓒ은 각각 무엇을 나타내는지 쓰시오.
[3점]

⊙ (   )
ⓒ (   )
ⓒ (   )

(2) 태양 고도와 그림자 길이는 어떤 관계가 있는지 쓰시오. [7점]

_____

_____

6 다음은 하루 동안 그림자 길이를 측정하여 표로 나타낸 것입니다. 이에 대한 설명으로 옳은 것을 두 가지 고르시오. (,)

측정 시각	그림자 길이	측정 시각	그림자 길이
10:30	10.4 cm	13:30	8.7 cm
11:30	8.4 cm	14:30	11.1 cm
12:30	7.8 cm	15:30	15.4 cm

① 하루 동안 그림자 길이는 계속 짧아진다.
② 하루 동안 그림자 길이는 변하지 않는다.
③ 14시 30분경에 그림자 길이가 가장 짧다.
④ 12시 30분경에 그림자 길이가 가장 짧다.
⑤ 11시 30분경에 그림자 길이는 8.4 cm이다.

9종 공통

7 다음 중 태양 고도, 그림자 길이, 기온의 관계에 대한 설명으로 옳은 것은 어느 것입니까? ( )

① 태양 고도가 높아지면 기온은 낮아진다.
② 그림자 길이가 짧을 때 기온은 대체로 낮다.
③ 태양 고도가 가장 높은 때 기온은 가장 높다.
④ 태양 고도가 높아지면 그림자 길이가 짧아진다.
⑤ 하루 동안 태양 고도와 그림자 길이, 기온은 항상 같다.

9종 공통

8 다음은 계절에 따라 태양이 남중한 모습을 나타낸 것입니다. 기온이 가장 높은 계절의 기호를 쓰시오.

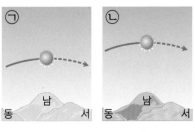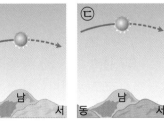

( )

📋 서술형·논술형 문제

9 다음은 계절별 태양의 위치 변화를 나타낸 것입니다.

[총 12점]

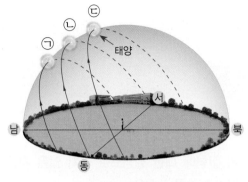

(1) 위의 ㉠~㉢ 중 여름과 겨울의 태양의 위치 변화를 나타낸 것을 골라 순서대로 기호를 쓰시오. [4점]
(,)

(2) 위에서 태양의 위치가 ㉢에서 ㉠으로 옮겨갈 때 낮의 길이 변화를 쓰시오. [8점]

_____

_____

9종 공통

10 다음은 월별 낮의 길이 변화를 나타낸 그래프입니다. 낮의 길이가 가장 긴 때와 가장 짧은 때를 보기 에서 골라 기호를 쓰시오.

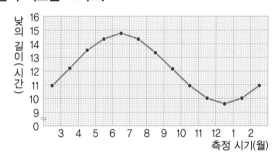

보기

㉠ 3~4월   ㉡ 6~7월
㉢ 9~1월   ㉣ 12~1월

(1) 낮의 길이가 가장 긴 때: ( )
(2) 낮의 길이가 가장 짧은 때: ( )

[11~12] 다음은 태양의 남중 고도에 따른 태양 에너지양을 비교하기 위한 실험입니다. 물음에 답하시오.

(가) 프로펠러
◎ 전등과 태양 전지판이 이루는 각이 클 때

(나) 프로펠러
◎ 전등과 태양 전지판이 이루는 각이 작을 때

천재교육

11 위 실험에 대한 설명으로 옳지 <u>않은</u> 것을 보기 에서 골라 기호를 쓰시오.

> **보기**
> ㉠ (가)는 태양의 남중 고도가 높은 때를 나타냅니다.
> ㉡ 전등은 태양, 태양 전지판은 지표면에 해당합니다.
> ㉢ (나)에서는 전등이 넓은 면적을 비추기 때문에 일정한 면적에 도달하는 에너지양이 많습니다.

( )

천재교육

12 다음은 위의 (가)와 (나) 중 어느 실험의 결과에 대한 설명인지 기호를 쓰시오.

> 일정한 면적의 태양 전지판에 도달하는 태양 에너지양이 더 많기 때문에 프로펠러의 바람 세기가 더 셉니다.

( )

9종 공통

13 다음 보기 에서 여름에 기온이 높아지는 까닭에 대한 설명으로 옳지 <u>않은</u> 것을 골라 기호를 쓰시오.

> **보기**
> ㉠ 여름에는 낮의 길이가 길어집니다.
> ㉡ 여름에는 태양의 남중고도가 낮습니다.
> ㉢ 여름에는 겨울보다 같은 면적의 지표면에 도달하는 태양 에너지양이 많습니다.

( )

천재교과서

14 다음 ㉠~㉢ 중 일정한 면적의 지표면에 도달하는 태양 에너지양이 가장 많은 것을 골라 기호를 쓰시오.

㉠ 태양

㉡

㉢

( )

9종 공통

15 다음은 지구본의 자전축이 기울어지지 않은 채 전등 주위를 공전시키면서 태양의 남중 고도를 비교하는 실험의 모습입니다. [총 10점]

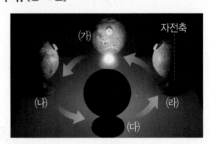

(1) 위 실험에서 전등을 태양이라고 할 때 (가)~(라) 각 위치에서 측정해야 하는 것을 쓰시오. [2점]

( )

(2) 위의 (가)~(라) 각 위치에서 측정한 태양의 남중 고도는 어떠한지 쓰시오. [8점]

_____

_____

[16~17] 다음은 지구본의 자전축의 기울기를 다르게 하여 전등 주위를 공전시키는 모습입니다. 물음에 답하시오.

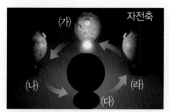

▲ 지구본의 자전축을 기울이지 않은 채 공전시킬 때

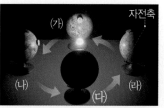

▲ 지구본의 자전축을 기울인 채 공전시킬 때

16 다음은 위 실험의 결과입니다. ㉠과 ㉡에 들어갈 말을 각각 쓰시오.

※ 지구본의 자전축을 [㉠] 채 공전시킬 때

지구본의 위치	㉮	㉯	㉰	㉱
태양의 남중 고도(°)	52	52	52	52

※ 지구본의 자전축을 [㉡] 채 공전시킬 때

지구본의 위치	㉮	㉯	㉰	㉱
태양의 남중 고도(°)	52	76	52	29

㉠ (   )

㉡ (   )

17 다음은 위 실험을 통해 알게 된 점을 정리한 것입니다. ▢ 안에 들어갈 알맞은 말을 각각 쓰시오.

지구의 자전축이 기울어진 채 태양 주위를 공전할 때	지구의 위치에 따라 태양의 남중 고도가 ❶
지구의 자전축이 기울어지지 않은 채 태양 주위를 공전할 때	지구의 위치에 따라 태양의 남중 고도가 ❷

18 다음 보기에서 계절에 따라 달라지는 것이 <u>아닌</u> 것을 골라 기호를 쓰시오.

보기
㉠ 기온
㉡ 낮의 길이
㉢ 지구의 공전 방향
㉣ 태양의 남중 고도

(   )

19 다음은 계절 변화가 생기는 까닭입니다. ㉠과 ㉡에 들어갈 알맞은 말을 각각 쓰시오.

지구의 자전축이 기울어진 채 태양 주위를 [㉠] 하여 [㉡] 이/가 달라지기 때문입니다.

㉠ (   )

㉡ (   )

20 다음은 지구가 ㉠과 ㉡ 중 어느 위치에 있을 때 북반구에서 나타나는 모습인지 쓰시오.

• 기온이 낮습니다.
• 낮의 길이가 짧습니다.
• 태양의 남중 고도가 낮습니다.

(   )

2 단원

연관 학습 안내

초등 6학년 1학기	이 단원의 학습	중학교
여러 가지 기체 여러 가지 기체가 생활 속에서 다양하게 이용되는 것을 배웠어요.	연소와 소화 연소, 소화, 화재 안전 대책 등에 대해 배워요.	재해·재난과 안전 재해와 재난의 뜻과 재해·재난에 대처하는 방안 등에 대해 배울 거예요.

만화로 단원 미리 보기

연소와 소화

단원 안내

(1) 물질이 탈 때 나타나는 현상 / 물질이 탈 때 필요한 것
(2) 연소 후 생성되는 물질 / 소화 방법 / 화재 안전 대책

이어서
개념 웹툰

개념 알기

3. 연소와 소화(1)

물질이 탈 때 나타나는 현상 / 물질이 탈 때 필요한 것

개념 1 물질이 탈 때 나타나는 현상

실험 동영상

1. 초와 알코올이 탈 때 나타나는 현상 관찰하기

구분	초가 탈 때	알코올이 탈 때
불꽃이 타는 모습	• 불꽃의 모양은 위아래로 길쭉한 모양임. • 불꽃의 색깔은 노란색, 붉은색 등 다양함.	• 불꽃의 모양은 위아래로 길쭉한 모양임. • 불꽃의 색깔은 푸른색, 붉은색 등 다양함.
불꽃의 밝기	불꽃의 위치에 따라 밝기가 다름.	불꽃의 위치에 따라 밝기가 다름.
손을 가까이 했을 때	손이 따뜻해짐.	손이 따뜻해짐.
그 밖에 관찰한 것	• 심지 주변이 움푹 팸. • 시간이 지날수록 초의 길이가 줄어듦. • 초가 녹아 촛농이 흘러내리고, 흘러내린 촛농이 굳어 고체가 됨.	• 시간이 지날수록 알코올의 양이 줄어듦. • 불꽃이 흔들림.

불꽃의 윗부분은 밝고 아랫부분은 어둡습니다.

→ 불꽃의 아랫부분이나 옆 부분보다 윗부분이 더 뜨겁습니다.

알게 된 점 » • 초와 알코올이 탈 때 나타나는 공통적인 현상: 물질이 빛과 열을 내면서 타고, 물질의 양이 변한다. → 빛이 나기 때문에 주변이 밝아지고 열이 나기 때문에 따뜻해집니다.

2. 물질이 탈 때 발생하는 빛이나 열을 이용하는 예 → 불꽃놀이, 숯불, 모닥불 등

주로 빛을 이용한 예	주로 열을 이용한 예

⌂ 케이크 위의 촛불　⌂ 강물 위에 뜬 유등	⌂ 가스레인지의 불꽃　⌂ 벽난로의 장작불

용어 기름으로 켜는 등불

개념 체크

☑ **물질이 탈 때 나타나는 현상을 이용하는 예**

물질이 탈 때 발생하는 ❶ [ㅂ]으로 어두운 곳을 밝힐 수 있고, ❷ [ㅇ]로 난방이나 요리를 할 수 있습니다.

물질이 탈 때 발생하는 여러 가지 색깔의 빛을 이용했지.

정답 ❶ 빛 ❷ 열

내 교과서 살펴보기 / **미래엔, 지학사**

탈 물질

빛과 열을 발생하며 타는 물질을 탈 물질이라고 합니다.

⌂ 성냥불　⌂ 점화기 불

개념 ② 물질이 탈 때 필요한 것

1. 초가 탈 때 필요한 기체 알아보기

실험에서 같게 해야 할 조건은 초의 크기, 심지의 길이, 아크릴 통으로 촛불을 덮는 시간 등입니다.

① 초 두 개에 불을 붙이고 아크릴 통으로 덮은 후 촛불 관찰하기

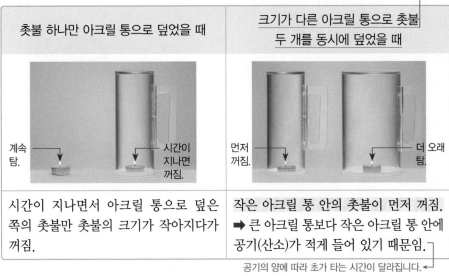

촛불 하나만 아크릴 통으로 덮었을 때	크기가 다른 아크릴 통으로 촛불 두 개를 동시에 덮었을 때
계속 탐. / 시간이 지나면 꺼짐.	먼저 꺼짐. / 더 오래 탐.
시간이 지나면서 아크릴 통으로 덮은 쪽의 촛불만 촛불의 크기가 작아지다가 꺼짐.	작은 아크릴 통 안의 촛불이 먼저 꺼짐. ➡ 큰 아크릴 통보다 작은 아크릴 통 안에 공기(산소)가 적게 들어 있기 때문임.

공기의 양에 따라 초가 타는 시간이 달라집니다.

② 초가 타기 전과 탄 후의 아크릴 통 안에 들어 있는 공기 중의 산소 비율 측정하기

실험 방법

기체 채취기의 손잡이를 당기면 기체가 검지관을 통과하면서 검지관의 색깔이 변해 아크릴 통 안의 산소 비율을 알 수 있음.

초가 타기 전과 타고 난 후의 산소 비율을 각각 측정해.

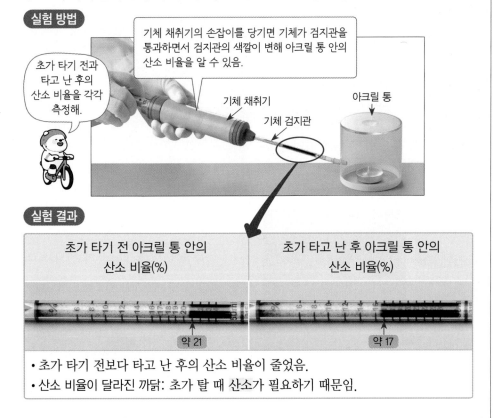

기체 채취기 / 기체 검지관 / 아크릴 통

실험 결과

초가 타기 전 아크릴 통 안의 산소 비율(%)	초가 타고 난 후 아크릴 통 안의 산소 비율(%)
약 21	약 17

• 초가 타기 전보다 타고 난 후의 산소 비율이 줄었음.
• 산소 비율이 달라진 까닭: 초가 탈 때 산소가 필요하기 때문임.

산소는 물질이 잘 타게 도와줍니다.

①과 ② 실험을 통해 알게 된 점 ≫

• 물질이 타기 위해서는 <u>산소</u>가 필요하다.
• 산소가 없으면 탈 물질이 있더라도 타지 않는다.

☑ **공기의 양에 따른 초가 타는 시간 비교**

공기(산소)의 양이 ❸(많을 / 적을) 수록 초가 더 오래 탑니다.

공기가 부족해. / 난 아직 괜찮은데……

정답 ❸ 많을

3 단원

내 교과서 살펴보기 / **미래엔**

크기가 다른 초가 탈 때 변화 관찰

• 방법: 크기가 다른 초 두 개에 불을 동시에 붙인 뒤 촛불의 변화를 관찰합니다.
• 결과: 크기가 작은 초의 촛불이 먼저 꺼집니다. ➡ 초가 타는 데 탈 물질이 필요함을 알 수 있습니다.

개념 알기

2. 불을 직접 붙이지 않고 물질 태워 보기

① 구리판의 가운데를 알코올램프로 가열하기 → 구리판 대신 철판을 사용할 수 있습니다.

성냥 머리 부분을 구리판의 가운데에 올려놓고 가열할 때	 성냥 머리 부분	
	성냥 머리 부분에 불이 붙음.	
성냥 머리 부분과 향을 구리판의 원 위에 올려놓고 가열할 때	 성냥 머리 부분　향	
	성냥 머리 부분에 먼저 불이 붙음. ➡ 성냥 머리 부분이 향보다 불이 붙는 온도가 낮기 때문임.	

알게 된 점 》

- 물질의 온도를 높이면 불을 직접 붙이지 않고도 물질을 태울 수 있다.
- 물질에 따라 불이 붙는 데 걸리는 시간이 다르다.

② 발화점: 어떤 물질이 불에 직접 닿지 않아도 스스로 타기 시작하는 온도

③ 물질에 따라 불이 붙는 데 걸리는 시간이 다른 까닭: 물질의 종류에 따라 발화점이 다르기 때문입니다. → 성냥 머리 부분이 향보다 발화점이 낮고, 발화점이 낮으면 불이 잘 붙습니다.

④ 불을 직접 붙이지 않고 물질을 태우는 방법 예

볼록 렌즈
🔥 볼록 렌즈로 햇빛을 모아 태우기

성냥갑
🔥 성냥갑에 성냥 머리를 마찰하여 불 켜기
→ 용어 두 물체를 서로 닿게 하여 비비는 것

부싯돌
🔥 부싯돌에 철을 마찰하여 태우기

산소가 없는 달에서는 물질이 연소할 수 없고, 철, 구리와 같은 금속 물질도 발화점에 도달하면 연소할 수 있어.

3. 연소와 연소의 조건

연소	물질이 산소와 만나 빛과 열을 내는 현상
연소의 조건	연소가 일어나려면 탈 물질, 산소, 발화점 이상의 온도가 필요함.

개념 체크

☑ **발화점**

어떤 물질이 불에 직접 닿지 않아도 스스로 ❹ [타][기] 시작하는 온도를 발화점이라고 합니다.

힘 내! 온도를 더 높여야 한다고!

☑ **연소**

물질이 ❺ [산][소] 와 만나 빛과 열을 내는 현상을 연소라고 합니다.

세 가지 조건이 모두 있어야 연소가 일어나.

탈 물질
발화점 이상의 온도
산소

정답 ❹ 타기 ❺ 산소

개념 다지기

[1~3] 다음은 초와 알코올이 타는 모습입니다. 물음에 답하시오.

⬆ 초

⬆ 알코올

9종 공통

1 초가 탈 때 나타나는 현상으로 옳은 것을 보기 에서 골라 기호를 쓰시오.

> **보기**
> ㉠ 불꽃의 모양은 동그란 모양입니다.
> ㉡ 불꽃의 색깔은 붉은색으로만 보입니다.
> ㉢ 불꽃에 손을 가까이 하면 손이 따뜻해집니다.

(   )

9종 공통

2 다음은 알코올이 탈 때 나타나는 현상에 대한 설명입니다. (   ) 안의 알맞은 말에 ○표를 하시오.

> 시간이 지날수록 알코올의 양이 (늘어납니다 / 줄어듭니다).

9종 공통

3 다음 중 초와 알코올이 탈 때 공통적으로 나타나는 현상으로 옳지 <u>않은</u> 것은 어느 것입니까? (   )
① 주변이 밝아진다.
② 주변이 따뜻해진다.
③ 빛과 열이 발생한다.
④ 물질의 양이 변하지 않는다.
⑤ 불꽃의 위치에 따라 밝기가 다르다.

천재교육, 천재교과서, 동아, 지학사

4 다음과 같이 초 두 개에 불을 붙이고 크기가 다른 아크릴 통으로 촛불을 동시에 덮었을 때 촛불이 먼저 꺼지는 것의 기호를 쓰시오.

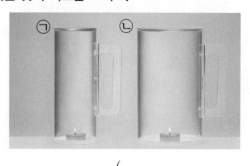

(   )

천재교과서, 지학사

5 오른쪽과 같이 성냥 머리 부분과 향을 구리판의 원 위에 올려놓고 알코올램프로 구리판의 가운데 부분을 가열하였습니다. 불이 붙는 순서에 맞게 줄로 바르게 이으시오.

성냥 머리 부분   향

(1) 향 ·   · ㉠ 먼저 불이 붙음.

(2) 성냥 머리 부분 ·   · ㉡ 나중에 불이 붙음.

9종 공통

6 다음은 연소의 조건에 대한 설명입니다. ☐ 안에 들어갈 알맞은 말을 쓰시오.

> 연소가 일어나려면 탈 물질, 산소, ☐ 이상의 온도가 필요합니다.

(   )

Step 1 단원평가

9종 공통

[1~5] 다음은 개념 확인 문제입니다. 물음에 답하시오.

1 초가 탈 때 불꽃의 윗부분과 아랫부분 중 더 밝은 부분은 어느 것입니까? (   )

2 물질이 탈 때에는 (빛 / 열)이 나기 때문에 주변이 밝아지고, (빛 / 열)이 나기 때문에 따뜻해집니다.

3 물질이 타려면 공기 중의 (산소 / 이산화 탄소)가 필요합니다.

4 어떤 물질이 불에 직접 닿지 않아도 스스로 타기 시작하는 온도를 그 물질의 무엇이라고 합니까?
(   )

5 물질이 산소와 만나 빛과 열을 내는 현상을 무엇이라고 합니까? (   )

6 다음 중 오른쪽과 같이 초가 탈 때 관찰할 수 있는 현상으로 옳은 것을 두 가지 고르시오.
(,   )

9종 공통

① 심지 주변이 평평해진다.
② 불꽃의 모양은 동그랗다.
③ 불꽃의 위치에 관계없이 밝기가 일정하다.
④ 불꽃의 색깔은 붉은색, 노란색 등 다양하다.
⑤ 불꽃 옆으로 손을 가까이 하면 손이 따뜻해진다.

7 다음 보기 에서 물질이 탈 때 공통적으로 나타나는 현상으로 옳은 것을 골라 기호를 쓰시오.

9종 공통

보기
㉠ 빛과 열이 발생합니다.
㉡ 불꽃의 색깔은 붉은색만 보입니다.
㉢ 시간이 지나도 물질의 양은 변하지 않습니다.

(   )

8 다음 중 물질이 탈 때 나타나는 현상을 이용하는 예가 아닌 것은 어느 것입니까? (   )

9종 공통

①
🔥 케이크 위의 촛불

②
🔥 가스레인지의 불꽃

③
🔥 네온사인

④
🔥 숯불

9 다음 중 양초 점토 4.8 g으로 만든 큰 초와 1.2 g으로 만든 작은 초에 불을 동시에 붙였을 때의 결과로 옳은 것은 어느 것입니까? (   )

미래엔

① 큰 초의 촛불이 먼저 꺼진다.
② 작은 초의 촛불이 먼저 꺼진다.
③ 두 초의 촛불이 동시에 꺼진다.
④ 작은 초의 촛불은 꺼지지 않고 계속 탄다.
⑤ 두 초의 촛불 모두 꺼지지 않고 계속 탄다.

[10~11] 다음과 같이 초 두 개에 불을 붙이고 크기가 다른 아크릴 통으로 촛불을 동시에 덮었습니다. 물음에 답하시오.

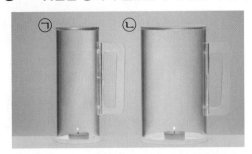

천재교육, 천재교과서, 동아, 지학사

10 위 실험에서 다르게 한 조건을 보기에서 골라 기호를 쓰시오.

보기
㉠ 초의 길이
㉡ 심지의 길이
㉢ 아크릴 통의 크기
㉣ 아크릴 통으로 촛불을 덮는 시간

( )

천재교육, 천재교과서, 동아, 지학사

11 다음 중 위 실험 결과에 대한 설명으로 옳은 것은 어느 것입니까? ( )

① ㉠과 ㉡의 촛불이 동시에 꺼진다.
② ㉠의 촛불이 ㉡의 촛불보다 더 오래 탄다.
③ ㉡의 촛불이 ㉠의 촛불보다 더 오래 탄다.
④ ㉠과 ㉡의 촛불 모두 꺼지지 않고 계속 탄다.
⑤ ㉠의 촛불은 꺼지지만, ㉡의 촛불은 꺼지지 않고 계속 탄다.

천재교과서, 지학사

12 다음은 초가 타기 전과 초가 타고 난 후 아크릴 통 안에 들어 있는 공기 중의 산소 비율을 측정한 결과입니다. 이것으로 알 수 있는 초가 탈 때 필요한 기체는 무엇인지 쓰시오.

초가 타기 전 아크릴 통 안의 산소 비율	초가 타고 난 후 아크릴 통 안의 산소 비율
약 21 %	약 17 %

( )

동아, 미래엔, 아이스크림

13 다음과 같이 성냥의 머리 부분과 나무 부분을 철판의 가운데로부터 같은 거리에 올려놓고 철판 가운데 부분을 가열하였을 때의 결과로 옳은 것은 어느 것입니까?

( )

① 성냥의 머리 부분에 먼저 불이 붙는다.
② 성냥의 나무 부분에 먼저 불이 붙는다.
③ 성냥의 머리 부분에는 불이 붙지 않는다.
④ 성냥의 머리 부분과 나무 부분에 동시에 불이 붙는다.
⑤ 성냥의 나무 부분이 머리 부분보다 더 낮은 온도에서 불이 붙는다.

천재교육, 천재교과서, 금성, 김영사, 동아, 비상, 지학사

14 다음 보기에서 불을 직접 붙이지 않고 물질을 태우는 방법이 아닌 것을 골라 기호를 쓰시오.

보기
㉠ 점화기로 불을 붙여 태우기
㉡ 부싯돌에 철을 마찰하여 태우기
㉢ 볼록 렌즈로 햇빛을 모아 태우기

( )

9종 공통

15 다음 중 연소에 대한 설명으로 옳은 것을 두 가지 고르시오. (,)

① 물질이 산소와 만나 빛과 열을 내는 현상이다.
② 연소가 일어나려면 탈 물질과 산소만 있으면 된다.
③ 산소가 없어도 물질의 온도를 높이면 연소가 일어난다.
④ 연소가 일어나려면 탈 물질에 불을 직접 붙여야 한다.
⑤ 연소가 일어나려면 탈 물질, 산소, 발화점 이상의 온도가 필요하다.

9종 공통

16 다음과 같이 초와 알코올이 탈 때 공통적으로 나타나는 현상을 두 가지 쓰시오.

⚠ 초

⚠ 알코올

답 물질이 빛과 ❶ [   ]을/를 내면서 타고, 시간이 지날수록 물질의

양이 ❷ [   ].

천재교과서, 지학사

17 다음은 초가 타기 전과 타고 난 후 아크릴 통 안에 들어 있는 공기 중의 산소 비율을 측정한 기체 검지관의 모습입니다.

초가 타기 전 아크릴 통 안의 산소 비율(%)	초가 타고 난 후 아크릴 통 안의 산소 비율(%)
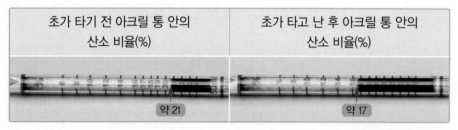 약 21	약 17

(1) 초가 타고 난 후 아크릴 통 안에 들어 있는 산소 비율은 초가 타기 전에 비해 어떻게 변하였는지 쓰시오.

(   )

(2) 위 (1)번 답과 같은 결과가 나타나는 까닭을 쓰시오.

_____

_____

천재교육, 천재교과서, 금성, 김영사, 동아, 비상, 아이스크림, 지학사

18 오른쪽과 같이 불을 직접 붙이지 않고도 성냥갑에 성냥 머리를 마찰하여 불을 켤 수 있는 까닭을 연소의 조건과 관련지어 쓰시오.

성냥갑

_____

_____

학습 주제 물질이 탈 때 필요한 것 알아보기

학습 목표 연소의 조건을 설명할 수 있다.

천재교육, 천재교과서, 동아, 지학사

19 다음과 같이 초 세 개에 불을 붙이고 ㉡과 ㉢의 촛불만 크기가 다른 아크릴 통으로 동시에 덮었습니다.

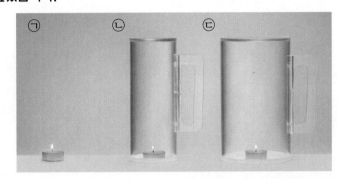

(1) 위 실험에서 촛불이 먼저 꺼지는 것부터 순서대로 기호를 쓰시오.

(   ) → (   ) → (   )

(2) 위 ㉡과 ㉢에서 아크릴 통 안에 들어 있는 공기(산소)의 양을 >, =, <를 이용하여 비교하시오.

㉡ 아크릴 통 안에 들어 있는 공기(산소)의 양	◯	㉢ 아크릴 통 안에 들어 있는 공기(산소)의 양

초가 탈 때 필요한 기체 알아보기
초가 타기 전과 타고 난 후의 산소 비율을 비교해 보면 초가 타기 전보다 타고 난 후의 산소 비율이 줄어듭니다. ➡ 초가 탈 때 산소가 필요하기 때문입니다.

물질이 산소와 만나 빛과 열을 내는 현상을 연소라고 하고, 연소가 일어나려면 연소의 조건이 모두 있어야 해.

천재교과서, 지학사

20 오른쪽과 같이 성냥 머리 부분과 향을 구리판의 원 위에 올려놓고 알코올램프로 구리판의 가운데 부분을 가열하였습니다.

성냥 머리 부분 향

(1) 성냥 머리 부분과 향 중 불이 먼저 붙는 것은 어느 것인지 쓰시오.

(   )

(2) 위 (1)번 답과 같은 결과가 나타나는 까닭을 연소의 조건과 관련지어 쓰시오.

_____

_____

발화점
• 어떤 물질이 불에 직접 닿지 않아도 스스로 타기 시작하는 온도를 그 물질의 발화점이라고 합니다.
• 발화점은 물질의 종류에 따라 다르며, 물질이 타려면 온도가 발화점 이상이 되어야 합니다.

개념 ① 물질이 연소한 후 생기는 것

실험 동영상

1. 초가 연소한 후 생성되는 물질 확인하기

용어 염화 코발트 용액을 종이에 흡수시켜 말려 놓은 것

① 초가 연소한 후 푸른색 염화 코발트 종이의 색깔 변화 알아보기

실험 방법과 결과	① 큰 아크릴 통의 안쪽 벽면에 셀로판테이프로 푸른색 염화 코발트 종이를 붙이기 ② 초에 불을 붙이고 ①의 아크릴 통으로 촛불을 덮기 ③ 촛불이 꺼지면 푸른색 염화 코발트 종이의 색깔 변화 관찰해 보기 ➡ 푸른색 염화 코발트 종이가 붉은색으로 변함. 
알게 된 점	초가 연소한 후에 물이 생성되었다.

② 초가 연소한 후 석회수의 변화 알아보기 ┌→ 석회수는 이산화 탄소와 만나면 뿌옇게 흐려집니다.

실험 방법과 결과	① 초에 불을 붙이고 작은 아크릴 통으로 촛불 덮기 ② 촛불이 꺼지면 아크릴 통을 들어 올려 아크릴판으로 입구를 막기 ③ 아크릴 통에 석회수를 붓고 아크릴판으로 입구를 다시 덮은 후 살짝 흔들면서 변화 관찰해 보기 ➡ 석회수가 뿌옇게 흐려짐. 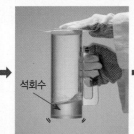
알게 된 점	초가 연소한 후에 이산화 탄소가 생성되었다.

2. 물질이 연소한 후 생성되는 물질

① 물질이 연소하면 물과 이산화 탄소 등이 생성됩니다. ➡ 연소 전의 물질은
연소 후에 다른 물질로 변합니다.

② 초가 연소한 후 생성되는 물질: 물, 이산화 탄소 → 알코올이 연소한 후에도 물과
이산화 탄소가 생성됩니다.

③ 물질이 연소한 후 무게가 줄어드는 까닭: 연소 후 생성된 물질이 공기 중으로
날아갔기 때문입니다.

☑ **푸른색 염화 코발트 종이의 색깔 변화**

푸른색 염화 코발트 종이는 물에

닿으면 ❶ ㅂ ㅇ 색으로 변합니다.

앗, 색깔이
변했어.

물

푸른색 염화
코발트 종이

정답 ❶ 붉은

내 교과서 살펴보기 / 천재교육

**초가 연소할 때 집기병 안쪽 벽면의
변화**

벽면이 뿌옇게 흐려지면서 작은 액체
방울이 맺힙니다.

개념 2 불을 끄는 방법

1. 다양한 방법으로 촛불 꺼 보기

① 촛불이 꺼지는 까닭을 연소의 조건과 관련지어 보기 → 탈 물질, 산소, 발화점 이상의 온도

촛불을 끄는 방법	촛불이 꺼지는 까닭
촛불을 입으로 불기	탈 물질을 없앰.
촛불을 컵으로 덮기	산소 공급을 막음.
촛불에 분무기로 물 뿌리기	발화점 미만으로 온도를 낮춤.
촛불에 휴대용 선풍기 바람을 쏘이기	탈 물질을 없앰.
촛불을 물수건으로 덮기	산소 공급을 막고 발화점 미만으로 온도를 낮춤.
초의 심지를 핀셋으로 집기	탈 물질을 없앰.
촛불에 모래 뿌리기	산소 공급을 막음.

② 소화: 연소가 일어날 때 한 가지 이상의 연소 조건을 없애 불을 끄는 것 ┐
촛불을 물수건으로 덮어 끌 때와 같이 불을 끌 때 연소의 ←┘
조건 중 두 가지 이상을 한꺼번에 없애는 경우도 있습니다.

2. 일상생활에서 불을 끄는 방법

△ 연료 조절 밸브 잠그기

탈 물질 없애기

△ 핀셋으로 향초의 심지 집기

△ 알코올램프의 뚜껑 덮기

산소 공급 막기

△ 소화제 뿌리기

발화점 미만으로 온도 낮추기

△ 소화전을 이용하여 물 뿌리기

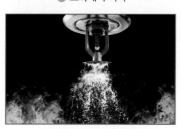
△ 살수기로 물 뿌리기
용어 물을 흩어서 뿌리는 기구

✓ 소화 방법

연소가 일어날 때 연소의 조건 중 ❷ □ 가지 이상을 없애면 소화가 일어납니다.

탈 물질 제거

연소의 조건 중 한 가지라도 없으면 불이 꺼져.

발화점 미만의 온도   산소

정답 ❷ 한

내 교과서 살펴보기 / 천재교과서

향불에 부채질을 약하게 할 때와 세게 할 때의 차이점

• 부채질을 약하게 할 때: 산소가 공급되어 향불이 잘 탑니다.
• 부채질을 세게 할 때: 탈 물질이 제거되어 향불이 꺼집니다.

개념 ③ 화재가 발생했을 때 대처 방법

1. 다양한 연소 물질에 따른 소화 방법

연소 물질	소화 방법
나무, 종이, 섬유	물이나 소화기로 불을 끌 수 있음.
기름, 가스, 전기	• 소화기를 사용하거나 마른 모래로 덮어 불을 끌 수 있음. • 물을 사용하면 불이 더 크게 번지거나 감전이 될 수 있어 위험함.

용어 전기가 통하고 있는 도체에 신체의 일부가 닿아서 순간적으로 충격을 받는 것

2. 소화기의 종류와 사용 방법 → 소화기를 살펴보면 불을 끌 수 있는 화재의 종류가 표시되어 있습니다.

① 소화기의 종류: 소화기는 용도와 약품 재료 등에 따라 종류가 다양합니다. 예 분무식 소화기, 투척용 소화기, 분말 소화기, 이산화 탄소 소화기

▲ 분무식 소화기

▲ 투척용 소화기
→ 화재가 난 곳에 던져 줍니다.

② 소화기의 사용 방법

▲ "불이야"를 외치고, 불이 난 곳으로 소화기 옮기기

▲ 손잡이 부분의 안전핀을 뽑기

▲ 바람을 등지고 선 후 호스의 끝부분을 잡고 불이 난 방향을 향해 손잡이를 힘껏 움켜쥐기

▲ 빗자루로 마당을 쓸듯이 앞에서부터 골고루 뿌리기

분말 소화기는 거의 모든 화재에 사용할 수 있어.

3. 화재 안전 대책 → 화재를 예방하기 위한 노력: 소화기 갖추어 두기, 비상구의 통로 막지 않기, 불에 잘 타지 않는 커튼이나 벽지 등을 사용하기 등

① 불을 발견하면 "불이야!"라고 큰 소리로 외치거나 비상벨을 누릅니다.
② 방문이나 손잡이를 살짝 만져 보아 뜨거우면 문을 열지 않습니다.
③ 젖은 수건으로 코와 입을 막고 몸을 낮춰 대피하고 119에 신고합니다.
④ 아래층으로 대피할 때에는 승강기를 이용하지 말고 계단을 이용합니다.
⑤ 아래층으로 대피할 수 없을 때에는 옥상으로 대피합니다.
⑥ 밖으로 대피하기 어려울 때에는 연기가 방 안에 들어오지 못하도록 물을 적신 옷이나 이불로 문틈을 막아야 합니다.

☑ **연소 물질에 따른 소화 방법**

화재가 발생하면 연소 물질에 따라 알맞은 방법으로 불을 꺼야 하며, ❸(나무 / 기름)에 의한 화재는 물로 불을 끌 수 있습니다.

출동! 물로 끌 수 없는 불이라면 나에게 맡겨.

☑ **화재 발생 시 대처 방법**

화재가 발생했을 때는 젖은 수건으로 코와 ❹ ☐ 을 막고 몸을 낮춰 대피하고, 119에 신고합니다.

승강기 말고 계단을 이용해 대피해야 해.

정답 ❸ 나무 ❹ 입

개념 다지기

9종 공통

1 다음 중 푸른색 염화 코발트 종이가 물에 닿았을 때 나타나는 변화로 옳은 것은 어느 것입니까? (   )

① 흰색으로 변한다.

② 노란색으로 변한다.

③ 검은색으로 변한다.

④ 붉은색으로 변한다.

⑤ 푸른색 그대로이다.

9종 공통

2 다음 실험 결과를 통해 알 수 있는 초가 연소한 후 생성되는 물질에 맞게 줄로 바르게 이으시오.

(1)

푸른색 염화 코발트 종이
셀로판 테이프
◎ 푸른색 염화 코발트 종이가 붉게 변함.

• ㉠ 이산화 탄소

(2)
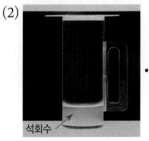
석회수
◎ 석회수가 뿌옇게 흐려짐.

• ㉡ 물

천재교육, 천재교과서, 미래엔, 지학사

3 다음 보기 에서 알코올이 연소한 후 생성되는 물질을 두 가지 골라 기호를 쓰시오.

보기
㉠ 물   ㉡ 산소
㉢ 질소   ㉣ 이산화 탄소

(,   )

9종 공통

4 다음과 같이 촛불을 입으로 불었을 때 촛불이 꺼지는 까닭으로 옳은 것은 어느 것입니까? (   )

① 산소가 공급되기 때문이다.

② 탈 물질이 없어지기 때문이다.

③ 산소가 공급되지 않기 때문이다.

④ 온도가 발화점 이상으로 높아지기 때문이다.

⑤ 온도가 발화점 미만으로 낮아지기 때문이다.

9종 공통

5 일상생활에서 불을 끄는 방법으로 옳은 것을 다음 보기 에서 세 가지 골라 기호를 쓰시오.

보기
㉠ 산소 공급하기
㉡ 산소 공급 막기
㉢ 탈 물질 없애기
㉣ 탈 물질 공급하기
㉤ 발화점 이상으로 온도 높이기
㉥ 발화점 미만으로 온도 낮추기

(,   ,   )

천재교육, 천재교과서, 금성, 미래엔, 지학사

6 다음은 분말 소화기의 사용 방법 중 일부입니다. (   ) 안의 알맞은 말에 ○표를 하시오.

바람을 (마주 보고 / 등지고) 선 후 소화기 호스의 끝부분을 잡고 불이 난 방향을 향해 손잡이를 힘껏 움켜줍니다.

Step 1 단원평가

9종 공통

[1~5] 다음은 개념 확인 문제입니다. 물음에 답하시오.

1 푸른색 염화 코발트 종이는 물에 닿으면 (뿌옇게 / 붉게) 변합니다.

2 초가 연소한 후 생성되는 물질 두 가지는 무엇입니까?
(,   )

3 촛불을 컵으로 덮으면 (산소 / 이산화 탄소)가 공급되지 않기 때문에 촛불이 꺼집니다.

4 연소가 일어날 때 한 가지 이상의 연소 조건을 없애 불을 끄는 것을 무엇이라고 합니까?
(   )

5 화재가 발생하였을 때 화재 신고를 하는 전화번호는 몇 번입니까? (   )

9종 공통

6 다음은 푸른색 염화 코발트 종이의 성질에 대한 설명입니다. ☐ 안에 들어갈 알맞은 말을 쓰시오.

푸른색 염화 코발트 종이

    푸른색 염화 코발트 종이는 염화 코발트 용액을 종이에 흡수시켜 말려 놓은 것으로, ☐에 닿으면 붉은색으로 변합니다.

(   )

[7~8] 오른쪽은 안쪽 벽면에 푸른색 염화 코발트 종이를 붙인 아크릴 통으로 촛불을 덮은 모습입니다. 물음에 답하시오.

푸른색 염화 코발트 종이

셀로판 테이프

9종 공통

7 위 실험에서 촛불이 꺼진 후 푸른색 염화 코발트 종이를 관찰한 모습으로 옳은 것의 기호를 쓰시오.

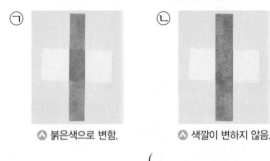

ㄱ   ㄴ

🔺 붉은색으로 변함.   🔺 색깔이 변하지 않음.

(   )

9종 공통

8 위 7번 답과 같은 결과가 나타나는 까닭으로 옳은 것은 어느 것입니까? (   )
① 초가 연소할 때 물이 필요하기 때문이다.
② 초가 연소한 후 물이 생성되었기 때문이다.
③ 초가 연소할 때 산소가 필요하기 때문이다.
④ 초가 연소한 후 산소가 생성되었기 때문이다.
⑤ 초가 연소한 후 이산화 탄소가 생성되었기 때문이다.

9종 공통

9 다음 실험을 통해 확인할 수 있는 초가 연소한 후 생성되는 물질은 무엇인지 쓰시오.

    초에 불을 붙이고 아크릴 통으로 덮은 후, 촛불이 꺼지고 나서 아크릴 통에 석회수를 붓고 살짝 흔들었더니 석회수가 뿌옇게 흐려졌습니다.

석회수

(   )

9종 공통

10 촛불을 끄는 방법과 촛불이 꺼지는 까닭에 맞게 줄로 바르게 이으시오.

(1)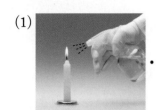
△ 촛불에 물 뿌리기

(2)
△ 촛불을 컵으로 덮기

(3)
△ 촛불을 입으로 불기

・ ㉠ 탈 물질 없애기

・ ㉡ 산소 공급 막기

・ ㉢ 발화점 미만으로 온도 낮추기

9종 공통

11 오른쪽은 향초의 심지를 핀셋으로 집어 불을 끄는 모습입니다. 이와 같은 방법으로 불을 끄는 경우는 어느 것입니까? ( )

①
△ 가스레인지의 연료 조절 밸브 잠그기

②
△ 알코올램프의 뚜껑 덮기

③
△ 소화전으로 물 뿌리기

④
△ 살수기로 물 뿌리기

9종 공통

12 다음 중 화재가 발생했을 때 물로 불을 끌 수 있는 연소 물질을 두 가지 고르시오. (,)

① 종이　　　　　② 기름
③ 가스　　　　　④ 나무
⑤ 전기 기구

천재교육, 천재교과서, 금성, 미래엔, 지학사

13 다음은 소화기 사용 방법을 순서에 관계없이 나타낸 것입니다. 순서에 맞게 기호를 쓰시오.

㉠
△ "불이야!"를 외치고, 불이 난 곳으로 소화기 옮기기

㉡
△ 호스의 끝부분을 잡고 불이 난 방향을 향해 손잡이 움켜쥐기

㉢
△ 손잡이 부분의 안전핀 뽑기

㉣
△ 빗자루로 마당을 쓸듯이 앞에서부터 골고루 뿌리기

( ) → ( ) → ( ) → ( )

9종 공통

14 다음 중 화재가 발생했을 때의 대처 방법으로 옳지 않은 것은 어느 것입니까? ( )

① 119에 신고한다.
② 화재 경보 비상벨을 누른다.
③ 아래로 대피할 수 없을 때에는 옥상으로 대피한다.
④ 젖은 수건으로 코와 입을 막고 몸을 낮춰 대피한다.
⑤ 밖으로 대피할 때 승강기를 이용해 빠르게 이동한다.

3 단원

15 오른쪽과 같이 안쪽 벽면에 푸른색 염화 코발트 종이를 붙인 아크릴 통으로 촛불을 덮었습니다. 촛불이 꺼졌을 때 염화 코발트 종이의 색깔 변화를 색깔 변화가 나타나는 까닭과 함께 쓰시오.

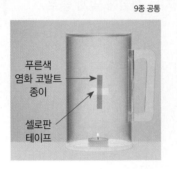

푸른색 염화 코발트 종이

셀로판 테이프

답 초가 연소한 후에는 **❶** ⬜⬜⬜ 이/가 생성되기 때문에 푸른색 염화 코발트 종이가 **❷** ⬜⬜⬜ (으)로 변한다.

서술형 가이드

어려워하는 서술형 문제! 서술형 가이드를 이용하여 풀어 봐!

15 초가 ⬜⬜ 한 후에는 물과 이산화 탄소가 생깁니다.

---

16 오른쪽은 타고 있는 초의 심지를 핀셋으로 집으려는 모습입니다.

(1) 위와 같이 초의 심지를 핀셋으로 집었을 때 촛불은 어떻게 되는지 쓰시오.
(   )

(2) 위 (1)번 답과 같은 결과가 나타나는 까닭을 쓰시오.

_____

_____

16 (1) 초가 탈 때 초의 심지를 핀셋으로 집으면 (탈 물질 / 산소)이/가 이동하지 못합니다.

(2) 불을 끄는 방법에는 산소 공급 막기, ⬜⬜⬜ 없애기, 발화점 미만으로 온도 낮추기가 있습니다.

---

17 오른쪽과 같이 전기 기구에서 화재가 발생했을 때의 소화 방법을 쓰시오.

_____

_____

17 기름, 가스, 전기에 의한 화재는 ⬜ 을/를 사용하면 불이 더 크게 번지거나 감전이 될 수 있어 위험합니다.

Step ③ 수행 평가

학습 주제 불을 끄는 방법

학습 목표 연소의 조건과 관련지어 여러 가지 소화 방법을 설명할 수 있다.

[18~20] 다음은 여러 가지 방법으로 촛불을 끄는 모습입니다.

ⓖ

ⓛ

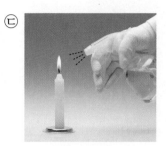
ⓔ

◈ 촛불을 입으로 불기   ◈ 촛불을 컵으로 덮기   ◈ 촛불에 물 뿌리기

9종 공통

18 위 ⊙~ⓒ 중 산소 공급을 막아 촛불을 끄는 경우를 골라 기호를 쓰시오.

(   )

9종 공통

19 다음은 일상생활에서 여러 가지 방법으로 불을 끄는 모습입니다. 위 ⊙~ⓒ 중 아래와 같은 방법으로 불을 끄는 경우를 골라 각각 기호를 쓰시오.

(1)

(2)

(3)

◈ 가스레인지의 연료 조절 밸브 잠그기   ◈ 소화전을 이용해 물 뿌리기   ◈ 알코올램프의 뚜껑 덮기

(   ) (   ) (   )

9종 공통

20 위 ⊙~ⓒ을 바탕으로 연소의 조건 세 가지와 관련지어 소화의 정의를 쓰시오.

_____

_____

수행평가 가이드
다양한 유형의 수행평가!
수행평가 가이드를 이용해 풀어 봐!

촛불을 끄는 방법 예
• 촛불에 모래 뿌리기
• 촛불을 물수건으로 덮기
• 초의 심지를 핀셋으로 집기
• 초의 심지를 촛농에 담그기
• 촛불에 휴대용 선풍기 바람을 쏘이기

3
단원

산소가 없으면
탈 물질이 있더라도
타지 않아.

소화 방법
연소가 일어날 때 한 가지 이상의 연소 조건을 없애면 불을 끌 수 있습니다.

Q 배점 표시가 없는 문제는 문제당 4점입니다.

9종 공통

[1~3] 다음은 초와 알코올이 타는 모습입니다. 물음에 답하시오.

▲ 초

▲ 알코올

9종 공통

1 위와 같이 초가 탈 때 나타나는 현상을 관찰한 결과를 정리한 것입니다. ㉠~㉣ 중 옳지 <u>않은</u> 내용을 골라 기호를 쓰시오.

불꽃이 타는 모습	㉠ 불꽃의 모양은 위아래로 길쭉한 모양임.
	㉡ 불꽃의 색깔은 노란색, 붉은색 등 다양함.
불꽃의 밝기	㉢ 불꽃의 윗부분은 어둡고, 아랫부분은 밝음.
손을 가까이 했을 때의 느낌	㉣ 손이 따뜻해짐.

(   )

9종 공통

2 위와 같이 알코올이 탈 때 알코올 양의 변화를 관찰한 결과로 옳은 것을 보기 에서 골라 기호를 쓰시오.

보기
㉠ 시간이 지날수록 알코올의 양이 늘어납니다.
㉡ 시간이 지날수록 알코올의 양이 줄어듭니다.
㉢ 시간이 지나도 알코올의 양은 변하지 않습니다.

(   )

9종 공통

3 다음 중 앞의 초와 알코올이 탈 때의 공통점을 두 가지 고르시오. (,   )
① 촛농이 생긴다.   ② 빛이 발생한다.
③ 열이 발생한다.   ④ 불꽃의 색깔이 같다.
⑤ 불꽃이 흔들리지 않는다.

9종 공통

4 다음 중 물질이 탈 때 나타나는 현상을 이용하는 예가 <u>아닌</u> 것은 어느 것입니까? (   )
① 가스레인지의 불꽃을 이용해 음식을 익힌다.
② 생일 케이크에 촛불을 켜면 주변이 밝아진다.
③ 추울 때 벽난로에 장작불을 지펴 따뜻하게 한다.
④ 어두운 밤에 방 안을 밝히기 위해 형광등을 켠다.
⑤ 어두운 밤에 강물 위에 유등을 띄우면 주변이 밝아진다.

🎒 서술형·논술형 문제   천재교육, 천재교과서, 동아, 지학사

5 다음과 같이 초 두 개에 불을 붙이고 크기가 다른 아크릴 통으로 촛불을 동시에 덮었습니다. [총 12점]

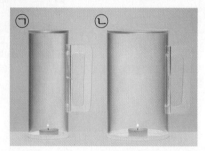

(1) 위 실험에서 초가 더 오래 타는 것의 기호를 쓰시오. [4점]

(   )

(2) 위 (1)번 답과 같은 결과가 나타나는 까닭을 쓰시오. [8점]

_____

_____

6 다음은 초가 타기 전과 타고 난 후 아크릴 통 안에 들어 있는 공기 중의 산소 비율을 측정한 기체 검지관의 모습입니다. 초가 타고 난 후 공기 중의 산소 비율에 해당하는 것을 골라 기호를 쓰시오.

천재교과서, 지학사

ㄱ 약 21 %

약 17 %

(   )

9종 공통

7 다음 ☐ 안에 공통으로 들어갈 알맞은 기체를 쓰시오.

• 물질이 타려면 탈 물질과 [   ]이/가 필요합니다.
• 탈 물질이 없으면 [   ]이/가 아무리 많아도 타지 않고, [   ]이/가 없으면 탈 물질이 있더라도 타지 않습니다.

(   )

8 오른쪽과 같이 성냥 머리 부분을 핫플레이트 위의 철판에 올려놓고 가열하였을 때의 결과에 대한 설명입니다. ☐ 안에 들어갈 알맞은 말을 쓰시오.

천재교육, 비상

성냥 머리 부분

성냥 머리 부분에 직접 불을 붙이지 않았지만 성냥 머리 부분의 온도가 [   ] 이상으로 높아지기 때문에 불이 붙습니다.

(   )

서술형·논술형 문제

천재교과서, 지학사

9 다음과 같이 성냥 머리 부분과 향을 구리판의 원 위에 올려놓고 알코올램프로 구리판의 가운데 부분을 가열해 보았습니다. [총 12점]

성냥 머리 부분   향

(1) 위 실험에서 성냥 머리 부분과 향 중 불이 먼저 붙는 것부터 순서대로 쓰시오. [4점]

(   ) → (   )

(2) 위 (1)번 답과 같은 결과가 나타나는 까닭을 쓰시오. [8점]

_____

_____

천재교육, 천재교과서, 금성, 김영사, 동아, 비상, 지학사

10 다음 중 불을 직접 붙이지 않고 물질을 태우는 방법이 아닌 것은 어느 것입니까? (   )

①
△ 볼록 렌즈로 햇빛 모으기

②
성냥갑
△ 성냥갑에 성냥 머리 마찰하기

③
△ 점화기로 불 붙이기

④
부싯돌
△ 부싯돌에 철 마찰하기

3
단원

11 다음 ☐ 안에 들어갈 알맞은 말을 **보기**에서 골라 각각 쓰시오.

> **보기**
>
> 연소, 산소, 소화, 발화점, 탈 물질

(1) 물질이 ☐☐☐☐☐ 와/과 만나 빛과 열을 내는
현상을 ☐☐☐☐ (이)라고 합니다.

(2) 연소가 일어나려면 ☐☐☐☐☐ , 산소,
발화점 이상의 온도가 필요합니다.

(3) 어떤 물질이 불에 직접 닿지 않아도 스스로 타기
시작하는 온도를 ☐☐☐☐☐ (이)라고
합니다.

(4) 연소가 일어날 때 한 가지 이상의 연소 조건을
없애 불을 끄는 것을 ☐☐☐☐☐ (이)라고
합니다.

[12~13] 다음은 초가 연소한 후 생성되는 물질을 확인하는
실험입니다. 물음에 답하시오.

> **1** 큰 아크릴 통의 안쪽
> 벽면에 셀로판테이프
> 로 푸른색 염화 코발트
> 종이 붙이기
> **2** 초에 불을 붙이고 **1**의
> 아크릴 통으로 촛불 덮기
> **3** 촛불이 꺼지면 푸른색
> 염화 코발트 종이의 색깔 변화를 관찰하기

푸른색
염화 코발트
종이

셀로판
테이프

12 다음 중 위 실험 결과 푸른색 염화 코발트 종이의 색깔
변화로 옳은 것은 어느 것입니까? ( )

① 흰색으로 변한다.

② 노란색으로 변한다.

③ 검은색으로 변한다.

④ 붉은색으로 변한다.

⑤ 색깔이 변하지 않는다.

---

13 다음 중 앞의 실험을 통해 알 수 있는 점으로 옳은
것은 어느 것입니까? ( )

① 초가 연소할 때에는 물이 필요하다.

② 초가 연소한 후에는 물이 생성된다.

③ 초가 연소한 후에는 산소가 생성된다.

④ 초가 연소한 후에는 이산화 탄소가 생성된다.

⑤ 초가 연소한 후에는 아무것도 생성되지 않는다.

[14~15] 초에 불을 붙이고 아크릴 통으로 촛불을 덮은 후,
촛불이 꺼지고 나서 다음과 같이 아크릴 통에 석회수를 붓고
살짝 흔들면서 변화를 관찰하였습니다. 물음에 답하시오.

아크릴판

석회수

14 다음 중 위 실험 결과로 옳은 것은 어느 것입니까?

( )

① 석회수가 뿌옇게 흐려진다.

② 석회수가 푸른색으로 변한다.

③ 석회수가 붉은색으로 변한다.

④ 석회수가 노란색으로 변한다.

⑤ 석회수는 아무런 변화가 없다.

---

15 다음은 위 **14**번 답과 같은 결과가 나타난 까닭입
니다. ☐ 안에 들어갈 알맞은 말을 쓰시오.

> 초가 연소한 후에 ☐☐☐☐ 이/가 생성되었기 때문
> 입니다.

( )

16 다음과 같이 촛불에 분무기로 물을 뿌리면 촛불이 꺼지는 까닭을 연소의 조건과 관련지어 쓰시오. [8점]

_____

_____

17 다음은 여러 가지 방법으로 불을 끄는 모습입니다. 소화 방법에 해당하는 것을 골라 각각 기호를 쓰시오.

⊙ 향초의 심지를 핀셋으로 집기

ⓛ 알코올램프의 뚜껑 덮기

ⓒ 소화전을 이용해 물 뿌리기

ⓔ 소화제 뿌리기

ⓜ 연료 조절 밸브 잠그기

ⓗ 살수기로 물 뿌리기

(1) 탈 물질 없애기: (,   )

(2) 산소 공급 막기: (,   )

(3) 발화점 미만으로 온도 낮추기:
　　　　　　　　　　　(　　　　 ,　　　　)

18 다음 중 전기 기구에 의한 화재가 발생했을 때 불을 끄는 방법에 대해 <u>잘못</u> 말한 친구의 이름을 쓰시오.

> 지원: 물로 불을 끌 수 있어.
> 준재: 소화기를 사용해 불을 꺼야 해.
> 서연: 마른 모래로 덮어 불을 끌 수 있어.

(　　　　　　　　　　　)

19 오른쪽은 분말 소화기의 구조를 나타낸 것입니다. ㉠~㉢ 중 안전핀을 골라 기호를 쓰시오.

(　　　　　　　　　　　)

20 다음 중 화재가 발생했을 때 대처 방법으로 옳지 <u>않은</u> 것은 어느 것입니까? (　　　　)

① 큰 소리로 "불이야!"라고 외침.

② 젖은 수건으로 코와 입을 막음.

③ 연기가 방 안에 들어오도록 문틈이 막히지 않게 함.

④ 아래로 대피하기 어려울 때에는 옥상으로 대피함.

연관 학습 안내

만화로 단원 미리보기

우리 몸의 구조와 기능

4

이어서
개념 웹툰

개념❶ 우리 몸의 운동 기관 → 우리가 살아가는 데 필요한 일을 하는 몸속 부분

1. 운동 기관: 몸을 움직이는 뼈와 근육 등

2. 운동 기관의 생김새

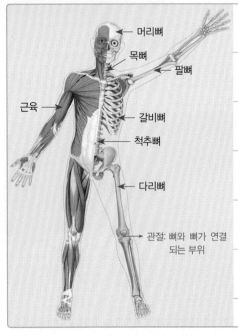

머리뼈	위쪽은 둥글고, 아래쪽은 각이 져 있음. → 바가지 모양입니다.
목뼈	모양이 비슷한 여러 개의 조각으로 이루어져 있음.
팔뼈	길이가 길고, 아래쪽 뼈는 긴뼈 두 개로 이루어져 있음.
갈비뼈	휘어 있고, 여러 개가 있으며 좌우로 둥글게 연결되어 안쪽에 공간을 만듦.
척추뼈	짧은뼈 여러 개가 세로로 이어져 기둥을 이룸.
다리뼈	팔뼈보다 길고 굵으며, 아래쪽 뼈는 긴뼈 두 개로 이루어져 있음.
근육	뼈에 연결되어 있음.

3. 뼈와 근육 모형 만들기

내 교과서 살펴보기 / 천재교과서, 동아, 미래엔, 비상, 아이스크림

실험 방법	❶ 오른쪽과 같이 모형을 만들기 ❷ 주름 빨대로 비닐봉지에 공기를 불어 넣어 손 그림의 움직임과 비닐봉지의 길이 변화 알아보기	
실험 결과	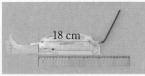 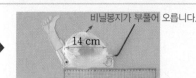 ⬆ 공기를 불어 넣기 전　　⬆ 공기를 불어 넣은 후 ➡ 공기를 불어 넣으면 비닐봉지의 길이가 줄어들고, 손 그림이 위로 올라옴.	
알게 된 점	팔을 구부리고 펴는 원리 • 팔 안쪽 근육의 길이가 줄어들면 아래팔뼈가 올라와 팔이 구부러진다. • 팔 안쪽 근육의 길이가 늘어나면 아래팔뼈가 내려가 팔이 펴진다.	

4. 뼈와 근육이 하는 일

뼈	• 우리 몸의 형태를 만들고 몸을 지탱함. • 심장, 폐, 뇌 등 몸속 기관을 보호함.
근육	뼈에 연결되어 길이가 줄어들거나 늘어나면서 뼈를 움직이게 함.

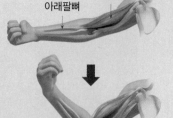

개념 다지기

1 다음은 우리 몸에 대한 설명입니다. ☐ 안에 공통으로 들어갈 알맞은 말을 쓰시오.

9종 공통

- 우리가 살아가는 데 필요한 일을 하는 몸속 부분을 ☐☐☐(이)라고 합니다.
- 뼈와 근육은 우리 몸의 운동 ☐☐입니다.

( )

2 다음 중 뼈에 대한 설명으로 옳지 <u>않은</u> 것은 어느 것입니까? ( )

9종 공통

① 크기와 모양이 다양하다.
② 몸을 움직이는 데 필요하다.
③ 목뼈와 팔뼈의 생김새는 다르다.
④ 갈비뼈는 휘어 있고, 좌우로 둥글게 연결되어 있다.
⑤ 머리뼈는 길이가 길고, 세로로 이어져 기둥을 이룬다.

3 다음의 우리 몸의 뼈를 생김새에 알맞게 줄로 바르게 이으시오.

천재교육, 금성, 김영사, 동아

(1) 목뼈 • • ㉠ 길이가 길고, 아래쪽 뼈는 긴뼈 두 개로 이루어져 있음.

(2) 팔뼈 • • ㉡ 모양이 비슷한 여러 개의 조각으로 이루어져 있음.

[4~6] 다음은 뼈 모형, 비닐봉지, 주름 빨대 등을 사용하여 만든 뼈와 근육 모형입니다. 물음에 답하시오.

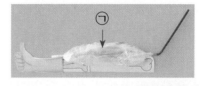

천재교과서, 동아, 미래엔, 비상, 아이스크림

4 다음 중 위 모형의 ㉠이 나타내는 것은 우리 몸의 어느 부분입니까? ( )

① 뼈　　② 관절　　③ 근육
④ 지방　　⑤ 아래팔뼈

천재교과서, 동아, 미래엔, 비상, 아이스크림

5 다음 중 위 모형의 주름 빨대로 공기를 불어 넣기 전과 후의 비닐봉지의 길이에 대해 바르게 설명한 친구의 이름을 쓰시오.

선영: 비닐봉지의 길이는 공기를 불어 넣기 전이 공기를 불어 넣은 후보다 길어.
서진: 비닐봉지의 길이는 공기를 불어 넣은 후가 공기를 불어 넣기 전보다 길어.
민아: 비닐봉지의 길이는 공기를 불어 넣기 전과 후가 같아.

( )

천재교과서, 동아, 미래엔, 비상, 아이스크림

6 다음은 위 모형에 공기를 불어 넣는 실험을 통해 알게 된 팔을 구부리는 원리입니다. ( ) 안의 알맞은 말에 ○표를 하시오.

팔 안쪽 (뼈 / 근육)의 길이가 줄어들면 아래 팔뼈가 올라와 팔이 구부러집니다.

개념 알기

4. 우리 몸의 구조와 기능(2)

6 소화 기관 / 호흡 기관 / 순환 기관 / 배설 기관

개념 체크

개념① 우리 몸의 소화 기관

1. 소화: 음식물의 영양소를 몸속으로 흡수할 수 있게 음식물을 잘게 쪼개고 분해 하는 과정 → 우리가 생활하는 데 필요한 에너지와 영양소를 음식물에서 얻는 과정입니다.

2. 소화 기관: 음식물의 소화와 흡수 등을 담당하는 입, 식도, 위, 작은창자, 큰 창자, 항문 등

3. 소화 기관의 생김새와 하는 일

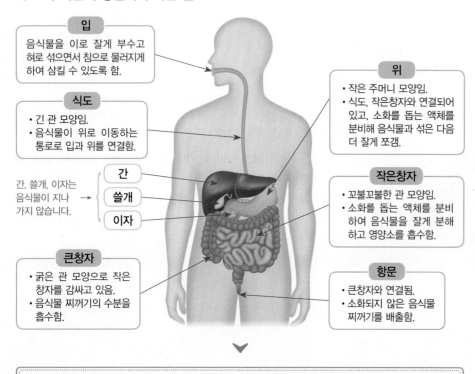

입
음식물을 이로 잘게 부수고 혀로 섞으면서 침으로 물러지게 하여 삼킬 수 있도록 함.

식도
· 긴 관 모양임.
· 음식물이 위로 이동하는 통로로 입과 위를 연결함.

간, 쓸개, 이자는 음식물이 지나 → 가지 않습니다.

간
쓸개
이자

위
· 작은 주머니 모양임.
· 식도, 작은창자와 연결되어 있고, 소화를 돕는 액체를 분비해 음식물과 섞은 다음 더 잘게 쪼갬.

작은창자
· 꼬불꼬불한 관 모양임.
· 소화를 돕는 액체를 분비 하여 음식물을 잘게 분해 하고 영양소를 흡수함.

큰창자
· 굵은 관 모양으로 작은 창자를 감싸고 있음.
· 음식물 찌꺼기의 수분을 흡수함.

항문
· 큰창자와 연결됨.
· 소화되지 않은 음식물 찌꺼기를 배출함.

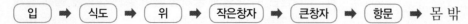

음식물을 잘게 쪼개고 분해하여 영양소와 수분을 흡수하고, 나머지는 항문으로 배출함. 이 과정에서 간, 쓸개, 이자가 소화를 도움.

↳ 소화를 돕는 액체를 분비합니다.

4. 음식물이 이동하는 소화 기관의 순서

입 ➡ 식도 ➡ 위 ➡ 작은창자 ➡ 큰창자 ➡ 항문 ➡ 몸 밖

5. 음식물을 더 잘 소화할 수 있는 방법: 음식물이 더 잘게 부서질 수 있도록 입에서 음식물을 꼭꼭 잘 씹어야 합니다.

☑ **소화**

음식물의 ❶(영양소 / 찌꺼기)를 몸 속으로 흡수할 수 있게 음식물을 잘게 쪼개고 분해하는 과정입니다.

소화 잘 되게 꼭꼭 씹어 먹어.

쩝쩝
쩝쩝

정답 ❶ 영양소

내 교과서 살펴보기 / 천재교과서

우리가 하루 동안 먹은 음식물의 무게와 항문으로 배출한 대변의 무게 비교

· 음식물의 무게 > 대변의 무게
· 대변보다 음식물이 더 무거운 까닭: 우리가 먹은 음식물은 소화 기관을 거치면서 음식물의 영양소와 수분이 몸으로 많이 흡수되기 때문입니다.

개념② 우리 몸의 호흡 기관

1. **호흡**: 숨을 들이마시고 내쉬는 활동

2. **호흡 기관**: 호흡을 담당하는 코, 기관, 기관지, 폐 등

3. **호흡 기관의 생김새와 하는 일**

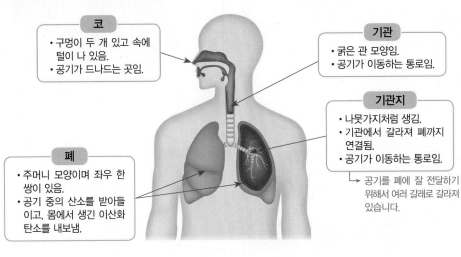

코
- 구멍이 두 개 있고 속에 털이 나 있음.
- 공기가 드나드는 곳임.

기관
- 굵은 관 모양임.
- 공기가 이동하는 통로임.

기관지
- 나뭇가지처럼 생김.
- 기관에서 갈라져 폐까지 연결됨.
- 공기가 이동하는 통로임.

↳ 공기를 폐에 잘 전달하기 위해서 여러 갈래로 갈라져 있습니다.

폐
- 주머니 모양이며 좌우 한 쌍이 있음.
- 공기 중의 산소를 받아들이고, 몸에서 생긴 이산화 탄소를 내보냄.

⌄

> 코로 들어온 공기는 기관, 기관지를 통해 이동하며, 폐는 몸 밖에서 들어온 산소를 받아들이고 몸 안에서 생긴 이산화 탄소를 몸 밖으로 내보냄.

4. **숨을 들이마시고 내쉴 때 몸속에서의 공기의 이동**

① 숨을 들이마실 때 공기의 이동: 코 ➡ 기관 ➡ 기관지 ➡ 폐

② 숨을 내쉴 때 공기의 이동: 폐 ➡ 기관지 ➡ 기관 ➡ 코

내 교과서 살펴보기 / **천재교육, 금성, 아이스크림, 지학사**

숨을 들이마시고 내쉴 때 폐의 크기와 가슴둘레의 변화

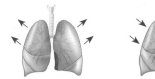 숨을 들이마실 때의 폐   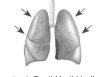 숨을 내쉴 때의 폐

- 숨을 들이마실 때: 폐의 크기와 가슴둘레가 커집니다.
- 숨을 내쉴 때: 폐의 크기와 가슴둘레가 작아집니다.

☑ 호흡 기관

호흡을 담당하는 코, 기관, 기관지, ❷ [ㅍ] 를 호흡 기관이라고 합니다.

우리는 공기 중의 산소를 받아들이고, 몸속의 이산화 탄소를 몸 밖으로 내보내지.

산소는 우리가 몸을 움직이고 기관이 일을 하는 데 사용돼. 그 결과 이산화 탄소가 생기지.

☑ 몸속에서 공기의 이동

숨을 들이마실 때 ❸(코 / 폐)로 들어온 공기는 기관, 기관지를 거쳐 ❹(코 / 폐)에 도달합니다.

맑은 공기가 폐까지 잘 도달하겠지?

야~ 상쾌하다.

정답 ❷ 폐 ❸ 코 ❹ 폐

개념③ 우리 몸의 순환 기관

1. **혈액 순환**: 혈액이 소화 기관에서 흡수한 영양소와 호흡 기관에서 흡수한 산소 등을 싣고 온몸을 도는 것

2. **순환 기관**: 혈액의 이동에 관여하는 심장과 혈관 등

3. **순환 기관의 생김새**

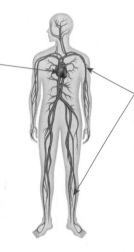

심장
• 가슴 가운데에서 약간 왼쪽으로 치우쳐 있음.
• 둥근 주머니 모양임.
• 자신의 주먹만 한 크기임.
• 펌프 작용으로 혈액을 순환시킴.
  └→ 심장은 오므라들었다 부풀었다를 반복하면서 혈액을 온몸으로 보냅니다.

혈관
• 온몸에 복잡하게 퍼져 있음.
• 굵기가 굵은 것부터 매우 가는 것까지 여러 가지임.
• 혈액이 이동하는 통로임.

4. 순환 기관이 하는 일 알아보기

① **실험 방법**

실험 동영상

내 교과서 살펴보기 / 천재교육, 천재교과서, 동아, 비상, 지학사

> ❶ 오른쪽과 같이 장치하고 펌프를 **빠르게** 누르거나 느리게 누르면서 붉은 색소 물이 이동하는 모습을 관찰하기 → 한쪽 관으로 붉은 색소 물을 빨아들이고 다른 쪽 관으로 내보냅니다.
> ❷ 주입기의 펌프와 관, 붉은 색소 물은 각각 우리 몸의 어느 부분에 해당하는지 알아보기

펌프
관
수조
붉은 색소 물 →

② **실험 결과**

주입기의 펌프	붉은 색소 물의 이동 빠르기	붉은 색소 물의 이동량
빠르게 누를 때	빠르게 움직임.	많아짐.
느리게 누를 때	느리게 움직임.	적어짐.

③ 주입기의 펌프와 관, 붉은 색소 물이 우리 몸에 해당하는 부분

구분	주입기의 펌프	주입기의 관	붉은 색소 물
우리 몸	심장	혈관	혈액

④ **알게 된 점**: 심장의 펌프 작용으로 심장에서 나온 혈액이 혈관을 통해 온몸으로 이동하여 영양소와 산소를 공급하고, 다시 심장으로 돌아오는 과정을 반복합니다.

☑ **심장**

심장은 펌프 작용으로 우리 몸의 ❺ [ㅎ][ㅇ]을 순환시킵니다.

펌프 작용으로 혈액을 순환시키고 있나 봐.

정답 ❺ 혈액

심장이 빨리 뛸 때는 혈액이 이동하는 빠르기가 빨라지고, 혈액의 이동량이 많아져.

심장이 느리게 뛸 때는 혈액이 이동하는 빠르기가 느려지고, 혈액의 이동량이 적어지지.

내 교과서 살펴보기 / 지학사

우리 몸 전체에 혈관이 퍼져 있는 까닭
• 혈액 속 산소와 영양소를 몸 전체에 골고루 전달하기 위해서입니다.
• 몸에서 생긴 이산화 탄소와 노폐물을 운반하여 몸 밖으로 내보내기 위해서입니다.

개념 ④ 우리 몸의 배설 기관

1. **배설**: 혈액 속의 노폐물을 오줌으로 만들어 몸 밖으로 내보내는 것

> **용어** 우리 몸에서 에너지를 만들고 사용하는 과정에서 생긴 필요 없는 것

2. **배설 기관**: 배설을 담당하는 콩팥, 오줌관, 방광, 요도 등

3. 배설 기관의 생김새

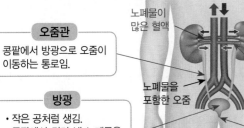

오줌관
콩팥에서 방광으로 오줌이 이동하는 통로임.

노폐물이 많은 혈액

방광
• 작은 공처럼 생김.
• 콩팥에서 걸러 낸 노폐물을 모아 두었다가 몸 밖으로 내보냄.

노폐물을 포함한 오줌

콩팥
• 주먹만 한 크기의 강낭콩 모양으로 등허리에 좌우 한 쌍이 있음.
• 혈액을 운반하는 혈관과 연결되어 있고, 혈액 속의 노폐물을 걸러 오줌으로 만듦.

노폐물이 걸러진 혈액

요도
오줌이 몸 밖으로 이동하는 통로임.

> 노폐물은 혈액에 실려 이동하다가 콩팥에서 걸러지고, 걸러진 노폐물은 오줌이 됨. 노폐물이 걸러진 혈액은 다시 온몸을 순환함.

4. 배설 기관이 하는 일 알아보기

① 실험 방법

내 교과서 살펴보기 / 천재교과서

1 거름망을 비커에 걸쳐 놓기
2 다른 비커에 노란 색소 물과 붉은색 모래를 넣고 잘 섞어 1의 거름망 위에 붓기
3 거름망, 노란 색소 물, 붉은색 모래는 각각 우리 몸의 어느 부분에 해당하는지 알아보기

거름망

노란 색소 물과 붉은색 모래

② 실험 결과
• 노란 색소 물만 거름망을 통과하여 비커에 모이고, 붉은색 모래는 거름망 위에 남아 있습니다.
• 노란 색소 물과 붉은색 모래가 분리됩니다.

③ 거름망, 노란 색소 물, 붉은색 모래가 우리 몸에 해당하는 부분

구분	거름망	노란 색소 물	붉은색 모래
우리 몸	콩팥	오줌(노폐물)	노폐물이 걸러진 혈액

④ 알게 된 점: 콩팥에서 혈액 속의 노폐물을 걸러 오줌을 만듭니다.

☑ 배설

혈액 속의 노폐물을 ❻ [ㅇ][ㅈ] 으로 만들어 몸 밖으로 내보내는 것을 배설이라고 합니다.

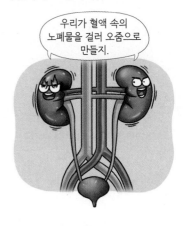

우리가 혈액 속의 노폐물을 걸러 오줌으로 만들지.

4
단원

내 교과서 살펴보기 / 천재교과서, 지학사

우리 몸의 배설 기관 중 방광이 없을 때 생길 수 있는 일

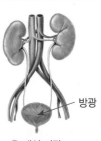

방광

⬆ 배설 기관

• 방광이 없다면 콩팥에서 만들어진 오줌이 바로바로 몸 밖으로 나와 계속 오줌이 마려울 것입니다.
• 방광이 없으면 오줌이 쉴 새 없이 나오기 때문에 어떤 일을 하거나 돌아다니기도 힘들 것입니다.

Step 1 단원평가

9종 공통

[1~5] 다음은 개념 확인 문제입니다. 물음에 답하시오.

1 뼈에 연결되어 길이가 줄어들거나 늘어나면서 뼈를 움직이게 하는 운동 기관은 무엇입니까?

( )

2 음식물의 영양소를 몸속으로 흡수할 수 있게 음식물을 잘게 쪼개고 분해하는 과정을 무엇이라고 합니까?

( )

3 위와 식도 중에서 작은창자와 연결되어 있고, 소화를 돕는 액체를 분비하는 기관은 어느 것입니까?

( )

4 숨을 들이마실 때 코로 들어온 공기는 기관, 기관지를 거쳐 어느 기관에 도달합니까?

( )

5 콩팥과 방광 중에서 혈액 속의 노폐물을 걸러 오줌을 만드는 것은 어느 것입니까?

( )

9종 공통

6 다음 중 우리 몸의 뼈가 하는 일을 바르게 말한 친구의 이름을 쓰시오.

세현: 숨을 들이마시는 일을 해.
연진: 우리 몸의 형태를 만들어.
정민: 음식물을 소화시키고 흡수해.

( )

천재교과서, 금성, 김영사

7 다음과 같이 팔을 구부렸을 때 팔 안쪽 근육의 변화에 대한 설명으로 옳은 것을 두 가지 고르시오.

(,)

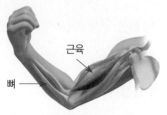

근육

뼈

🔼 팔을 구부렸을 때 뼈와 근육의 모습

① 팔 안쪽 근육이 펴진다.
② 팔 안쪽 근육이 오므라든다.
③ 팔 안쪽 근육의 길이가 줄어든다.
④ 팔 안쪽 근육의 길이가 늘어난다.
⑤ 팔 안쪽 근육에 아무런 변화가 없다.

9종 공통

8 다음은 소화 기관에 대한 설명입니다. ☐ 안에 들어갈 알맞은 말을 쓰시오.

소화 기관에는 음식물의 소화와 ☐☐☐ 등을 담당하는 입, 식도, 위, 작은창자, 큰창자, 항문 등이 있습니다.

( )

9종 공통

9 다음은 음식물이 이동하는 소화 기관의 순서입니다. ㉠과 ㉡에 들어갈 알맞은 기관을 각각 쓰시오.

입 → ㉠ → 위 → ㉡ → 큰창자 → 항문

㉠ ( )

㉡ ( )

천재교육, 천재교과서, 김영사, 동아, 미래엔

9종 공통

10 다음 중 호흡에 대한 설명으로 옳지 <u>않은</u> 것은 어느 것입니까? (   )

① 숨을 들이마실 때 코로 공기가 들어온다.

② 호흡은 숨을 들이마시고 내쉬는 활동이다.

③ 호흡 기관에는 코, 기관, 기관지, 폐 등이 있다.

④ 호흡 기관은 호흡할 때 우리 몸에서 일을 하는 기관이다.

⑤ 숨을 들이마시고 내쉴 때 몸속에서는 공기가 이동하지 않는다.

9종 공통

11 다음은 호흡 기관에 대한 설명입니다. 설명에 해당하는 기관을 **보기**에서 골라 기호를 쓰시오.

> • 주머니 모양이며 좌우 한 쌍이 있습니다.
> • 공기 중의 산소를 받아들이고, 몸에서 생긴 이산화 탄소를 내보냅니다.

> **보기**
> ㉠ 코   ㉡ 폐   ㉢ 기관지

(   )

9종 공통

12 다음 중 심장에 대한 설명으로 옳지 <u>않은</u> 것은 어느 것입니까? (   )

① 순환 기관이다.

② 둥근 주머니 모양이다.

③ 온몸에 복잡하게 퍼져 있다.

④ 자신의 주먹만 한 크기이다.

⑤ 펌프 작용으로 혈액을 순환시킨다.

9종 공통

13 다음과 같이 장치하고 주입기의 펌프를 누르면서 한 쪽 관으로 붉은 색소 물을 빨아들이고 다른 쪽 관으로 내보내는 실험을 하였습니다. 이 실험에 대한 설명으로 옳지 <u>않은</u> 것은 어느 것입니까? (   )

① 펌프를 빠르게 누르면 붉은 색소 물이 빠르게 움직인다.

② 펌프를 느리게 누르면 붉은 색소 물이 빠르게 움직인다.

③ 펌프를 빠르게 누르면 붉은 색소 물의 이동량이 많아진다.

④ 펌프를 느리게 누르면 붉은 색소 물의 이동량이 적어진다.

⑤ 펌프는 심장, 관은 혈관, 붉은 색소 물은 혈액을 나타낸다.

9종 공통

14 다음 중 콩팥에서 걸러 낸 노폐물을 모아 두었다가 몸 밖으로 내보내는 기관은 어느 것입니까? (   )

① 간   ② 이자   ③ 방광

④ 식도   ⑤ 오줌관

9종 공통

15 다음은 노폐물이 오줌이 되는 과정에 대한 설명입니다. □ 안에 들어갈 알맞은 말을 쓰시오.

> 노폐물은 [   ]에 실려 이동하다가 콩팥에서 걸러지고, 걸러진 노폐물은 오줌이 됩니다.

(   )

9종 공통

16 다음은 소화 기관의 모습입니다.

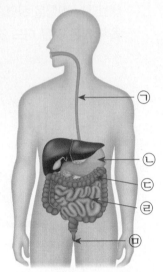

(1) 위의 ㉠~㉢ 중 음식물을 위로 이동시키는 일을 하는 소화 기관의 기호를 쓰시오.

(   )

(2) 위의 ㉡ 기관이 하는 일을 쓰시오.

답 소화를 돕는 ❶ [   ] 을/를 분비하여 ❷ [   ] 와/과 섞은 다음 더 잘게 쪼갠다.

9종 공통

17 다음은 순환 기관에 대해 정리한 표입니다.

구분	심장	혈관
생김새와 위치	둥근 주머니 모양으로 가슴 가운데에서 약간 왼쪽으로 치우쳐 있음.	굵기가 다양하고 온몸에 복잡하게 퍼져 있음.
하는 일	[㉠] 작용으로 혈액을 순환시킴.	㉡

(1) 위의 ㉠에 들어갈 알맞은 말을 쓰시오.

(   )

(2) 위의 ㉡에 들어갈 혈관이 하는 일을 쓰시오.

_____

_____

16 (1) 우리 몸의 식도는 음식물을 [   ] (으)로 이동시키는 일을 합니다.

(2) 위는 소화를 돕는 액체를 (흡수 / 분비)하여 음식물과 섞은 다음 더 잘게 쪼갭니다.

17 (1) 펌프 작용으로 (혈액 / 혈관)을 순환시키는 것은 심장입니다.

(2) 혈관은 굵기가 굵은 것부터 매우 가는 것까지 여러 가지이고, 혈액이 [   ] 하는 통로입니다.

단원 실력 쌓기 정답 20쪽

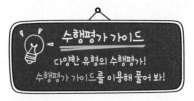

탐구 주제 뼈와 근육이 하는 일 알아보기

탐구 목표 뼈와 근육 모형으로 팔이 구부러지고 펴지는 원리를 알 수 있다.

뼈와 근육

우리 몸에는 생김새와 크기가 다양한 뼈가 여러 개 있습니다. 뼈는 단단하여 우리 몸의 형태를 만들고 몸을 지탱합니다. 또, 심장, 폐, 뇌 등 몸속 기관을 보호합니다. 근육은 뼈에 연결되어 있습니다.

[18~20] 다음은 뼈와 근육 모형을 만드는 과정입니다.

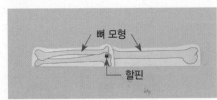

1 뼈 모형을 반으로 접고 양면테이프로 붙인 뒤 구멍에 할핀을 꽂아 연결하기

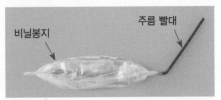

2 비닐봉지 안에 주름 빨대의 한쪽 끝을 넣고, 비닐봉지의 양 끝을 셀로판테이프로 감기

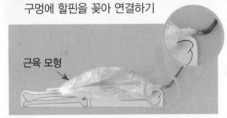

3 근육 모형의 비닐봉지 양 끝을 뼈 모형의 위쪽 가장자리에 셀로판테이프로 붙이기

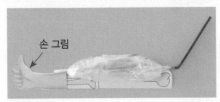

4 3의 모형에 손 그림을 붙이고, 비닐봉지에 공기를 불어 넣기 전과 후의 모형의 변화 알아보기

천재교과서, 동아, 미래엔, 비상, 아이스크림

18 다음은 위 모형의 비닐봉지에 공기를 불어 넣기 전과 후의 비닐봉지의 길이와 손 그림의 움직임을 측정한 결과입니다. ☐ 안에 알맞은 말을 쓰시오.

구분	공기를 불어 넣기 전	공기를 불어 넣은 후
비닐봉지의 길이	18 cm	14 cm

➡ 비닐봉지에 공기를 불어 넣으면 비닐봉지가 부풀어 오르면서 비닐봉지의 길이가 ☐ , 손 그림이 위로 올라옵니다.

천재교과서, 동아, 미래엔, 비상, 아이스크림

모형을 이용하여 우리 몸이 움직이는 원리를 생각해 볼 수 있어.

19 위의 뼈 모형과 비닐봉지가 우리 몸에 해당하는 부분에 맞게 ㉠과 ㉡에 알맞은 말을 각각 쓰시오.

구분	뼈 모형	비닐봉지
우리 몸	㉠	㉡

천재교과서, 동아, 미래엔, 비상, 아이스크림

20 위 실험 결과를 참고하여 팔을 구부리고 펴는 원리를 쓰시오.

_____

_____

뼈와 근육의 움직임

뼈는 스스로 움직일 수 없고, 뼈를 움직이게 하는 것은 뼈에 붙어 있는 근육입니다. 근육의 길이가 줄어들거나 늘어나면서 뼈를 움직이게 합니다.

개념 ① 우리 몸의 감각 기관과 자극의 전달

1. **감각 기관**: 주변에서 발생한 자극을 받아들이는 눈, 귀, 코, 혀, 피부 등

2. **신경계**: 자극을 전달하며 반응을 결정하여 명령을 내리는 부분

3. 감각 기관의 생김새와 하는 일

귀
얼굴 양 옆에 하나씩 귓바퀴가 튀어나와 있고, 소리를 들음.

눈
얼굴 윗부분에 두 개가 있고, 사물을 봄.

코
얼굴 가운데에 튀어나와 구멍이 두 개 뚫려 있고, 냄새를 맡음.

혀
입속에 있고 길쭉한 모양이며, 맛을 느낌.

피부
몸 표면을 감싸며 차가움, 뜨거움, 아픔, 촉감 등을 느낌.

4. 자극이 전달되어 반응하는 과정 → 자극이 같아도 사람마다 반응이 다르게 나타날 수 있습니다.

┌ 온몸에 퍼져 있습니다.

신경계

감각 기관	자극을 전달하는 신경	뇌(행동을 결정하는 신경)	명령을 전달하는 신경	운동 기관
눈으로 날아오는 공을 봄.	자극을 뇌로 전달함.	팔을 뻗어 공을 받아치라고 명령함.	명령을 운동기관으로 전달함.	팔을 뻗어 공을 받아침.

감각 기관에서 자극을 받아들임. → 신경이 자극을 뇌로 전달 → 뇌에서 자극을 해석하여 반응을 결정하고 명령을 내림. → 신경이 뇌의 명령을 운동 기관에 전달 → 운동 기관은 명령에 따라 반응함.

☑ **감각 기관**

주변에서 발생한 자극을 받아들이는 눈, 귀, 코, ❶[ㅎ], 피부 등을 감각 기관이라고 합니다.

와~ 달다.

정말 맛있어.

정답 ❶ 혀

내 교과서 살펴보기 / 천재교육

자극이 전달되어 반응하는 과정의 예

얼음이 담긴 음료수가 보이고(눈), 날씨가 무척 더움(피부).

신경이 ↓ 자극 전달

뇌에서 음료수를 마시라고 명령함.

신경이 ↓ 명령 전달

팔(운동 기관)을 뻗어 음료수를 마심.

개념② 운동할 때 일어나는 몸의 변화

1. 운동할 때 몸에서 일어나는 변화 알아보기

실험 방법	① 운동을 하지 않은 안정된 상태와 1분 동안 팔 벌려 뛰기를 한 직후, 5분 동안 휴식을 취했을 때의 체온과 1분 동안의 맥박 수를 측정하기 ② ①에서 측정한 체온과 1분 동안의 맥박 수를 그래프로 나타내기 ③ 운동할 때 체온과 맥박 수가 변하는 까닭을 몸속 기관이 하는 일과 관련하여 알아보기				

실험 결과	구분	평상시	운동 직후	5분 휴식 후	
	체온(℃)	36.7	36.9	36.6	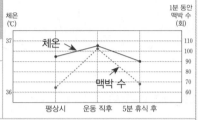
	맥박 수 (회)	65	102	69	

알게 된 점	• 운동을 하면 체온이 올라가고 맥박이 빨라진다. → 땀이 나기도 합니다. • 운동을 하고 시간이 지나면 체온이 내려가고 맥박이 느려져 운동 전 상태로 돌아간다.

체온과 맥박 수가 변하는 까닭	• 운동을 하면 몸에서 에너지를 많이 내면서 열이 많이 나기 때문에 체온이 올라간다. • 산소와 영양소를 많이 이용하므로 심장이 빠르게 뛰어 맥박이 빨라지고, 호흡도 빨라진다.

맥박 수 측정하기

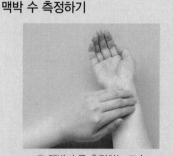

⌃ 맥박 수를 측정하는 모습

맥박은 심장이 뛰는 것이 혈관에 전달되어 나타나는 것으로 손가락으로 손목을 살짝 누르면 맥박을 느낄 수 있습니다.

4 단원

2. 몸을 움직이기 위해 각 기관이 하는 일 → 서로 영향을 주고받기 때문에 조화를 이뤄야 합니다.

운동 기관
영양소와 산소를 이용하여 몸을 움직임.

소화 기관
음식물을 소화하여 영양소를 흡수함.

호흡 기관
산소를 흡수하고, 이산화 탄소를 내보냄.

순환 기관
영양소와 산소를 온몸에 전달하고, 이산화 탄소와 노폐물을 각각 호흡 기관과 배설 기관에 전달함.

배설 기관
혈액 속의 노폐물을 걸러 내어 오줌으로 배설함.

감각 기관
주변의 자극을 받아들임.

☑ 운동할 때 순환 기관이 하는 일

❷ [ㅅ][ㅈ]이 빠르게 뛰어 영양소와 산소를 온몸에 전달합니다.

심장이 엄청 빠르게 뛰네.

정답 ❷ 심장

Step 1 단원평가

9종 공통

[1~5] 다음은 개념 확인 문제입니다. 물음에 답하시오.

1 소리와 같은 자극을 받아들이는 감각 기관은 무엇입니까? (   )

2 감각 기관에서 받아들인 자극을 뇌로 전달하는 것은 무엇입니까? (   )

3 자극을 해석하여 반응을 결정하고 명령을 내리는 것은 무엇입니까? (   )

4 운동하기 전과 운동한 직후 중 체온이 더 높을 때는 언제입니까? (   )

5 산소와 이산화 탄소 중 운동할 때 우리 몸이 많이 이용하는 기체는 어느 것입니까?
(   )

9종 공통

6 다음은 자극을 받아들이는 기관에 대한 설명입니다. □ 안에 들어갈 알맞은 말을 쓰시오.

> 날아오는 공을 [   ](으)로 보는 것과 같이 주변으로부터 전달된 자극을 느끼고 받아들이는 기관을 감각 기관이라고 합니다.

(   )

9종 공통

7 다음 중 감각 기관이 <u>아닌</u> 것은 어느 것입니까?
(   )

① 혀   ② 뇌   ③ 귀
④ 코   ⑤ 피부

9종 공통

8 다음 감각 기관에 대한 설명 중 옳은 것은 어느 것입니까? (   )

① 혀로 맛을 알 수 있다.
② 코로 소리를 들을 수 있다.
③ 눈으로 온도를 느낄 수 있다.
④ 피부로 냄새를 맡을 수 있다.
⑤ 귀로 주변의 사물을 볼 수 있다.

9종 공통

9 다음은 빵을 먹을 때의 자극과 반응을 정리한 것입니다. ㉠과 ㉡에 들어갈 알맞은 말을 각각 쓰시오.

구분	상황
㉠	• 고소한 냄새를 맡음. • 접시 위의 빵을 봄.
㉡	빵을 먹음.

㉠ (   ) ㉡ (   )

9종 공통

10 다음은 자극이 전달되어 반응하는 과정입니다. ☐ 안에 공통으로 들어갈 알맞은 말을 쓰시오.

> 감각 기관 → 자극을 전달하는 ☐ → 뇌 →
> 명령을 전달하는 ☐ → 운동 기관

( )

9종 공통

11 다음 보기 에서 1분 동안 운동을 할 때 나타나는 변화로 옳지 않은 것을 골라 기호를 쓰시오.

> 보기
> ㉠ 호흡이 빨라집니다.
> ㉡ 심장이 느리게 뜁니다.
> ㉢ 체온이 올라가고, 맥박이 빨라집니다.

( )

9종 공통

12 다음은 운동할 때 나타나는 변화를 몸속 여러 기관의 기능과 관련지어 설명한 것입니다. ☐ 안에 공통으로 들어갈 알맞은 말은 어느 것입니까? ( )

> 운동할 때 우리 몸은 에너지를 내기 위해 많은 ☐이/가 필요합니다. 호흡이 빨라지면 ☐을/를 많이 공급할 수 있습니다.

① 질소   ② 산소   ③ 수증기
④ 수소   ⑤ 이산화 탄소

9종 공통

13 다음 중 운동 전, 운동 직후, 5분 동안 휴식한 후의 우리 몸에 대한 설명으로 옳은 것을 두 가지 고르시오.
(,)

① 운동하기 전보다 운동한 직후의 체온이 더 높다.
② 운동하기 전보다 운동한 직후의 맥박이 더 빠르다.
③ 운동하기 전과 운동한 직후의 체온과 맥박 수는 같다.
④ 운동한 직후보다 5분 동안 휴식한 후의 체온이 더 높다.
⑤ 운동한 직후보다 5분 동안 휴식한 후의 맥박이 더 빠르다.

9종 공통

14 다음 우리 몸의 기관과 몸을 움직이기 위해 각 기관이 하는 일을 바르게 줄로 이으시오.

(1) 감각 기관 • • ㉠ 산소를 흡수하고, 이산화 탄소를 몸 밖으로 내보냄.

(2) 배설 기관 • • ㉡ 주변의 자극을 받아들임.

(3) 호흡 기관 • • ㉢ 혈액에 있는 노폐물을 걸러 내어 오줌으로 내보냄.

(4) 운동 기관 • • ㉣ 영양소와 산소를 이용하여 몸을 움직임.

9종 공통

15 다음은 감각 기관의 생김새와 하는 일에 대해 정리한 표입니다.

구분	㉠	피부
생김새	얼굴 윗부분에 두 개가 있음.	몸 표면을 감싸고 있음.
하는 일	사물을 봄.	㉡

(1) 위의 ㉠에 들어갈 알맞은 감각 기관을 쓰시오.

( )

(2) 위의 ㉡에 들어갈 피부가 하는 일을 쓰시오.

답 피부는 차가움과 ❶ [ ] 등의 온도와 피부에 닿는 ❷ [ ],

아픔 등을 느낀다.

서술형 가이드
어려워하는 서술형 문제!
서술형 가이드를 이용하여 풀어 봐!

15 (1) 눈은 얼굴 윗부분에 두 개가 있고 사물을 [ ][ ] 기관입니다.

(2) 몸 표면을 감싸는 (피부 / 폐)는 차가움, 뜨거움, 촉감, 아픔 등을 느낍니다.

9종 공통

16 오른쪽은 은재와 어머니가 자전거를 타는 모습입니다.

(1) 위와 같이 자전거를 타면 심장이 빠르게 뜁니다. 생활 속에서 심장이 빠르게 뛰는 예를 한 가지 쓰시오.

( )

(2) 위와 같이 자전거를 탈 때 심장이 빠르게 뛰는 까닭을 쓰시오.

_____

_____

16 (1) 생활 속에서 심장이 빨리 뛰는 경우는 (앉아 있을 / 운동할) 때입니다.

(2) 심장이 빨리 뛰면 [ ][ ] 순환이 빨라져서 우리 몸에 많은 양의 산소와 영양소가 공급됩니다.

9종 공통

17 오른쪽은 평상시와 운동한 직후, 5분 동안 휴식한 후의 체온과 1분 동안의 맥박 수를 나타낸 그래프입니다. 운동할 때와 휴식을 취했을 때의 체온과 맥박의 변화에 대해 쓰시오.

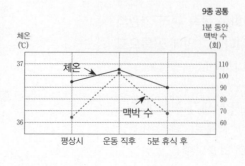

_____

_____

17 운동하면 체온이 (올라 / 내려) 가고, 맥박이 (빨라 / 느려) 집니다.

Step ③ 수행평가

탐구 주제 운동할 때 몸에서 일어나는 변화 관찰하기

탐구 목표 운동할 때 몸에 일어나는 변화를 관찰하여 여러 기관이 관련이 있음을 설명할 수 있다.

[18~20] 다음은 운동할 때 몸에서 일어나는 변화를 알아보기 위한 방법과 결과입니다.

[실험 방법]

❶ 운동을 하지 않은 안정된 상태와 1분 동안 팔 벌려 뛰기를 한 직후, 5분 동안 휴식을 취했을 때의 체온과 1분 동안의 맥박 수를 측정하기

❷ ❶에서 측정한 체온과 1분 동안의 맥박 수를 그래프로 나타내기

❸ 운동할 때 체온과 맥박 수가 변하는 까닭을 몸속 기관이 하는 일과 관련하여 알아보기

[실험 결과]

구분	체온(℃)	1분 동안 맥박 수(회)
평상시	36.7	65
운동 직후	36.9	102
5분 휴식 후	36.6	69

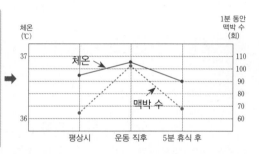

9종 공통

18 다음은 위와 같이 몸을 움직이기 위해 세 기관이 하는 일을 정리한 것입니다. ☐ 안에 알맞은 말을 쓰시오.

호흡 기관	❶ ☐ 을/를 받아들이고, 이산화 탄소를 몸 밖으로 내보냄.
순환 기관	영양소와 산소를 온몸에 전달하고, 이산화 탄소와 노폐물을 각각 호흡 기관과 배설 기관에 전달함.
배설 기관	혈액에 있는 ❷ ☐ 을/를 걸러 내어 오줌으로 배설함.

9종 공통

19 다음은 위 탐구를 통해 알게 된 점입니다. ☐ 안에 알맞은 말을 쓰시오.

• 체온에 비해 ❶ ☐ 의 변화가 뚜렷하게 보인다.

• 운동할 때는 평소보다 맥박과 호흡이 ❷ ☐ .

9종 공통

20 위와 같이 운동을 할 때 체온과 맥박 수가 변하는 까닭을 쓰시오.

_____

_____

수행평가 가이드
다양한 유형의 수행평가!
수행평가 가이드를 이용해 풀어 봐!

운동할 때의 몸의 변화

운동할 때 우리 몸은 평소보다 더 많은 산소와 영양소가 필요합니다. 따라서 더 많은 산소와 영양소를 공급하기 위해 호흡과 심장 박동이 빨라집니다. 또 운동을 하면 체온이 올라가고 땀이 나기도 합니다.

운동을 하면 체온과 맥박 수가 변해. 변한 체온과 맥박 수는 휴식을 취하면 평소와 비슷해져.

우리 몸의 기관

우리 몸의 기관들은 각각의 일을 하면서도 서로 영향을 주고받습니다. 예를 들어 호흡 기관에서 받아들인 산소는 순환 기관을 통해 온몸으로 전달됩니다. 따라서 한 기관이 제대로 기능을 하지 못하면 다른 기관도 제대로 기능을 하지 못하게 됩니다.

Q 배점 표시가 없는 문제는 문제당 4점입니다.

9종 공통

1 다음은 뼈와 근육에 대한 설명입니다. ☐ 안에 들어갈 알맞은 말을 쓰시오.

> 우리 몸속 기관 중에서 움직임에 관여하는 뼈와 근육을 ☐ (이)라고 합니다.

( )

[2~3] 다음은 뼈와 근육의 움직임을 알아보기 위해 만든 뼈와 근육 모형입니다. 물음에 답하시오.

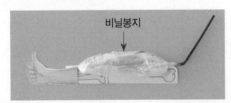

비닐봉지

⬆ 뼈와 근육 모형

천재교과서, 동아, 미래엔, 비상, 아이스크림

2 위의 뼈와 근육 모형에 공기를 불어 넣었을 때 나타나는 비닐봉지 길이의 변화로 옳은 것을 보기 에서 골라 기호를 쓰시오.

> 보기
> ㉠ 비닐봉지의 길이가 늘어납니다.
> ㉡ 비닐봉지의 길이가 줄어듭니다.
> ㉢ 비닐봉지의 길이는 변화가 없습니다.

( )

🗂 서술형·논술형 문제   천재교과서, 동아, 미래엔, 비상, 아이스크림

3 위 모형의 비닐봉지는 우리 몸의 어느 부분을 나타내는지 쓰고, 2번의 답을 참고하여 팔이 구부러지는 원리는 무엇인지 쓰시오. [8점]

_____

_____

9종 공통

4 다음 중 소화에 대해 바르게 말한 친구의 이름을 쓰시오.

> 연수: 우리 몸을 지탱하고 몸속의 내부 기관을 보호하는 것을 말해.
> 정이: 뼈를 움직이기 위해서 근육의 길이가 늘어나거나 줄어드는 것을 말해.
> 혜인: 음식물을 잘게 쪼개 몸에 흡수될 수 있는 형태로 분해하는 과정을 말해.

( )

9종 공통

5 다음 중 소화 기관에 대한 설명으로 옳지 않은 것은 어느 것입니까? ( )

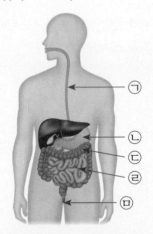

① ㉠은 식도로, 음식물이 위로 이동하는 통로이다.
② ㉡은 위로, 소화를 돕는 액체를 분비해 음식물을 더 잘게 쪼갠다.
③ ㉢은 큰창자로, 작은창자를 감싸고 있고 음식물 찌꺼기의 수분을 흡수한다.
④ ㉣은 작은창자로, 소화를 돕는 액체를 분비하여 음식물을 잘게 분해하고 영양소를 흡수한다.
⑤ ㉤은 항문으로, 큰창자와 연결되어 있으며 소화되지 않은 음식물 찌꺼기를 다시 흡수한다.

6 다음 중 떡이 입으로 들어가 이동하는 소화 기관을 순서대로 바르게 나타낸 것은 어느 것입니까? ( )

① 입 → 큰창자 → 위 → 작은창자 → 식도 → 항문
② 입 → 위 → 식도 → 큰창자 → 작은창자 → 항문
③ 입 → 식도 → 큰창자 → 작은창자 → 위 → 항문
④ 입 → 식도 → 위 → 큰창자 → 작은창자 → 항문
⑤ 입 → 식도 → 위 → 작은창자 → 큰창자 → 항문

7 다음 중 우리 몸의 호흡에 관여하는 기관으로 옳은 것은 어느 것입니까? ( )

① 위　　　　② 폐
③ 식도　　　④ 항문
⑤ 작은창자

8 다음은 폐의 기능에 대한 설명입니다. ㉠, ㉡에 들어갈 알맞은 기체를 각각 쓰시오.

> 폐는 몸 밖에서 들어온 ㉠ 을/를 받아들이고, 몸 안에서 생긴 ㉡ 을/를 몸 밖으로 내보냅니다.

㉠ ( )
㉡ ( )

서술형·논술형 문제

9 다음은 우리 몸의 호흡 기관의 모습입니다. [총 12점]

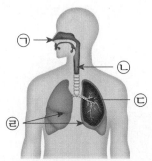

(1) 위의 ㉠~㉣ 중 기관지를 골라 기호를 쓰시오. [4점]

( )

(2) 기관지가 하는 일을 쓰시오. [8점]

_____

_____

10 다음 중 혈관에 대한 설명으로 옳은 것을 두 가지 골라 기호를 쓰시오. (,)

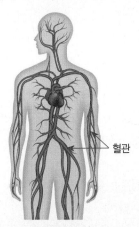

① 혈관의 굵기는 모두 같다.
② 혈액이 이동하는 통로이다.
③ 온몸에 복잡하게 퍼져 있다.
④ 펌프 작용으로 혈액을 순환시킨다.
⑤ 산소는 혈관을 통해 이동할 수 없다.

[11~12] 다음은 주입기로 붉은 색소 물을 한쪽 관으로 빨아들이고 다른 쪽 관으로 내보내는 모습입니다. 물음에 답하시오.

천재교육, 천재교과서, 김영사, 동아, 미래엔

11 위의 주입기의 펌프, 주입기의 관, 붉은 색소 물은 우리 몸에서 어떤 부분을 나타내는 것인지 각각 쓰시오.

주입기의 펌프	㉠
주입기의 관	㉡
붉은 색소 물	㉢

천재교육, 천재교과서, 김영사, 동아, 미래엔

12 위의 주입기의 펌프를 느리게 누를 때, 다음 중 붉은 색소 물의 이동 빠르기와 이동량의 변화를 바르게 짝지은 것은 어느 것입니까? (   )

	이동 빠르기	이동량
①	느려짐.	많아짐.
②	느려짐.	적어짐.
③	빨라짐.	많아짐.
④	빨라짐.	적어짐.
⑤	변화 없음.	변화 없음.

9종 공통

13 다음 보기에서 배설과 배설 기관에 대한 설명으로 옳지 않은 것을 골라 기호를 쓰시오.

보기
㉠ 노폐물을 몸 밖으로 내보내는 과정을 배설이라고 합니다.
㉡ 요도는 콩팥에서 방광으로 오줌이 이동하는 통로입니다.
㉢ 배설 기관에는 콩팥, 방광, 오줌관, 요도 등이 있습니다.

(   )

[14~15] 다음은 배설 기관이 하는 일을 알아보는 실험 방법입니다. 물음에 답하시오.

❶ 거름망을 비커에 걸쳐 놓기
❷ 다른 비커에 노란 색소 물과 붉은색 모래를 넣고 잘 섞어 ❶의 거름망 위에 붓기

천재교과서

14 다음 보기에서 위 실험의 결과에 대한 설명으로 옳은 것을 골라 기호를 쓰시오.

보기
㉠ 붉은색 모래만 거름망을 통과합니다.
㉡ 노란 색소 물만 거름망을 통과합니다.
㉢ 노란 색소 물과 붉은색 모래 모두 거름망을 통과합니다.

(   )

천재교과서

15 다음은 위 실험의 거름망과 노란 색소 물, 붉은색 모래에 해당하는 우리 몸의 부분을 정리한 표입니다. ☐ 안에 들어갈 알맞은 기관의 기호를 골라 쓰시오.

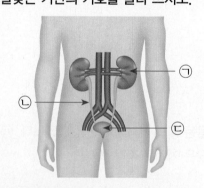

거름망	
노란 색소 물	오줌(노폐물)
붉은색 모래	노폐물이 걸러진 혈액

(   )

16 다음의 자극을 받아들이는 알맞은 감각 기관을 보기에서 골라 기호를 각각 쓰시오.

보기
- ㉠ 코
- ㉡ 귀
- ㉢ 혀
- ㉣ 피부

(1)
피아노 소리
( )

(2)
꽃 향기
( )

(3)
과일의 맛
( )

(4)
얼음의 차가움
( )

18 다음 보기에서 운동할 때 몸에 나타나는 변화로 옳은 것끼리 바르게 짝지은 것은 어느 것입니까? ( )

보기
- ㉠ 호흡이 느려집니다.
- ㉡ 체온이 올라갑니다.
- ㉢ 맥박이 빨라집니다.
- ㉣ 심장이 느리게 뜁니다.

① ㉠, ㉡ ② ㉠, ㉢
③ ㉠, ㉣ ④ ㉡, ㉢
⑤ ㉡, ㉣

19 다음은 운동할 때 몸에 나타나는 변화를 설명한 것입니다. ☐ 안에 공통으로 들어갈 알맞은 말을 쓰시오.

- 운동 기관을 움직이는 데 필요한 영양소는 소화 기관에서 얻고, ☐은/는 호흡 기관에서 얻습니다.
- 심장 박동이 빨라져 혈액 순환이 빨라지면 많은 양의 ☐와/과 영양소가 우리 몸에 공급되어 많은 에너지를 낼 수 있습니다.

( )

4 단원

서술형·논술형 문제

17 다음은 배드민턴을 하는 모습입니다. [총 12점]

(1) 위의 모습을 자극과 반응으로 나누어 쓰시오.
[4점]
- 날아오는 공을 보기: ( )
- 공을 치기: ( )

(2) 위와 같이 감각 기관으로 자극을 받아들여 반응하는 예를 한 가지 쓰시오. [8점]

_____

20 다음 중 몸을 움직이기 위해 각 기관이 하는 일에 대해 잘못 말한 친구의 이름을 쓰시오.

정은: 운동 기관은 영양소와 산소를 이용해 몸을 움직여.
하영: 소화 기관은 음식물을 소화하여 영양소를 흡수하지.
현지: 배설 기관은 냄새나 촉감 같은 주변의 자극을 받아들여.

( )

 연관 학습 안내

이 단원의 학습	중학교

에너지와 생활
자연 현상이나 우리 생활에서 에너지는 다른 형태의 에너지로 전환된다는 것을 배워요.

에너지 전환과 보존
에너지 전환과 에너지 보존 법칙 등에 대해 배울 거예요.

만화로 단원 미리보기

에너지와 생활

5

🌸 단원 안내

(1) 에너지의 필요성 / 에너지 형태 / 에너지 전환
(2) 효율적인 에너지 활용 방법

개념 알기

5. 에너지와 생활(1)

개념 ① 에너지의 필요성

1. 에너지가 필요한 까닭과 에너지를 얻는 방법 → 에너지는 눈에 보이지 않습니다.

△ 생물이 에너지를 얻는 방법

△ 기계가 에너지를 얻는 방법

구분		에너지가 필요한 까닭	에너지를 얻는 방법
생물	식물	자라서 열매를 맺는 데 필요함.	햇빛을 받아 광합성을 해 스스로 양분을 만들어 에너지를 얻음.
	동물	살아가는 데 필요함.	식물이나 다른 동물을 먹고 그 양분으로 에너지를 얻음.
기계	자동차	움직이는 데 필요함.	기름(연료)을 넣거나 전기를 충전함.
	텔레비전	텔레비전을 볼 때 필요함.	콘센트에 텔레비전의 전선을 연결함.
	가스 보일러	물을 데우거나 집 안을 따뜻하게 하는 데 필요함.	가스를 공급함.

└→ 기계가 에너지를 얻는 방법은 다양합니다.

2. 일상생활에서 에너지가 필요한 까닭과 에너지를 얻는 방법

에너지가 필요한 까닭	에너지를 얻는 방법
생물이 살아가거나 기계가 작동할 때 에너지가 꼭 필요하기 때문임.	석탄, 석유, 천연가스, 햇빛, 바람, 물 등 여러 가지 에너지 자원에서 얻음.

3. 우리 생활에서 가스를 사용하지 못한다면 생기는 일 예

① 가스레인지를 사용하지 못하면 음식을 끓여 먹을 수 없습니다.
② 추운 겨울에 보일러를 사용하지 못해 집 안을 따뜻하게 하기 어렵고, 물을 데울 수가 없어서 찬물로 씻어야 할 것입니다.

에너지의 필요성 / 에너지 형태 / 에너지 전환

개념 체크

☑ **에너지를 얻는 방법**

식물과 동물 모두 양분에서

❶ ☐ ☐ ☐ 를 얻습니다.

에너지를 얻는 중이야.

나도!

정답 ❶ 에너지

식물은 빛을 이용해 이산화 탄소와 물로 양분을 만드는데, 이것을 광합성이라고 해.

내 교과서 살펴보기 / 금성

식물, 동물, 사람이 에너지를 얻는 방법 비교 예

풀은 햇빛을 받아 광합성을 해 에너지를 얻습니다.

➡ 소는 풀을 먹고 에너지를 얻습니다.
➡ 사람은 소고기, 우유 등의 음식물을 먹고 에너지를 얻습니다.

개념 2 여러 가지 형태의 에너지

1. 에너지 형태 → 에너지는 물질과 달리 눈에 보이지 않고 만질 수도 없지만 우리 생활 곳곳에 존재합니다.

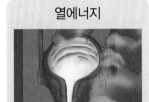

열에너지

녹고 있는 쇠

물체의 온도를 높일 수 있는 에너지

전기 에너지

전기로 작동하는 밥솥

전기 기구를 작동하게 하는 에너지

빛에너지

주위를 밝히는 가로등

주위를 밝게 비출 수 있는 에너지

화학 에너지

음식물, 석유, 석탄 등

음식물, 석유, 석탄 등이 가진 에너지

└→ 물질 안에 저장되어 있는 에너지로, 생물의 생명 활동에 필요합니다.

운동 에너지

공을 차는 아이들

움직이는 물체가 가진 에너지

위치 에너지

말뚝을 박을 때 높은 곳에서 추를 떨어뜨립니다.

높은 곳의 추

높은 곳에 있는 물체가 가진 에너지

> 집에서는 전기 에너지로 전기 기구가 작동하고,

> 화학 에너지로 가스레인지에 불을 붙이며, 열에너지로 음식을 익혀.

2. 주변에서 찾을 수 있는 에너지 형태 예

열에너지	태양, 사람의 체온, 영상이 나오는 텔레비전, 모닥불, 끓는 물, 작동 중인 온풍기, 전기다리미의 열 등
전기 에너지	불이 들어온 신호등, 영상이 나오는 텔레비전, 충전 중인 자동차, 작동 중인 선풍기 등
빛에너지	태양, 불이 들어온 신호등, 영상이 나오는 텔레비전, 가로등, 등대, 모닥불, 전광판 등
화학 에너지	광합성하는 식물, 음식물, 자동차 연료, 보일러에 공급하는 가스, 휴대 전화의 배터리, 건전지, 석탄, 석유 등
운동 에너지	날고 있는 새, 뛰고 있는 강아지, 달리는 자동차, 굴러가는 공, 공을 차는 아이들 등
위치 에너지	날고 있는 새, 미끄럼틀 위의 아이, 높이 올라간 시소, 댐이나 폭포에 있는 물 등

└→ 한 물체에서 여러 가지 에너지 형태를 찾을 수도 있습니다.

☑ **에너지 형태**

우리가 이용하는 에너지 형태에는 열에너지, 전기 에너지, 빛에너지, 화학 에너지, 위치 에너지, ❷ ㅇ ㄷ 에너지 등이 있습니다.

> 신나게 달려 볼까?

> 솟아라, 운동 에너지!

정답 ❷ 운동

내 교과서 살펴보기 / 김영사, 미래엔

6학년 2학기 「과학」에서 각 단원의 내용과 관련된 에너지 형태

단원	에너지 형태
전기의 이용	화학 에너지, 빛에너지, 전기 에너지 등
계절의 변화	열에너지, 빛에너지, 운동 에너지 등
연소와 소화	열에너지, 빛에너지, 화학 에너지 등
우리 몸의 구조와 기능	열에너지, 화학 에너지, 운동 에너지 등

5 단원

개념 ③ 다른 형태로 바뀌는 에너지

용어 다른 방향이나 상태로 바뀌거나 바꿈.

1. 에너지 전환: 에너지 형태가 바뀌는 것

① 에너지를 전환하여 생활에서 필요한 여러 가지 형태의 에너지를 얻습니다.

② 태양에서 온 에너지 전환 예

→ 사람이 화학 에너지를 가진 식물을 먹고 에너지를 얻습니다.

태양의 빛에너지	→ 식물의 화학 에너지(광합성) ➡ 사람의 운동 에너지
	→ 전기 에너지(태양 전지) ➡ 가전제품 작동
태양의 열에너지	➡ 물의 증발 ➡ 눈, 비 등 ➡ 높은 곳(댐)의 물의 위치 에너지 ➡ 발전기의 전기 에너지(수력 발전)

└ 우리가 이용하는 대부분의 에너지는 태양에서 온 에너지 형태가 전환된 것입니다.

2. 에너지 형태가 바뀌는 예 찾아보기

① 롤러코스터에서 열차가 이동할 때의 각 구간별 에너지 전환

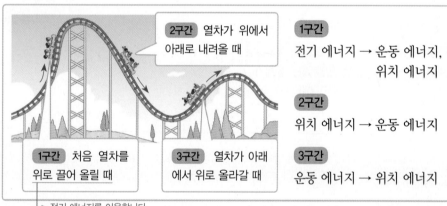

2구간 열차가 위에서 아래로 내려올 때

1구간 처음 열차를 위로 끌어 올릴 때

3구간 열차가 아래에서 위로 올라갈 때

1구간
전기 에너지 → 운동 에너지, 위치 에너지

2구간
위치 에너지 → 운동 에너지

3구간
운동 에너지 → 위치 에너지

└ 전기 에너지를 이용합니다.

② 에너지 형태가 바뀌는 다양한 예

빔 투사기의 영화

⬆ 운동 에너지 → 전기 에너지 → 빛에너지, 열에너지
└ 발전기

떨어지는 폭포의 물

⬆ 위치 에너지 → 운동 에너지

손전등의 불빛

⬆ 화학 에너지 → 전기 에너지 → 빛에너지, 열에너지
└ 건전지

눈썰매를 타는 모습

⬆ 위치 에너지 → 운동 에너지

뛰어노는 아이와 강아지

⬆ 화학 에너지 → 운동 에너지
└ 음식물

모닥불

⬆ 화학 에너지 → 빛에너지, 열에너지
└ 나무

☑️ **에너지 전환**

에너지 ③ ⓗ ⓣ 가 바뀌는 것을

에너지 전환이라고 합니다.

전기 에너지가 운동 에너지로 바뀌어.

정답 ❸ 형태

에너지 형태가 바뀌지 않는다면 우리 생활에 필요한 에너지를 얻기 어려울거야.

내 교과서 살펴보기 / 금성, 김영사, 미래엔, 아이스크림

태양광 장난감(로봇)이 움직일 때의 에너지 전환 과정

태양의 빛에너지
⬇ 태양 전지
전기 에너지
⬇ 전동기
태양광 장난감(로봇)의 운동 에너지

정답 23쪽

개념 다지기

5. 에너지와 생활(1)

9종 공통

1 다음 ☐ 안에 공통으로 들어갈 알맞은 말을 쓰시오.

- 생물이 살아가려면 ☐이/가 필요합니다.
- 자동차, 텔레비전, 보일러와 같은 기계가 움직이려면 ☐이/가 필요합니다.

( )

9종 공통

2 다음 생물이 에너지를 얻는 방법에 맞게 바르게 줄로 이으시오.

(1)
△ 귤나무

• ㉠ 다른 생물을 먹고 그 양분으로 에너지를 얻음.

(2)
△ 살쾡이

• ㉡ 햇빛을 이용해 스스로 양분을 만들어 에너지를 얻음.

9종 공통

3 다음 중 여러 가지 에너지 형태에 대한 설명으로 옳은 것은 어느 것입니까? ( )

① 열에너지: 주위를 밝게 비출 수 있는 에너지이다.
② 운동 에너지: 움직이는 물체가 가진 에너지이다.
③ 위치 에너지: 물체의 온도를 높이는 에너지이다.
④ 화학 에너지: 높은 곳의 물체가 가진 에너지이다.
⑤ 전기 에너지: 음식물, 석유 등이 가진 에너지이다.

9종 공통

4 오른쪽과 같이 추를 떨어뜨려 말뚝을 박을 때, 높은 곳에 있는 추와 가장 관련 있는 에너지 형태를 **보기**에서 골라 기호를 쓰시오.

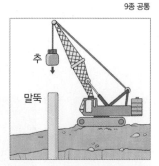

보기
㉠ 열에너지 ㉡ 전기 에너지
㉢ 위치 에너지 ㉣ 화학 에너지

( )

9종 공통

5 다음은 떨어지는 폭포의 물에서 일어나는 에너지 전환을 나타낸 것입니다. ☐ 안에 들어갈 알맞은 말을 쓰시오.

위치 에너지 ➡ ☐ 에너지

( )

9종 공통

6 다음은 각 기구를 사용할 때 일어나는 에너지 전환 과정을 나타낸 것입니다. 옳은 것에는 ○표, 옳지 않은 것에는 ×표를 하시오.

(1) 선풍기: 전기 에너지 → 운동 에너지 ( )
(2) 태양 전지: 전기 에너지 → 빛에너지 ( )

5. 에너지와 생활 | **99**

6 효율적인 에너지 활용 방법

개념 ① 효율적인 에너지 활용 방법

1. 식물이나 동물이 에너지를 효율적으로 이용하는 예

식물		동물	

⬆ 잎이 떨어진 나뭇가지	⬆ 목련의 겨울눈	⬆ 겨울잠을 자는 고슴도치	⬆ 이동하는 철새

식물	• 겨울을 준비하기 위해 나무는 가을에 잎을 떨어뜨림. • 겨울눈의 비늘은 추운 겨울에 열에너지가 빠져나가는 것을 줄여 주어 어린 싹이 얼지 않도록 함. → 여러 겹의 비늘 껍질과 털로 싸여 있습니다.
동물	• 곰, 다람쥐, 박쥐, 고슴도치 등은 겨울이 되면 먹이를 구하기 어려우므로 겨울잠을 자면서 자신의 화학 에너지를 효율적으로 이용함. • 철새들은 먼 거리를 날아갈 때 바람을 이용하여 에너지 효율을 높임.

2. 전기 기구와 건축물의 에너지 효율을 높인 예

전기 기구

⬆ 발광 다이오드[LED]등 ⬆ 에너지 소비 효율 등급 표시

건축물

⬆ 이중창 ↳ 건물 안 열 손실을 줄입니다. ⬆ 단열재 ↳ 바깥 온도의 영향을 차단합니다.

전기 기구	• 발광 다이오드[LED]등처럼 에너지 효율이 높은 것을 사용함. • 에너지 소비 효율 등급이 1등급에 가까운 제품, 에너지 절약 표시나 고효율 기자재 표시가 붙어 있는 제품을 사용함.
건축물	• 태양의 빛에너지나 열에너지를 이용하는 장치를 사용함. → 가정용 태양광 발전 장치나 태양열 발전 장치 • 창문 크기를 조절하여 태양 에너지를 많이 이용하도록 함. • 이중창, 단열재 등을 사용함.

용어 두 물질 사이에서 열의 이동을 줄이는 것

3. 효율적인 에너지 활용의 중요성: 우리가 이용하는 에너지를 얻는 데 필요한 석유, 석탄 등의 자원은 양이 정해져 있으므로 에너지를 효율적으로 이용해야 합니다.

개념 체크

☑ **동물이 에너지를 효율적으로 이용하는 예**

곰, 다람쥐, 고슴도치 등이 겨울에 ❶ ㄱ ㅇ ㅈ 을 자는 것은 환경에 적응하여 에너지를 효율적으로 이용하는 예입니다.

정답 ❶ 겨울잠

창문을 열고 에어컨, 난방기를 작동시키거나 에너지 효율 등급이 낮은 제품을 사용하면 에너지가 낭비돼.

내 교과서 살펴보기 / 천재교육, 천재교과서 동아, 미래엔, 지학사

전등의 에너지 효율 비교

• 전등은 주위를 밝게 하는 도구이므로, 전기 에너지가 빛에너지로 많이 전환될수록 에너지 효율이 높습니다.

• 전기 에너지가 빛에너지로 많이 전환되는 발광 다이오드[LED]등이 백열등보다 에너지 효율이 높습니다.

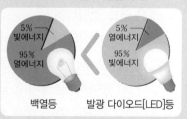

백열등   발광 다이오드[LED]등

⬆ 전등에서 전기 에너지(100%)의 전환 비율

개념 다지기

1 9종 공통
다음은 식물이 에너지를 효율적으로 이용하는 방법에 대한 설명입니다. ( ) 안의 알맞은 말에 ○표를 하시오.

> 겨울눈의 비늘은 추운 겨울에 (열 / 빛)에너지가 빠져나가는 것을 줄여 어린 싹이 얼지 않도록 합니다.
>
>
> △ 목련의 겨울눈

2 9종 공통
다음은 동물이 에너지를 효율적으로 이용하는 방법에 대한 설명입니다. ☐ 안에 들어갈 알맞은 말을 쓰시오.

> 곰이나 다람쥐, 박쥐 등은 겨울에 먹이를 구하기 어려우므로 ☐을/를 자면서 에너지를 효율적으로 이용합니다.

( )

3 천재교육, 천재교과서, 금성, 김영사, 동아, 미래엔, 비상, 지학사
다음은 준재가 가정에서 사용하는 여러 가지 전기 기구에 붙어 있는 에너지 소비 효율 등급을 조사하여 나타낸 것입니다. 에너지를 가장 효율적으로 이용하는 전기 기구는 어느 것인지 쓰시오.

> • 세탁기 – 1등급   • 냉장고 – 2등급
> • 에어컨 – 3등급   • 공기 청정기 – 5등급

( )

4 9종 공통
다음 중 건축물의 에너지 효율을 높이기 위해 설치하는 것으로 적당하지 <u>않은</u> 것은 어느 것입니까? ( )
① 이중창
② 단열재
③ 백열등
④ 가정용 태양열 발전 장치
⑤ 가정용 태양광 발전 장치

[5~6] 다음은 전등의 전기 에너지가 빛에너지와 열에너지로 전환되는 비율을 나타낸 것입니다. 물음에 답하시오.

ⓐ 5% 빛에너지 / 95% 열에너지
ⓑ 5% 열에너지 / 95% 빛에너지

△ 백열등   △ 발광 다이오드[LED]등

5 천재교육, 천재교과서, 동아, 미래엔, 지학사
위 ㉠과 ㉡ 중 전기 에너지가 빛에너지로 더 많이 전환 되는 전등의 기호를 쓰시오.

( )

6 9종 공통
위의 두 전등의 에너지 효율을 바르게 비교한 것을 다음 보기 에서 골라 기호를 쓰시오.

> **보기**
> ㉠ 백열등과 발광 다이오드[LED]등의 에너지 효율은 비슷합니다.
> ㉡ 백열등이 발광 다이오드[LED]등보다 에너지 효율이 더 높습니다.
> ㉢ 발광 다이오드[LED]등이 백열등보다 에너지 효율이 더 높습니다.

( )

5 단원

9종 공통

[1~5] 다음은 개념 확인 문제입니다. 물음에 답하시오.

1 생물이 살아가거나 기계가 움직이려면 공통적으로 무엇이 필요합니까?　(　　　　)

2 (식물 / 동물)은 빛을 이용하여 스스로 양분을 만들어 에너지를 얻고, (식물 / 동물)은 다른 생물을 먹고 그 양분으로 에너지를 얻습니다.

3 움직이는 물체가 가진 에너지 형태를 무엇이라고 합니까?
(　　　　)

4 에너지 형태가 바뀌는 것을 무엇이라고 합니까?
(　　　　)

5 우리가 사용하는 대부분의 에너지는 무엇에서 온 에너지로부터 전환된 것입니까? (　　　　)

9종 공통

6 다음 중 에너지에 대한 설명으로 옳지 <u>않은</u> 것은 어느 것입니까? (　　　　)
① 자동차가 움직이려면 에너지가 필요하다.
② 기계는 전기나 기름 등에서 에너지를 얻는다.
③ 사람은 음식을 먹어 소화하여 에너지를 얻는다.
④ 식물이 자라 열매를 맺기 위해 에너지가 필요하다.
⑤ 모든 동물은 빛을 이용해 스스로 양분을 만들어 에너지를 얻는다.

9종 공통

7 다음 중 에너지를 다른 생물에서 얻는 생물을 두 가지 고르시오. (　　,　　)

①
▲ 토끼

②
▲ 토마토

③
▲ 귤나무

④
▲ 살쾡이

천재교과서

8 다음 중 우리 생활에서 가스를 사용하지 못할 때 생길 수 있는 일을 <u>잘못</u> 말한 친구의 이름을 쓰시오.

> 정현: 텔레비전을 보지 못해.
> 준재: 추운 겨울에 보일러를 사용하지 못해.
> 지윤: 가스레인지를 사용하지 못해 음식을 끓여 먹을 수 없어.

(　　　　)

9종 공통

9 다음 두 상황과 공통으로 관련된 에너지 형태는 어느 것입니까? (　　　　)

> 달리는 자동차, 뛰고 있는 강아지

① 빛에너지
② 전기 에너지
③ 운동 에너지
④ 화학 에너지
⑤ 위치 에너지

천재교과서

10 다음에서 찾을 수 있는 에너지 형태를 나타낸 것으로 옳지 않은 것을 [보기] 에서 골라 기호를 쓰시오.

보기

㉠ 사람의 체온 – 열에너지
㉡ 먹고 있는 음식 – 화학 에너지
㉢ 광합성을 하는 사과나무 – 위치 에너지
㉣ 날고 있는 새 – 위치 에너지, 운동 에너지

(   )

천재교과서, 금성, 동아, 미래엔, 아이스크림

11 다음은 롤러코스터에서 움직이는 열차의 모습입니다. 롤러코스터에서 위치 에너지가 운동 에너지로 전환되는 구간은 어디인지 숫자를 쓰시오.

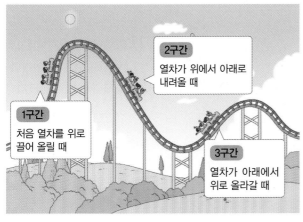

2구간
열차가 위에서 아래로 내려올 때

1구간
처음 열차를 위로 끌어 올릴 때

3구간
열차가 아래에서 위로 올라갈 때

(   )구간

9종 공통

12 다음 중 전기 에너지를 열에너지로 전환하여 사용하는 것을 두 가지 고르시오. (,   )

① 선풍기   ② 모닥불
③ 태양 전지   ④ 전기밥솥
⑤ 전기다리미

9종 공통

13 다음 중 겨울철 목련에서 볼 수 있는 ㉠에 대한 설명으로 옳지 않은 것은 어느 것입니까? (   )

① 겨울눈이다.
② 겨울에 어린싹이 얼지 않도록 한다.
③ 여러 겹의 비늘 껍질과 털로 싸여 있다.
④ 운동 에너지가 빠져나가는 것을 줄여 준다.
⑤ 식물이 에너지를 효율적으로 활용하기 위한 것이다.

9종 공통

14 다음 중 에너지를 효율적으로 이용하는 방법에 대한 설명으로 옳지 않은 것은 어느 것입니까? (   )

① 창문은 이중창으로 설치한다.
② 태양 에너지를 이용하는 장치를 설치한다.
③ 발광 다이오드[LED]등을 백열등이나 형광등으로 바꾼다.
④ 단열재를 사용하여 건물 안의 열이 빠져나가지 않도록 한다.
⑤ 에너지 소비 효율 등급이 1등급에 가까운 전기 제품을 사용한다.

5
단원

9종 공통

15 다음 두 생물이 에너지를 얻는 방법을 비교하여 쓰시오.

△ 사과나무

△ 사자

답 사과나무는 ❶ [   ] 을/를 이용하여 스스로 양분을 만들어 에너지를

얻고, 사자는 다른 ❷ [   ] 을/를 먹고 그 양분으로 에너지를 얻는다.

9종 공통

16 오른쪽은 불이 켜진 가로등의 모습입니다.

(1) 불이 켜진 가로등이 전기 에너지 이외에 가지고 있는 주위를 밝게 비출 수 있는 에너지 형태를 한 가지 쓰시오.

(   )

(2) 위 (1)번 답을 참고하여 불이 켜진 가로등에서 일어나는 에너지 전환 과정을 쓰시오.

_____

_____

9종 공통

17 오른쪽과 같이 전기 주전자에 물을 넣고 끓일 때 일어나는 에너지 전환 과정을 쓰시오.

_____

_____

15 햇빛을 받아서 광합성을 하여 스스로 양분을 만드는 생물은 (식물 / 동물)이고, 식물이나 다른 동물을 먹고 양분을 얻는 생물은 (식물 / 동물)이다.

16 (1) 일상생활에서 사용하는 에너지 형태에는 [   ]에너지, 전기 에너지, 빛에너지, 화학 에너지, 운동 에너지, 위치 에너지 등이 있습니다.

(2) 가로등에서 나온 [   ]으로 주변을 밝힐 수 있습니다.

17 한 에너지는 다른 에너지로 형태가 바뀔 수 있으며, 이처럼 에너지 형태가 다른 에너지 형태로 바뀌는 것을 에너지 [ ][ ]이라고 합니다.

단원 **실력 쌓기** 정답 23쪽

Step ③ 수행평가

탐구 주제 다른 형태로 바뀌는 에너지

탐구 목표 자연이나 우리 주변에서 에너지 형태가 바뀌는 예를 찾아 설명할 수 있다.

[18~20] 다음은 에너지 전환이 일어나는 예를 나타낸 것입니다.

(가) 태양 전지

(나) 물의 순환

천재교육, 천재교과서, 금성, 김영사, 미래엔, 비상, 지학사

18 위 (가)와 (나)에서 일어나는 에너지 전환 과정을 보기 에서 골라 각각 기호를 쓰시오.

보기
ㄱ 태양의 빛에너지 → 열에너지   ㄴ 태양의 빛에너지 → 전기 에너지
ㄷ 태양의 빛에너지 → 운동 에너지   ㄹ 태양의 열에너지 → 전기 에너지
ㅁ 태양의 열에너지 → 위치 에너지   ㅂ 태양의 열에너지 → 화학 에너지

(가) (   ) (나) (   )

9종 공통

19 다음은 위 (가)와 (나)를 통해 알게 된 점을 설명한 것입니다. ☐ 안에 들어갈 알맞은 말을 쓰시오.

우리가 사용하는 대부분의 에너지는 [   ]에서 온 에너지 형태가 전환된 것입니다.

(   )

9종 공통

20 위 (가)와 (나)에서 전환된 에너지 형태가 우리 생활에 어떻게 이용되는지 각각 쓰시오.

(가): _____

(나): _____

수행평가 가이드
다양한 유형의 수행평가!
수행평가 가이드를 이용해 풀어 봐!

에너지 전환
에너지 형태가 다른 에너지 형태로 바뀌는 것입니다.

물의 순환
태양의 열에너지를 받아 바닷물이 증발하여 수증기가 되고, 수증기가 하늘로 올라가 응결하면 구름이 되고, 위치 에너지를 가지고 있는 구름은 비나 눈이 되어 다시 땅으로 내려옵니다.

5 단원

수력 발전
비가 되어 내린 물이 댐에 저장되면 필요에 따라 물을 아래로 떨어뜨리는데, 이때 위치 에너지가 운동 에너지로 전환되고, 이 운동 에너지가 전기 에너지로 전환됩니다.

9종 공통

1 다음 □ 안에 공통으로 들어갈 알맞은 말을 쓰시오.

> 생물이 살아가거나 기계가 움직일 때 필요한
> □□□은/는 석탄, 석유, 천연가스, 햇빛, 바람
> 등 여러 가지 □□□ 자원에서 얻을 수 있습니다.

( )

9종 공통

2 다음과 같은 방법으로 에너지를 얻는 생물을 두 가지 고르시오. (,)

> 빛을 이용하여 스스로 양분을 만들어 에너지를 얻습니다.

① 토끼
② 토끼풀
③ 호랑이
④ 고양이
⑤ 사과나무

9종 공통

3 다음은 기계가 필요한 에너지를 얻는 방법에 대한 설명입니다. □ 안에 공통으로 들어갈 알맞은 말을 쓰시오.

> • 전기다리미: □□ 에너지로 작동합니다.
> • 자동차: 연료를 넣거나 □□을/를 충전합니다.

( )

9종 공통

4 다음 중 햇빛, 불 켜진 전등과 공통으로 관련된 에너지 형태는 어느 것입니까? ( )

① 빛에너지
② 전기 에너지
③ 화학 에너지
④ 위치 에너지
⑤ 운동 에너지

9종 공통

5 다음 중 위치 에너지에 대한 설명으로 옳은 것은 어느 것입니까? ( )

① 움직이는 물체가 가진 에너지이다.
② 주위를 밝게 비출 수 있는 에너지이다.
③ 음식물, 석유, 석탄 등이 가진 에너지이다.
④ 높은 곳에 있는 물체가 가진 에너지이다.
⑤ 물체의 온도를 높일 수 있는 에너지이다.

🏆 서술형·논술형 문제

9종 공통

6 오른쪽은 녹고 있는 쇠의 모습입니다. [총 12점]

(1) 위와 같이 물체의 온도를 높일 수 있는 에너지 형태를 쓰시오. [4점]

( )

(2) 위 (1)번 답의 에너지 형태가 실생활에서 이용되는 예를 한 가지 쓰시오. [8점]

_____

_____

9종 공통

7 다음 중 화학 에너지를 가지고 있지 <u>않은</u> 것은 어느 것입니까? ( )

① 건전지
② 화분의 식물
③ 타오르는 모닥불
④ 높이 올라간 그네
⑤ 휴대 전화의 배터리

[8~9] 다음 놀이터의 모습을 보고, 물음에 답하시오.

천재교과서

8 위 놀이터에서 찾을 수 있는 에너지 형태를 나타낸 것으로 옳은 것을 보기 에서 골라 기호를 쓰시오.

> **보기**
> ㉠ 달리는 자전거 – 전기 에너지
> ㉡ 휴대 전화의 배터리 – 운동 에너지
> ㉢ 미끄럼틀 위의 아이 – 위치 에너지

( )

천재교과서

9 다음 중 위 놀이터의 높이 올라간 시소와 같은 에너지 형태를 가지고 있는 것은 어느 것입니까? ( )

① 태양
② 전기다리미
③ 사람의 체온
④ 공을 차는 아이들
⑤ 높은 곳에 있는 추

9종 공통

10 오른쪽의 텔레비전과 같은 전기 기구들을 작동하는 데 이용되는 에너지 형태를 쓰시오.

( )

11 다음 중 에너지 전환에 대한 설명으로 옳은 것은 어느 것입니까? ( )

① 에너지 형태가 바뀌는 것을 말한다.
② 빛에너지는 열에너지로만 전환된다.
③ 에너지 형태가 계속 유지되는 것을 말한다.
④ 한 에너지는 다른 한 에너지로만 전환된다.
⑤ 위치 에너지가 운동 에너지로 전환되면 다시 위치 에너지로는 전환될 수 없다.

🗂 **서술형·논술형 문제** 천재교과서, 금성, 동아, 미래엔, 아이스크림

12 다음은 롤러코스터에서 움직이는 열차의 모습입니다.

[총 12점]

(1) 위 ㉡ 구간과 ㉢ 구간 중에서 운동 에너지가 위치 에너지로 전환되는 구간의 기호를 쓰시오. [4점]
( ) 구간

(2) 위 ㉠ 구간에서 일어나는 에너지 전환 과정을 쓰시오. [8점]

_____

_____

9종 공통

13 폭포에서 물이 떨어질 때 일어나는 에너지 전환 과정에 맞게 ㉠과 ㉡에 들어갈 알맞은 말을 각각 쓰시오.

> ㉠ 에너지 → ㉡ 에너지

㉠ ( )
㉡ ( )

14 오른쪽과 같이 모닥불을 피워 음식을 익힐 때 일어나는 에너지 전환 과정으로 옳은 것은 어느 것입니까?

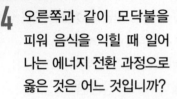

(   )

① 열에너지 → 위치 에너지
② 열에너지 → 운동 에너지
③ 화학 에너지 → 열에너지
④ 위치 에너지 → 열에너지
⑤ 화학 에너지 → 운동 에너지

천재교육, 천재교과서, 금성, 김영사, 미래엔, 비상, 지학사

15 다음 ⬜ 안에 들어갈 알맞은 에너지 형태를 쓰시오.

> 높은 댐에 고인 물의 위치 에너지가 수력 발전소에서 ⬜ 에너지로 전환됩니다.

(   )

9종 공통

16 다음은 태양에서 온 에너지의 전환 과정을 나타낸 것입니다. ㉠과 ㉡에 들어갈 알맞은 말을 바르게 짝지은 것은 어느 것입니까? (   )

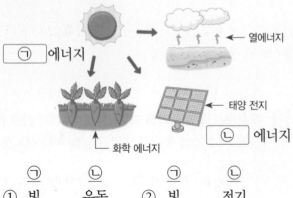

	㉠	㉡		㉠	㉡
①	빛	운동	②	빛	전기
③	위치	운동	④	운동	위치
⑤	전기	화학			

9종 공통

17 전기다리미로 옷의 주름을 펼 때 일어나는 에너지 전환 과정에 맞게 ㉠, ㉡에 들어갈 알맞은 말을 각각 쓰시오.

> ㉠ 에너지 ➡ ㉡ 에너지

㉠ (   ) ㉡ (   )

📋 서술형·논술형 문제   천재교과서, 금성, 동아, 미래엔, 비상, 아이스크림, 지학사

18 다음과 같이 동물이 겨울잠을 자는 까닭을 쓰시오. [8점]

🔺 겨울잠을 자는 북극곰

_____

_____

[19~20] 다음은 두 가지 전등에서 전기 에너지가 빛에너지로 전환되는 비율을 나타낸 것입니다. 물음에 답하시오.

백열등	발광 다이오드[LED]등
약 5 %	약 95 %

천재교육, 천재교과서, 동아, 미래엔, 지학사

19 위와 같은 전등에서 전기 에너지는 빛에너지 이외에 어떤 에너지로 전환되는지 쓰시오.

(   )

천재교육, 천재교과서, 동아, 미래엔, 지학사

20 위의 비율로 보아 두 가지 전등 중 에너지를 더 효율적으로 이용할 수 있는 전등은 어느 것인지 쓰시오.

(   )

BOOK 2

다양한 유형의 문제를 모은

평가북

#차원이_다른_클라쓰
#강의전문교재
#초등교재

수학교재

● **수학리더 시리즈**
- 수학리더 [연산]   예비초~6학년/A·B단계
- 수학리더 [개념]   1~6학년/학기별
- 수학리더 [기본]   1~6학년/학기별
- 수학리더 [유형]   1~6학년/학기별
- 수학리더 [기본+응용]   1~6학년/학기별
- 수학리더 [응용·심화]   1~6학년/학기별
- 신간 수학리더 [최상위]   3~6학년/학기별

● **독해가 힘이다 시리즈** *문제해결력
- 수학도 독해가 힘이다   1~6학년/학기별
- 신간 초등 문해력 독해가 힘이다 문장제 수학편   1~6학년/단계별

● **수학의 힘 시리즈**
- 신간 수학의 힘   1~2학년/학기별
- 수학의 힘 알파[실력]   3~6학년/학기별
- 수학의 힘 베타[유형]   3~6학년/학기별

● **Go! 매쓰 시리즈**
- Go! 매쓰(Start) *교과서 개념   1~6학년/학기별
- Go! 매쓰(Run A/B/C) *교과서+사고력   1~6학년/학기별
- Go! 매쓰(Jump) *유형 사고력   1~6학년/학기별

● **계산박사**   1~12단계

● **수학 더 익힘**   1~6학년/학기별

월간교재

● **NEW 해법수학**   1~6학년

● **해법수학 단원평가 마스터**   1~6학년/학기별

● **월간 우등생평가**   1~6학년

전과목교재

● **리더 시리즈**
- 국어   1~6학년/학기별
- 사회   3~6학년/학기별
- 과학   3~6학년/학기별

BOOK 2

다양한 유형의 문제를 모은

평가북

6-2

✦ 쪽지시험 ✦ 대표 문제 ✦ 단원평가 ✦ 서술형 평가

과학
리더

천재교육

BOOK 2

다양한 유형의 문제를 모은

평가북

평가북

과학
리더
6-2

1 여러 가지 전기 부품을 연결하여 전기가 흐르도록 한 것을 [   ](이)라고 합니다.

🖉 _____

2 전기 회로에서 전구에 불이 켜지려면 전구가 전지의 [❶   ]와/과 전지의 [❷   ]에 각각 연결되어 있어야 합니다.

🖉 _____

3 전기 회로에서 전구 두 개 이상을 한 줄로 연결하는 방법을 무엇이라고 합니까?

🖉 _____

4 전기 회로에서 전구 두 개를 (직렬 / 병렬)로 연결할 때 전구의 밝기가 더 밝습니다.

🖉 _____

5 전기 회로에서 전구 두 개를 (직렬 / 병렬)로 연결할 때 전지를 더 오래 사용할 수 있습니다.

🖉 _____

6 전자석은 [   ]이/가 흐르는 전선 주위에 자석의 성질이 나타나는 것을 이용해 만든 자석입니다.

🖉 _____

7 전자석의 끝부분을 짧은 빵 끈에 가까이 가져간 뒤 스위치를 (닫지 않았을 / 닫았을) 때 짧은 빵 끈이 전자석에 붙습니다.

🖉 _____

8 전자석의 극은 전지의 연결 [   ]에 따라 바꿀 수 있습니다.

🖉 _____

9 플러그의 (머리 / 전선) 부분을 잡고 플러그를 뽑습니다.

🖉 _____

10 에어컨을 켤 때는 창문을 (열고 / 닫고) 켭니다.

🖉 _____

대표 문제

◉ 전구의 연결 방법에 따른 차이점

전구를 직렬연결할 때와 병렬연결할 때 전구의 밝기와 전지의 사용 기간 등을 비교할 수 있습니다.

1 다음의 두 전기 회로에 대한 설명으로 옳은 것은 어느 것입니까? (   )

① ㉠은 전구가 직렬연결되어 있다.
↪ 병렬연결

② ㉡은 전구가 병렬연결되어 있다.
↪ 직렬연결

③ ㉠은 ㉡보다 전구의 밝기가 더 밝다.

④ ㉠은 전구 두 개가 한 줄로 연결되어 있다.
↪ 여러 개의 줄에 나누어 한 개씩

⑤ ㉡은 전구 두 개가 여러 개의 줄에 나누어 한 개씩 연결되어 있다.
↪ 한 줄로

2 다음 중 전지를 더 오래 사용할 수 있는 것을 골라 기호를 쓰시오.

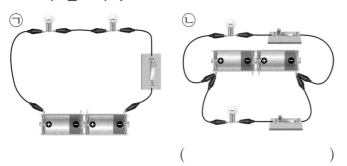

(   )

◉ 전자석의 성질

전자석의 성질을 실험을 통해 알아보고, 영구 자석과 비교할 수 있습니다.

3 다음의 전자석이 영구 자석과 다른 점으로 옳은 것은 어느 것입니까? (   )

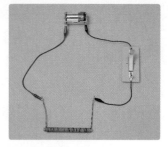

① 철로 된 물체가 붙는다.
↪ 영구 자석도 철로 된 물체가 붙는다.

② 자석의 극을 바꿀 수 없다.
↪ 있다.

③ 자석의 세기를 조절할 수 없다.
↪ 있다.

④ 전지의 연결 방향에 따라 극이 달라진다.

⑤ 전기가 흐르지 않아도 자석의 성질이 나타난다.
↪ 전기가 흐를 때만

4 다음 실험을 통해 알 수 있는 전자석의 성질로 옳은 것은 어느 것입니까? (   )

> **1** 전자석의 양 끝에 나침반을 놓고 스위치를 닫았을 때 나침반 바늘이 가리키는 방향을 관찰하기
> **2** 전지의 극을 **1**과 반대로 연결하고 스위치를 닫았을 때 나침반 바늘이 가리키는 방향을 관찰하기

① 철로 된 물체가 붙는다.
② 자석의 세기가 일정하다.
③ 자석의 극을 바꿀 수 있다.
④ 자석의 세기를 조절할 수 있다.
⑤ 전기가 흐르지 않아도 자석의 성질이 나타난다.

대단원 평가 1회

1. 전기의 이용

1 다음 전기 부품의 쓰임새를 줄로 바르게 이으시오.

(1) 전지 • • ㉠ 빛을 냄.

(2) 전구 • • ㉡ 전기 회로에 전기를 흐르게 함.

(3) 스위치 • • ㉢ 전기가 흐르는 길을 끊거나 연결함.

[2~3] 다음과 같이 전지, 전선, 전구를 연결하였습니다. 물음에 답하시오.

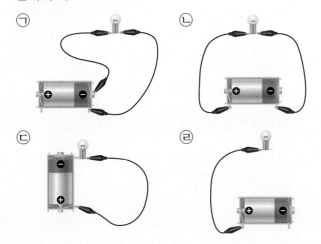

2 다음 중 위의 전기 회로에서 전구에 불이 켜지는 것끼리 바르게 짝지은 것은 어느 것입니까? (   )

① ㉠, ㉡   ② ㉠, ㉢
③ ㉡, ㉢   ④ ㉡, ㉣
⑤ ㉢, ㉣

3 다음 중 위 2번 답의 공통점으로 옳은 것은 어느 것입니까? (   )

① 스위치가 연결되어 있다.
② 전구가 연결되어 있지 않다.
③ 전구가 전지의 한쪽 극에만 연결되어 있다.
④ 전지, 전선, 전구가 끊기지 않게 연결되어 있다.
⑤ 전기 부품에서 전기가 잘 통하지 않는 부분끼리 연결되어 있다.

4 다음의 전기 회로를 이루고 있는 전기 부품으로 옳지 않은 것은 어느 것입니까? (   )

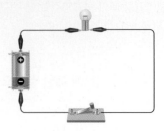

① 전구   ② 스위치
③ 초시계   ④ 전구 끼우개
⑤ 집게 달린 전선

[5~6] 다음과 같이 전구 두 개를 다르게 연결했습니다. 물음에 답하시오.

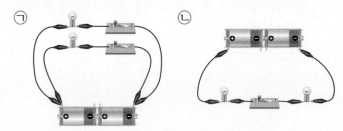

5 위 전기 회로 중 전구 두 개가 한 줄에 연결되어 있는 것을 골라 기호를 쓰시오.

(   )

🔲 **서술형·논술형 문제**

6 위 두 전기 회로의 스위치를 닫았을 때, 전구의 밝기를 비교하여 쓰시오.

_____

_____

7 다음은 전구의 연결 방법에 대한 설명입니다. ㉠, ㉡에 들어갈 알맞은 말을 각각 쓰시오.

> • 전기 회로에서 전구 두 개 이상을 한 줄로 연결하는 방법을 전구의 ㉠ 연결이라고 합니다.
> • 전기 회로에서 전구 두 개 이상을 여러 개의 줄에 나누어 한 개씩 연결하는 방법을 전구의 ㉡ 연결이라고 합니다.

㉠ (   )
㉡ (   )

8 다음의 전기 회로에서 전구의 밝기를 >, =, < 중 하나를 이용하여 비교하여 나타내시오.

| 전구 여러 개를
직렬연결한 경우 | ◯ | 전구 여러 개를
병렬연결한 경우 |

[9~10] 다음과 같이 전구 두 개를 다른 방법으로 연결했습니다. 물음에 답하시오.

9 위 전기 회로 중 전구 끼우개에 연결된 전구 한 개를 빼내고 스위치를 닫았을 때 나머지 전구에 불이 켜지는 것을 골라 기호를 쓰시오.

(   )

10 위 전기 회로 중 각 전구에서 소비되는 에너지가 더 적은 것을 골라 기호를 쓰시오.

(   )

11 다음은 전자석의 끝부분을 침핀에 가까이 하고 스위치를 닫지 않았을 때와 닫았을 때의 결과입니다.

(1) 위의 ㉠과 ㉡ 중 전자석에 전기가 흐르는 것을 골라 기호를 쓰시오.

(   )

(2) 위 (1)번의 답과 같이 생각한 까닭을 쓰시오.

_____

_____

12 다음 중 전기가 흐르는 전자석에 잘 붙는 것을 두 가지 고르시오. (,   )

① 철사   ② 빨대
③ 지우개   ④ 철 클립
⑤ 고무풍선

13 다음은 전자석에 연결한 전지의 수를 다르게 하여 전자석의 세기를 조절하는 방법입니다. ( ) 안의 알맞은 말에 ◯표를 하시오.

> 전자석에 서로 (같은 / 다른) 극끼리 한 줄로 연결된 전지의 수가 달라지면 전자석의 세기도 달라집니다.

📋 서술형·논술형 문제

14 다음은 전자석의 양 끝에 나침반을 놓고 스위치를 닫았을 때의 결과입니다.

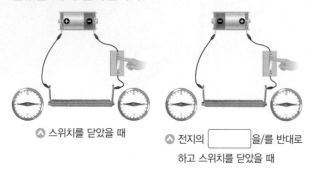

⬆ 스위치를 닫았을 때   ⬆ 전지의 [   ]을/를 반대로 하고 스위치를 닫았을 때

(1) 위의 ☐ 안에 들어갈 알맞은 말을 쓰시오.

(   )

(2) 위에서 나침반 바늘이 가리키는 방향으로 보아 알 수 있는 점을 전자석의 성질과 관련지어 쓰시오.

_____

_____

15 다음 중 영구 자석과 전자석을 <u>잘못</u> 비교한 친구의 이름을 쓰시오.

> 영진: 전자석은 영구 자석과 다르게 전기가 흐를 때만 자석의 성질이 나타나.
> 진석: 영구 자석은 자석의 극을 바꿀 수 있지만 전자석은 자석의 극이 일정해.
> 현규: 영구 자석은 자석의 세기가 일정하지만 전자석은 자석의 세기를 조절할 수 있어.

(   )

16 다음 중 전자석을 이용한 기구를 두 가지 고르시오.

(,   )

① 전구   ② 스피커
③ 온도계   ④ 전지 끼우개
⑤ 자기 부상 열차

17 다음 중 전기를 안전하게 사용하는 방법으로 옳은 것에 ○표를 하시오.

(1) 물 묻은 손으로 전기 제품을 만집니다.

(   )

(2) 플러그를 뽑을 때는 머리 부분을 잡고 뽑습니다.

(   )

(3) 콘센트 한 개에 플러그 여러 개를 한꺼번에 꽂아서 사용합니다.

(   )

18 다음은 냉방 기구를 켤 때 전기를 절약하는 방법입니다. (   ) 안의 알맞은 말에 ○표를 하시오.

> 창문을 (열고 / 닫고) 냉방 기구를 켭니다.

19 우리 생활에서 다음과 같이 행동해야 까닭으로 옳은 것은 어느 것입니까? (   )

> • 사용하지 않는 전등을 끕니다.
> • 냉장고 문을 자주 여닫지 않습니다.

① 전기를 절약하기 위해서이다.
② 전기를 많이 사용하기 위해서이다.
③ 전기의 생산량을 늘리기 위해서이다.
④ 전기를 많이 저장해 두기 위해서이다.
⑤ 전기를 안전하게 사용하기 위해서이다.

20 다음은 전기를 안전하게 사용해야 하는 까닭입니다. ☐ 안에 들어갈 알맞은 말을 쓰시오.

> 전기를 안전하게 사용하지 않으면 감전 사고나 [   ]이/가 발생할 수 있기 때문입니다.

(   )

대단원 평가 2회

1. 전기의 이용

1 다음 설명과 관계있는 전기 부품을 **보기**에서 골라 각각 기호를 쓰시오.

보기
㉠ 전지　　　㉡ 전구　　　㉢ 스위치

(1) 빛을 냅니다. ( )
(2) (+)극과 (−)극이 있습니다. ( )
(3) 전기가 흐르는 길을 끊거나 연결합니다.
( )

[2~3] 다음과 같이 전지, 전선, 전구를 연결하였습니다. 물음에 답하시오.

2 다음 중 위 실험 결과로 옳은 것은 어느 것입니까?
( )

① ㉠만 전구에 불이 켜진다.
② ㉡만 전구에 불이 켜진다.
③ 모두 전구에 불이 켜진다.
④ 모두 전구에 불이 켜지지 않는다.
⑤ ㉠은 전구에 불이 계속 켜져 있고, ㉡은 전구에 불이 켜졌다 꺼졌다를 반복한다.

3 다음 중 위 실험을 통해 알 수 있는 점을 바르게 말한 친구의 이름을 쓰시오.

진주: 전지와 전구만 있으면 전구에 불이 켜져.
연우: 전구가 전지의 (−)극에만 연결되어 있어도 전구에 불이 켜져.
석민: 전구, 전지, 전선이 끊기지 않게 연결되어 있어야 전구에 불이 켜져.

( )

서술형·논술형 문제

4 오른쪽과 같이 전기 회로의 스위치를 닫았을 때만 전구에 불이 켜지는 까닭을 쓰시오.

_____

_____

[5~6] 다음은 전구 두 개를 여러 가지 방법으로 연결한 전기 회로입니다. 물음에 답하시오.

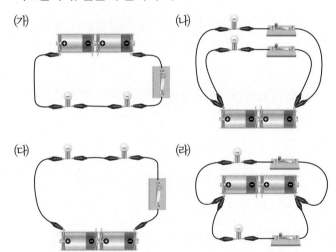

(가)　　　(나)

(다)　　　(라)

5 다음 중 위 전기 회로에서 스위치를 닫았을 때 전구의 밝기가 어두운 것끼리 바르게 짝지은 것은 어느 것입니까?
( )

① (가), (나)　　② (가), (다)　　③ (나), (다)
④ (나), (라)　　⑤ (다), (라)

6 다음 **보기**에서 위 5번 답의 전기 회로의 공통점으로 옳은 것을 골라 기호를 쓰시오.

보기
㉠ 전구 두 개가 한 줄로 연결되어 있습니다.
㉡ 전지 두 개가 서로 같은 극끼리 한 줄로 연결되어 있습니다.
㉢ 전구 두 개가 각각 다른 줄에 나누어 한 개씩 연결되어 있습니다.

( )

7 다음 보기 에서 전구의 연결 방법에 따른 전구의 밝기를 바르게 비교한 것을 골라 기호를 쓰시오.

보기
㉠ 전구의 직렬연결＝전구의 병렬연결
㉡ 전구의 직렬연결＞전구의 병렬연결
㉢ 전구의 직렬연결＜전구의 병렬연결

(   )

서술형·논술형 문제

8 오른쪽은 전지 두 개와 전구 두 개를 연결한 전기 회로입니다.

(1) 위 전기 회로에서 전구는 직렬연결과 병렬연결 중 어떤 방법으로 연결되어 있는지 쓰시오.

(   )

(2) 위 (1)번의 답과 같이 생각한 까닭을 쓰시오.

_____

_____

9 오른쪽의 전기 회로에서 전구 끼우개에 연결된 전구 한 개를 빼내고 스위치를 닫았을 때의 결과로 옳은 것은 어느 것입니까? (   )

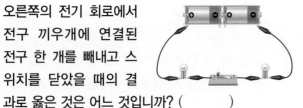

① 나머지 전구의 불이 켜진다.
② 나머지 전구에 전기가 흐른다.
③ 나머지 전구의 불이 켜졌다 꺼진다.
④ 나머지 전구의 불이 켜지지 않는다.
⑤ 나머지 전구의 불빛이 붉은색으로 변한다.

10 다음은 전구의 연결 방법에 따른 전지의 사용 기간을 비교한 것입니다. ㉠, ㉡에 알맞은 말을 각각 쓰시오.

전구를 ㉠ 연결할 때가 ㉡ 연결할 때 보다 전지를 더 오래 사용할 수 있습니다.

㉠ (   ) ㉡ (   )

[11~12] 오른쪽과 같이 전자석의 끝부분을 침핀에 가까이 가져가 보았습니다. 물음에 답하시오.

침핀

11 위 전자석의 스위치를 닫았을 때 일어나는 현상으로 옳은 것에 ○표를 하시오.

(1) 전자석에 전기가 흐르지 않습니다. (   )
(2) 전자석에 자석의 성질이 나타납니다. (   )
(3) 전자석의 끝부분에 침핀이 붙습니다. (   )

12 다음 중 위 **11**번의 답과 같은 현상이 나타난 후에 스위치를 다시 열었을 때의 결과로 옳은 것은 어느 것입니까? (   )

① 침핀이 전자석에 붙어 있다.
② 침핀이 전자석에서 떨어진다.
③ 침핀이 전자석에서 떨어져 공중에 떠 있다.
④ 침핀이 전자석에서 떨어졌다가 다시 붙는다.
⑤ 침핀이 전자석에 계속 붙었다 떨어졌다 한다.

13 다음은 전자석에 연결한 전지의 수를 다르게 하여 스위치를 닫았을 때의 결과입니다. 이로부터 전자석에 대해 알 수 있는 점은 어느 것입니까? (   )

전지 한 개를 연결했을 때	짧은 빵 끈이 3개 붙음.
전지 두 개를 서로 다른 극끼리 한 줄로 연결했을 때	짧은 빵 끈이 6개 붙음.

① 자석의 세기가 일정하다.
② 전지의 연결 방향에 따라 극이 달라진다.
③ 전기가 흐를 때만 자석의 성질이 나타난다.
④ 전지의 연결 방향에 따라 세기가 달라진다.
⑤ 서로 다른 극끼리 연결하는 전지의 수에 따라 세기가 달라진다.

[14~15] 다음은 전자석의 양 끝에 나침반을 놓고 스위치를 닫은 모습입니다. 물음에 답하시오.

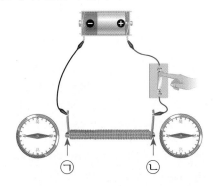

14 위 전자석에서 N극에 해당하는 것을 골라 기호를 쓰시오.

(   )

15 다음 중 위 전자석에서 전지의 극을 반대로 하고 스위치를 닫았을 때 나타나는 현상으로 옳은 것을 두 가지 고르시오. (,   )
① 전자석의 극이 바뀐다.
② 전자석의 세기가 더 세진다.
③ 전자석의 세기가 더 약해진다.
④ 전자석에 자석의 성질이 나타나지 않는다.
⑤ 나침반 바늘이 가리키는 방향이 반대로 바뀐다.

🧩 **서술형·논술형 문제**

16 다음은 영구 자석과 전자석의 차이점입니다.

• 영구 자석은 [㉠] 이/가 흐르지 않아도 자석의 성질이 나타나고, 전자석은 [㉠] 이/가 흐를 때에만 자석의 성질이 나타납니다.
• 영구 자석은 자석의 극이 일정하지만 전자석은 [㉡]

(1) 위의 ㉠에 공통으로 들어갈 알맞은 말을 쓰시오.
(   )

(2) 위의 ㉡에 들어갈 전자석의 성질을 쓰시오.

_____

17 다음은 전자석 기중기에 대한 설명입니다. ☐ 안에 들어갈 알맞은 말을 쓰시오.

전자석 기중기는 무거운 [   ](으)로 된 제품을 전자석에 붙여 다른 장소로 쉽게 옮길 수 있습니다.

(   )

18 다음 보기 에서 콘센트에 꽂혀 있는 플러그를 뽑는 방법으로 옳은 것을 골라 기호를 쓰시오.

보기
㉠ 전선 부분을 잡아당겨 뽑습니다.
㉡ 마른 손으로 머리 부분을 잡고 뽑습니다.
㉢ 플러그가 연결된 전기 제품을 잡아당겨 뽑습니다.

(   )

19 다음은 전기를 절약하는 방법입니다. (   ) 안의 알맞은 말에 ○표를 하시오.

사용하지 않는 전기 제품의 플러그는 (꽂아 / 뽑아) 놓아야 합니다.

20 다음 중 전기 사용에 대한 설명으로 옳지 <u>않은</u> 것은 어느 것입니까? (   )
① 전기가 낭비되는 곳이 있는지 점검해야 한다.
② 전기 안전 수칙에 따라 전기를 사용해야 한다.
③ 전기를 절약하지 않으면 자원을 낭비하게 된다.
④ 전기를 안전하게 사용하지 않으면 전기 화재가 발생할 수 있다.
⑤ 전기를 절약하려면 사용하지 않는 전기 제품도 플러그를 꽂아두어야 한다.

1 다음과 같이 전지, 전선, 전구를 연결하였습니다. [총 12점]

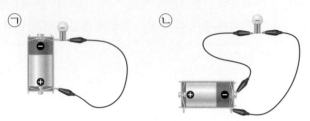

(1) 위 전기 회로 중 전구에 불이 켜지지 않는 것을 골라 기호를 쓰시오. [4점]

(   )

(2) 위 (1)번의 답에서 전구에 불이 켜지게 할 수 있는 방법을 쓰시오. [8점]

_____

_____

2 다음과 같이 전구 두 개를 연결하여 전기 회로를 만들었습니다. [총 12점]

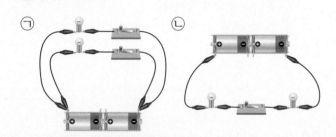

(1) 위 전기 회로 중 전구의 밝기가 더 밝은 것을 골라 기호를 쓰시오. [4점]

(   )

(2) 위 (1)번의 답으로 보아 전구 두 개를 어떤 방법으로 연결할 때 전구의 밝기가 더 밝은지 쓰시오. [8점]

_____

_____

3 오른쪽과 같이 전자석의 끝부분을 침핀에 가져가 보았습니다. [총 12점]

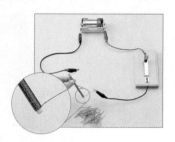

(1) 위 전자석의 스위치를 닫으면 침핀은 어떻게 되는지 쓰시오. [4점]

(   )

(2) 위 (1)번의 답과 같은 결과가 나타난 후에 스위치를 다시 열었을 때 나타나는 현상을 그렇게 생각한 까닭과 함께 쓰시오. [8점]

_____

_____

4 다음은 우리 생활에서 자석의 성질을 이용한 예입니다. [총 12점]

△ 자기 부상 열차

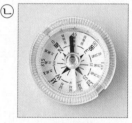
△ 나침반

(1) 위의 ㉠과 ㉡은 영구 자석과 전자석 중 각각 무엇을 이용한 것인지 쓰시오. [4점]

㉠ (   )

㉡ (   )

(2) 자석의 성질과 관련해 위의 두 물체의 차이점을 쓰시오. [8점]

_____

_____

대단원 서술형 평가 2회

1. 전기의 이용

1 다음 보기 는 전기 회로에서 전구에 불이 켜지는 조건을 나타낸 것입니다. [총 12점]

> **보기**
> ㉠ 전구와 전선만 서로 연결해야 합니다.
> ㉡ 전기 부품의 전기가 통하는 부분끼리 연결해야 합니다.
> ㉢ 전구는 전지의 (+)극과 전지의 (−)극에 각각 연결해야 합니다.

(1) 위에서 전구에 불이 켜지는 조건으로 옳지 <u>않은</u> 것을 골라 기호를 쓰시오. [4점]

(   )

(2) 위 (1)번의 답을 전기 회로에서 전구에 불이 켜지는 조건에 맞게 바르게 고쳐 쓰시오. [8점]

_____

_____

2 다음과 같이 전지, 전선, 전구를 연결하여 전기 회로를 만들었습니다. [총 12점]

(1) 위 전기 회로의 전구 끼우개에 연결된 전구 한 개를 빼내고 스위치를 닫았을 때 나머지 전구에 불이 켜지는지, 켜지지 않는지 쓰시오. [4점]

(   )

(2) 위 실험을 통해 알 수 있는 점을 전구의 연결 방법과 관련지어 쓰시오. [8점]

_____

_____

3 오른쪽은 전자석의 스위치를 닫았을 때의 모습입니다.

[총 12점]

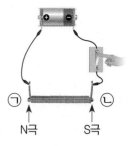

㉠ ← N극 ㉡ ← S극

(1) 위 ㉠ 위치에 나침반을 놓았을 때 나침반의 모습으로 옳은 것을 골라 기호를 쓰시오. [4점]

(가)   (나)

(   )

(2) 위 실험에서 전지의 극을 반대로 하고 스위치를 닫았을 때 나타나는 현상을 전자석의 극과 관련지어 쓰시오. [8점]

_____

_____

4 다음은 전기 제품을 사용하는 모습입니다. [총 12점]

㉠ 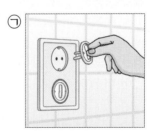 ㉡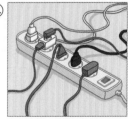

△ 콘센트 덮개를 꽂아 놓음. △ 콘센트 한 개에 플러그 여러 개를 한꺼번에 꽂아서 사용함.

(1) 위에서 전기 제품을 위험하게 사용한 것을 골라 기호를 쓰시오. [4점]

(   )

(2) 위 (1)번 답의 전기 제품을 안전하게 사용하는 방법을 쓰시오. [8점]

_____

_____

1 태양이 지표면과 이루는 각의 크기를 (태양 온도 / 태양 고도)라고 합니다.

2 하루 중 태양이 정남쪽에 위치했을 때 태양이 [   ]했다고 합니다.

3 하루 동안 태양 고도가 높아지면 그림자 길이는 **❶**[   ]지고, 기온은 대체로 **❷**[   ]집니다.

4 태양의 남중 고도가 [   ]을수록 낮의 길이는 길어지고 월평균 기온은 대체로 높아집니다.

5 일 년 동안 태양의 남중 고도가 가장 높은 계절은 **❶**[   ]이고, 태양의 남중 고도가 가장 낮은 계절은 **❷**[   ]입니다.

6 전등과 태양 전지판이 이루는 각을 다르게 하여 태양 에너지양을 비교하는 실험에서 전등과 태양 전지판이 이루는 각은 (태양의 크기 / 태양의 남중 고도)에 해당합니다.

7 태양의 남중 고도가 높아지면 일정한 면적의 지표면에 도달하는 태양 에너지양이 [   ]지므로 지표면이 더 많이 데워져 기온이 높아집니다.

8 계절에 따라 기온이 달라지는 까닭은 계절에 따라 태양의 [   ]이/가 달라지기 때문입니다.

9 지구의 자전축이 공전 궤도면에 대해 (기울어진 채 / 기울어지지 않은 채) 태양 주위를 공전하기 때문에 계절 변화가 생깁니다.

10 북반구에 있는 우리나라가 여름이면 남반구에 있는 뉴질랜드는 (여름 / 겨울) 입니다.

대표 문제

2. 계절의 변화

◉ 태양의 남중 고도와 낮의 길이, 기온의 변화

여름과 겨울의 태양 남중 고도와 낮의 길이, 기온의 관계를 알 수 있습니다.

1 다음 중 태양의 남중 고도와 낮의 길이 그래프에 대한 설명으로 옳은 것은 어느 것입니까? (   )

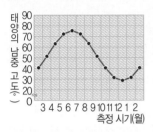 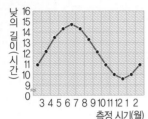

① 여름에는 낮의 길이가 짧다.
　　　　　　　　　　↳ 길다.
② 겨울에는 낮의 길이가 길다.
　　　　　　　　　　↳ 짧다.
③ 여름에는 태양의 남중 고도가 낮다.
　　　　　　　　　　　　　↳ 높다.
④ 겨울에는 태양의 남중 고도가 높다.
　　　　　　　　　　　　　↳ 낮다.
⑤ 태양의 남중 고도가 높아질수록 낮의 길이는 길어진다.

2 다음 보기 에서 계절별 태양의 위치 변화에 대한 설명으로 옳지 <u>않은</u> 것을 골라 기호를 쓰시오.

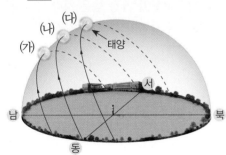

보기
ㄱ 기온이 가장 높은 계절에 해당하는 태양의 위치 변화는 (다)입니다.
ㄴ 낮의 길이가 가장 짧은 계절에 해당하는 태양의 위치 변화는 (가)입니다.
ㄷ (가)는 여름, (나)는 봄·가을, (다)는 겨울철 태양의 위치 변화를 나타냅니다.

(　　　　　　　)

◉ 계절 변화가 생기는 까닭

지구의 자전축이 기울어진 채 태양 주위를 공전하기 때문에 계절 변화가 생기는 것을 알 수 있습니다.

3 다음 태양의 남중 고도에 따른 태양 에너지양 비교 실험에 대한 설명으로 옳은 것을 보기 에서 골라 기호를 쓰시오.

▲ 전등과 태양 전지판이 이루는 각이 클 때　　▲ 전등과 태양 전지판이 이루는 각이 작을 때

보기
ㄱ (나)에서 프로펠러 바람의 세기가 더 셉니다.
　↳ (가)에서
ㄴ (가)는 태양의 남중 고도가 높을 때, (나)는 태양의 남중 고도가 낮을 때에 해당합니다.
ㄷ 전등과 태양 전지판이 이루는 각만 같게 하고 나머지 조건은 모두 다르게 하여 실험합니다.
　　　　　　　　　　↳ 같게　　　　　↳ 각은 다르게

(　　　　　　　)

4 다음 중 지구의 자전축이 기울어진 채 공전할 때에 대한 설명으로 옳지 <u>않은</u> 것은 어느 것입니까? (   )

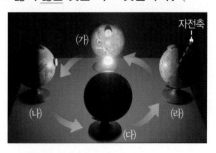

① 전등은 태양에 해당한다.
② 지구본은 지구에 해당한다.
③ 지구본을 시계 반대 방향으로 공전시킨다.
④ 지구본의 위치에 따라 태양의 남중 고도가 달라진다.
⑤ (가)~(라) 각 위치에서 전등과 지구본 사이의 거리를 측정한다.

대단원 평가 1회

2. 계절의 변화

1 다음은 태양 고도에 대한 설명입니다. ㉠과 ㉡에 들어갈 알맞은 숫자를 각각 쓰시오.

> 태양이 동쪽 지평선에서 떠오르는 순간 태양 고도는 □°이고, 서쪽 지평선으로 지는 순간 태양 고도는 □°입니다.

㉠ (   ) ㉡ (   )

🖊 **서술형·논술형 문제**

2 오른쪽과 같은 방법으로 하루 동안 태양 고도를 측정하였을 때 아침부터 12시 30분까지 태양 고도는 어떻게 변하는지 쓰시오.

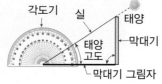

각도기 / 실 / 태양 / 막대기 / 태양 고도 / 막대기 그림자

_____

_____

3 다음 중 12시 30분경에 태양 고도와 그림자 길이를 측정한 후 1시간 뒤에 다시 측정한 결과를 바르게 짝지은 것은 어느 것입니까? (   )

	태양 고도	그림자 길이
①	낮아진다.	길어진다.
②	낮아진다.	짧아진다.
③	높아진다.	길어진다.
④	높아진다.	짧아진다.
⑤	변화 없다.	변화 없다.

4 다음에서 설명하는 것은 무엇인지 쓰시오.

> • 하루 중 태양 고도가 가장 높은 때의 고도입니다.
> • 하루 중 태양이 정남쪽에 위치했을 때의 태양 고도입니다.

(   )

---

5 다음은 하루 동안 태양 고도와 그림자 길이 변화를 나타낸 그래프입니다. 이에 대한 설명으로 옳지 <u>않은</u> 것은 어느 것입니까? (   )

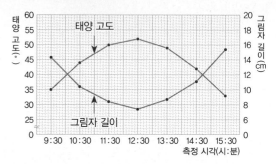

① 태양 고도는 12시 30분경에 가장 높다.
② 그림자 길이는 12시 30분경에 가장 짧다.
③ 태양 고도는 12시 30분경까지 점점 낮아진다.
④ 태양 고도가 높을수록 그림자 길이는 짧아진다.
⑤ 그림자 길이는 12시 30분이 지나면 점점 길어진다.

6 다음 보기의 시각 중에서 나머지와 다른 하나를 골라 기호를 쓰시오.

> **보기**
> ㉠ 기온이 가장 높은 시각
> ㉡ 태양 고도가 가장 높은 시각
> ㉢ 그림자 길이가 가장 짧은 시각

(   )

7 다음 중 계절에 따른 낮의 길이에 대한 설명으로 옳지 <u>않은</u> 것은 어느 것입니까? (   )

① 낮의 길이가 가장 긴 때는 여름이다.
② 겨울에는 해가 늦게 뜨고 일찍 진다.
③ 낮의 길이는 여름이 겨울보다 더 길다.
④ 낮의 길이가 가장 짧은 때는 겨울이다.
⑤ 여름에는 낮과 밤의 길이가 모두 길다.

8 다음 그래프를 보고 월별 태양의 남중 고도와 낮의 길이 변화를 바르게 설명한 친구의 이름을 쓰시오.

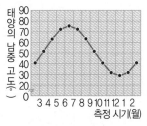
▲ 월별 태양의 남중 고도

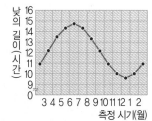
▲ 월별 낮의 길이

> 민서: 태양의 남중 고도가 높을수록 낮의 길이는 짧아져.
> 효주: 태양의 남중 고도가 높을수록 낮의 길이는 길어져.

(   )

9 다음 보기 에서 계절에 따라 태양의 남중 고도를 바르게 비교한 것을 골라 기호를 쓰시오.

> **보기**
> ㉠ 여름 > 봄·가을 > 겨울
> ㉡ 겨울 > 봄·가을 > 여름

(   )

서술형·논술형 문제

10 다음은 계절별 태양의 위치 변화를 나타낸 것입니다.

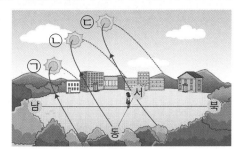

(1) 위에서 낮의 길이가 가장 긴 계절의 태양의 남중 고도의 기호와 계절을 각각 쓰시오.
(,   )

(2) 여름철의 태양의 남중 고도와 겨울철의 태양의 남중 고도를 비교하여 쓰시오.

_____

_____

[11~12] 다음은 태양의 남중 고도에 따른 태양 에너지양을 비교하기 위한 실험입니다. 물음에 답하시오.

프로펠러

11 위 실험에서 전등과 태양 전지판이 이루는 각 ㉠은 실제 자연에서 무엇에 해당하는지 쓰시오.

(   )

12 위 실험에서 프로펠러의 바람 세기를 더 세게 하는 방법으로 옳은 것을 다음 보기 에서 골라 기호를 쓰시오.

> **보기**
> ㉠ 전등과 태양 전지판이 이루는 각을 크게 합니다.
> ㉡ 전등과 태양 전지판이 이루는 각을 작게 합니다.
> ㉢ 종류는 같고 색깔만 다른 프로펠러로 바꿉니다.

(   )

13 다음 ㉠~㉢ 중 일정한 면적의 지표면에 도달하는 태양 에너지양이 가장 많은 것을 골라 기호를 쓰시오.

(   )

14 다음 보기 에서 계절에 따라 기온이 달라지는 까닭으로 옳은 것을 골라 기호를 쓰시오.

> **보기**
> ㉠ 그림자 길이가 변하지 않기 때문입니다.
> ㉡ 태양의 남중 고도가 달라지기 때문입니다.
> ㉢ 태양의 높이가 항상 일정하기 때문입니다.

(   )

[15~17] 다음은 지구본의 자전축 기울기를 달리하여 전등 주위를 공전시키는 모습을 나타낸 것입니다. 물음에 답하시오.

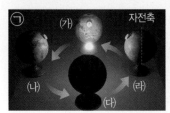
🔺 지구본의 자전축을 기울이지 않은 채 공전시킬 때

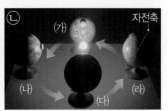
🔺 지구본의 자전축을 기울인 채 공전시킬 때

15 다음은 ㉠과 ㉡ 중 어느 실험의 결과를 나타낸 것인지 기호를 쓰시오.

지구본의 위치	㉮	㉯	㉰	㉱
태양의 남중 고도	52°	76°	52°	29°

(   )

16 다음 중 위의 ㉠과 같이 지구의 자전축이 기울어지지 않은 채 공전할 경우 우리나라에서 나타날 수 있는 현상으로 옳은 것은 어느 것입니까? (   )

① 낮이 없어지고 밤만 계속된다.
② 밤이 없어지고 낮만 계속된다.
③ 계절 변화가 나타나지 않는다.
④ 계절에 따라 그림자 길이가 달라진다.
⑤ 계절에 따라 태양의 남중 고도가 달라진다.

17 다음은 위 실험 결과로 알 수 있는 계절 변화가 생기는 까닭입니다. ㉠, ㉡에 들어갈 알맞은 말을 각각 쓰시오.

> 지구의 자전축이 ㉠ 채 공전하면 지구의 위치에 따라 태양의 ㉡ 이/가 달라지므로 계절이 변합니다.

㉠ (   ) ㉡ (   )

🔖 서술형·논술형 문제

18 오른쪽은 지구의 자전축이 기울어진 모습입니다.

(1) 위와 같이 지구의 자전축은 기울어져 있지만 지구가 공전을 하지 않는다면 계절의 변화가 생기는지, 생기지 않는지 쓰시오.

(   )

(2) 위 (1)번의 답과 같이 생각한 까닭을 쓰시오.

_____

_____

19 다음은 태양을 중심으로 공전하는 지구의 위치를 6개월 간격으로 나타낸 것입니다. ㉮와 ㉯에서 우리나라의 계절을 바르게 짝지은 것은 어느 것입니까? (   )

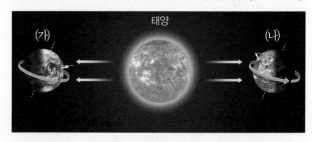

	㉮	㉯		㉮	㉯
①	봄	가을	②	여름	겨울
③	겨울	봄	④	겨울	여름
⑤	겨울	가을			

20 위 **19**번에서 지구가 ㉯ 위치에 있을 때 우리나라의 모습에 대한 설명으로 옳은 것을 다음 보기 에서 골라 기호를 쓰시오.

> 보기
> ㉠ 기온이 높습니다.
> ㉡ 낮의 길이가 깁니다.
> ㉢ 태양의 남중 고도가 낮습니다.

(   )

대단원 평가 2회

2. 계절의 변화

1 다음 ☐ 안에 공통으로 들어갈 알맞은 말을 쓰시오.

> 태양이 지표면과 이루는 각을 ☐☐☐(이)라고
> 합니다. 태양이 떠 있는 높이는 ☐☐☐을/를
> 이용해 나타냅니다.

( )

2 오른쪽과 같이 태양 고도를 측정할 때 막대기의 길이가 짧아질 때의 변화로 옳은 것을 보기 에서 두 가지 골라 기호를 쓰시오.

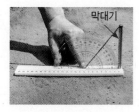
막대기

> **보기**
> ㉠ 태양 고도가 높아집니다.
> ㉡ 그림자 길이가 짧아집니다.
> ㉢ 태양 고도는 달라지지 않습니다.
> ㉣ 그림자 길이는 달라지지 않습니다.

(,)

3 다음에서 태양 고도 ㉠은 얼마인지 쓰시오.

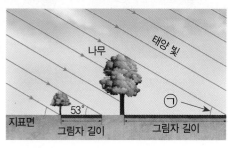
태양 빛
나무
㉠
53°
지표면
그림자 길이   그림자 길이

( )°

4 다음 보기 에서 태양의 남중 고도에 대한 설명으로 옳지 않은 것을 골라 기호를 쓰시오.

> **보기**
> ㉠ 12시 30분경에 측정할 수 있습니다.
> ㉡ 하루 중 태양 고도가 가장 높습니다.
> ㉢ 태양이 정동쪽에 있을 때의 태양 고도입니다.

( )

5 다음은 하루 동안 태양 고도와 기온 변화를 나타낸 그래프입니다. 이에 대한 설명으로 옳은 것은 어느 것입니까? ( )

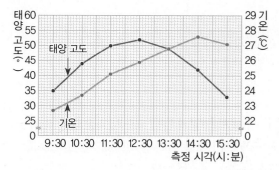

① 기온은 12시 30분경에 가장 높다.
② 태양 고도가 가장 높을 때 기온도 가장 높다.
③ 태양 고도는 시간이 지날수록 계속 높아진다.
④ 태양 고도가 높아지면 기온도 대체로 높아진다.
⑤ 기온이 먼저 높아진 뒤에 태양 고도가 높아진다.

6 다음 보기 에서 하루 동안의 태양 고도와 그림자 길이, 기온의 관계를 설명한 것으로 옳은 것을 골라 기호를 쓰시오.

> **보기**
> ㉠ 태양 고도가 가장 높을 때 기온이 가장 높습니다.
> ㉡ 그림자 길이가 길어질수록 기온은 높아집니다.
> ㉢ 태양 고도가 높아질수록 그림자 길이는 짧아집니다.

( )

7 다음 중 태양의 남중 고도가 가장 높은 계절은 언제입니까? ( )

① 봄   ② 여름
③ 가을   ④ 겨울
⑤ 항상 일정하다.

[8~9] 다음은 월별 태양의 남중 고도와 낮의 길이를 나타낸 그래프입니다. 물음에 답하시오.

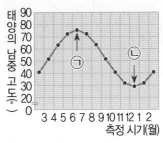
△ 월별 태양의 남중 고도

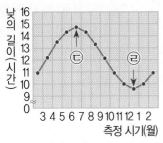
△ 월별 낮의 길이

8 위에서 태양의 남중 고도가 가장 높은 때와 낮의 길이가 가장 긴 때를 골라 순서대로 기호를 쓰시오.

(,   )

9 다음 중 위 그래프에 대한 설명으로 옳은 것은 어느 것입니까? (   )

① 태양의 남중 고도와 낮의 길이는 관계가 없다.
② 태양의 남중 고도가 높으면 낮의 길이가 짧다.
③ 태양의 남중 고도가 높으면 낮의 길이가 길다.
④ 봄과 가을의 낮의 길이는 여름보다 길고 겨울보다 짧다.
⑤ 태양의 남중 고도 그래프와 낮의 길이 그래프의 모양은 서로 다르다.

서술형·논술형 문제

10 다음은 계절에 따라 달라지는 주변의 모습을 나타낸 것입니다. 여름과 겨울의 태양 고도와 그림자 길이를 비교하여 쓰시오.

△ 여름

△ 겨울

_____

서술형·논술형 문제

11 다음은 계절별 태양의 위치 변화를 나타낸 것입니다.

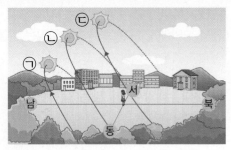

(1) 위에서 낮의 길이가 가장 짧은 계절의 태양의 남중 고도의 기호를 쓰시오.

(   )

(2) ㉠에서 ㉡으로 계절이 바뀔 때 태양의 남중 고도와 낮의 길이는 어떻게 변하는지 쓰시오.

_____

_____

12 위 11번에서 태양이 ㉠ 위치에 있을 때의 교실 모습을 나타낸 것에 ○표를 하시오.

(1) 여름
△ 햇빛이 교실 안으로 많이 들어오지 않음.
(   )

(2) 겨울
△ 햇빛이 교실 안으로 많이 들어옴.
(   )

13 다음 중 일정한 면적의 지표면에 도달하는 태양 에너지양이 더 많은 것의 기호를 쓰시오.

㉠ 태양   ㉡

(   )

[14~15] 다음은 태양의 남중 고도에 따른 태양 에너지양을 비교하기 위한 실험입니다. 물음에 답하시오.

ⓐ 전등과 태양 전지판이 이루는 각이 클 때

ⓐ 전등과 태양 전지판이 이루는 각이 작을 때

14 다음은 위 실험의 결과입니다. ㈎, ㈏에 들어갈 알맞은 말을 쓰시오.

구분	빛이 닿는 면적	바람의 세기
㉠	좁음.	㈎
㉡	㈏	약함.

15 다음은 위 실험 결과로 알게 된 점입니다. ☐ 안에 들어갈 알맞은 말을 쓰시오.

> 태양의 남중 고도가 높아질수록 일정한 면적의 지표면에 도달하는 태양 에너지양이 ☐ .

( )

[16~18] 다음은 지구본의 자전축 기울기를 달리하여 전등 주위를 공전시키는 모습입니다. 물음에 답하시오.

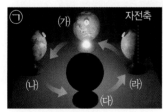 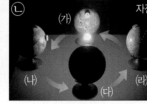

ⓐ 지구본의 자전축을 기울이지 않은 채 공전시킬 때

ⓐ 지구본의 자전축을 기울인 채 공전시킬 때

16 위의 ㉠에서 지구본이 ㈎에서 ㈏로 이동할 때 태양의 남중 고도의 변화를 쓰시오.

( )

17 앞의 ㉡에 대한 설명으로 옳은 것에는 ○표, 옳지 <u>않은</u> 것에는 ×표를 하시오.

(1) 계절 변화가 생기지 않습니다. ( )

(2) 지구본의 자전축을 23.5° 기울입니다. ( )

(3) ㈎~㈐에서 자전축이 기울어진 방향은 일정하게 해야 합니다. ( )

18 앞의 ㉡에서 지구본의 위치에 따른 태양의 남중 고도에 대한 설명으로 옳은 것을 다음 **보기**에서 골라 기호를 쓰시오.

> **보기**
> ㉠ 지구본의 위치에 따라 태양의 남중 고도가 달라집니다.
> ㉡ 지구본의 위치에 관계없이 태양의 남중 고도는 일정합니다.

( )

19 다음 중 계절 변화의 원인을 가장 바르게 이야기한 친구의 이름을 쓰시오.

> 수연: 지구가 자전하기 때문이야.
> 영빈: 지구의 자전축이 수직이기 때문이야.
> 현아: 지구의 자전축이 기울어진 채 공전하기 때문이야.

( )

20 다음 중 지구가 ㉠ 위치에 있을 때에 대한 설명으로 옳지 <u>않은</u> 것은 어느 것입니까? ( )

① 북반구는 여름이다.
② 남반구는 겨울이다.
③ 북반구와 남반구의 계절이 같다.
④ 북반구는 태양의 남중 고도가 높다.
⑤ 남반구는 태양의 남중 고도가 낮다.

대단원 서술형 평가 [1]회

2. 계절의 변화

1 다음 보기는 태양 고도를 측정하는 방법을 순서에 관계 없이 나타낸 것입니다. [총 12점]

> 보기
> ㉠ 실을 막대기의 그림자 끝에 맞춥니다.
> ㉡ 막대기의 그림자와 실이 이루는 각을 측정합니다.
> ㉢ 태양 고도 측정기를 태양 빛이 잘 드는 편평한 곳에 놓습니다.

(1) 위에서 태양 고도를 측정하는 방법에 맞게 순서 대로 기호를 쓰시오. [4점]

(   ) → (   ) → (   )

(2) 위에서 같은 시각에 태양 고도 측정기의 막대기를 더 긴 것으로 바꾸고 측정하면 그림자 길이와 태양 고도는 어떻게 달라지는지 각각 쓰시오. [8점]

_____

_____

2 다음은 계절별 태양의 남중 고도를 그래프로 나타낸 것입니다. [총 12점]

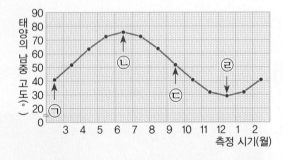

(1) 위에서 태양의 남중 고도가 가장 높은 때와 가장 낮은 때를 골라 순서대로 기호를 쓰시오. [4점]

(,   )

(2) 위 그래프로 보아 계절에 따라 태양의 남중 고도가 어떻게 달라지는지 쓰시오. [8점]

_____

_____

3 다음은 계절별 태양이 남중한 모습과 태양 빛이 지표면에 도달한 모습을 나타낸 것입니다. [총 12점]

(1) 위의 ㉠과 ㉡에서 일정한 면적의 지표면에 도달하는 태양 에너지양을 >, <를 이용하여 비교하시오. [4점]

| ㉠의 경우 | ◯ | ㉡의 경우 |

(2) 태양의 남중 고도가 높아질수록 기온이 대체로 높아지는 까닭을 위 그림과 관련지어 쓰시오. [8점]

_____

_____

4 다음과 같이 지구본의 자전축을 기울이지 않은 채 전등 주위를 공전시키는 실험을 하였습니다. [총 12점]

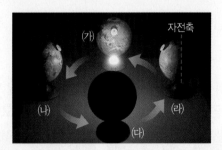

(1) 위의 (가)~(라) 각 위치에서 전등 빛의 남중 고도는 달라지는지, 달라지지 않는지 쓰시오. [4점]

(   )

(2) 위 실험 결과로 알 수 있는 계절 변화가 생기는 까닭을 쓰시오. [8점]

_____

_____

대단원 서술형 평가 2회

2. 계절의 변화

1 다음은 하루 동안 태양 고도와 기온 변화를 그래프로 나타낸 것입니다. [총 12점]

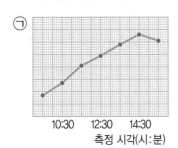 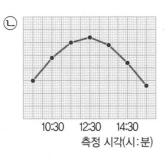

(1) 위의 ㉠과 ㉡ 중 하루 동안의 기온 변화를 나타낸 그래프의 기호를 쓰시오. [4점]

( )

(2) 위 (1)번의 답과 같이 생각한 까닭을 쓰시오. [8점]

_____

_____

2 다음은 월별 태양의 남중 고도와 낮의 길이를 나타낸 그래프입니다. [총 12점]

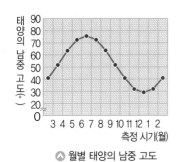 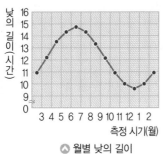

△ 월별 태양의 남중 고도   △ 월별 낮의 길이

(1) 위 그래프에서 3월부터 6월까지 태양의 남중 고도와 낮의 길이는 어떻게 변하는지 각각 쓰시오. [4점]

㉠ 태양의 남중 고도: ( )

㉡ 낮의 길이: ( )

(2) 위에서 알 수 있는 태양의 남중 고도와 낮의 길이의 관계를 쓰시오. [8점]

_____

_____

3 다음은 계절의 변화 원인을 알아보기 위한 실험입니다. [총 12점]

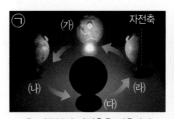 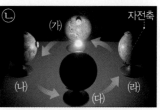

△ 지구본의 자전축을 기울이지 않은 채 공전시킬 때   △ 지구본의 자전축을 기울인 채 공전시킬 때

(1) 위 실험에서 다르게 한 조건을 쓰시오. [4점]

( )

(2) 다음은 위 실험 결과를 표로 나타낸 것입니다. 이 표에서 알 수 있는 계절 변화가 생기는 까닭을 쓰시오. [8점]

구분	㉠				㉡			
태양의 남중 고도 (°)	(가)	(나)	(다)	(라)	(가)	(나)	(다)	(라)
	52	52	52	52	52	72	52	29

_____

_____

4 다음은 태양을 중심으로 공전하는 지구의 위치를 6개월 간격으로 나타낸 것입니다. [총 12점]

(1) 지구가 ㉠과 ㉡ 위치에 있을 때 우리나라의 계절은 서로 같은지 다른지 쓰시오. [4점]

( )

(2) 위 (1)번의 답과 같이 생각한 까닭을 쓰시오. [8점]

_____

_____

1 초와 알코올이 탈 때에는 공통적으로 물질이 [   ]과/와 열을 내면서 탑니다.

2 초와 알코올이 탈 때 시간이 지날수록 초의 길이와 알코올의 양이 (줄어듭 / 늘어납)니다.

3 초 두 개에 불을 붙이고 크기가 다른 아크릴 통으로 촛불을 동시에 덮으면 (큰 / 작은) 아크릴 통 안의 촛불이 먼저 꺼집니다.

4 물질이 탈 때 필요한 기체는 [   ]입니다.

5 어떤 물질이 불에 직접 닿지 않아도 스스로 타기 시작하는 온도를 그 물질의 [   ](이)라고 합니다.

6 물질이 산소와 만나 빛과 열을 내는 현상을 무엇이라고 합니까?

7 초가 연소한 후 (물 / 이산화 탄소)이/가 생기는지 확인하기 위하여 푸른색 염화 코발트 종이를 이용합니다.

8 초가 연소한 후 [   ]이/가 생기기 때문에 초를 연소시킨 집기병에 석회수를 부으면 석회수가 뿌옇게 흐려집니다.

9 연소가 일어날 때 한 가지 이상의 연소 조건을 없애 불을 끄는 것을 [   ](이)라고 합니다.

10 소화기를 사용할 때 가장 먼저 소화기를 불이 난 곳으로 옮긴 뒤 손잡이 부분의 [   ]을/를 뽑습니다.

대표 문제

3. 연소와 소화

○ 연소의 조건

물질이 연소하기 위해서 필요한 조건이 무엇인지 알 수 있습니다.

1 다음과 같이 초 두 개에 불을 붙이고 크기가 다른 아크릴 통으로 촛불을 동시에 덮었을 때에 대한 설명으로 옳은 것은 어느 것입니까? (   )

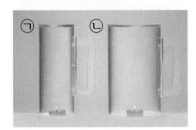

① ㉠과 ㉡의 촛불이 동시에 꺼진다.
　　➘㉠의 촛불이 먼저 꺼진다.
② ㉡의 촛불이 ㉠의 촛불보다 먼저 꺼진다.
　　　　➘나중에
③ ㉠과 ㉡의 아크릴 통 안에 들어 있는 공기(산소)의 양은 같다.
　　➘다르다.
④ 실험에서 다르게 한 조건은 아크릴 통으로 촛불을 덮는 시간이다.
　　➘아크릴 통의 크기
⑤ ㉠의 아크릴 통보다 ㉡의 아크릴 통 안에 공기(산소)가 더 많이 들어 있다.

2 다음은 오른쪽과 같이 성냥 머리 부분을 구리판의 가운데에 올려놓고 알코올램프로 가열하는 실험 결과입니다. ▢ 안에 들어갈 알맞은 말을 쓰시오.

성냥 머리 부분

> 구리판이 뜨거워지면서 성냥 머리 부분의 온도가
> ▢ 이상으로 높아지기 때문에 성냥 머리 부분에 불이 붙습니다.

(　　　　　　　　)

○ 소화 방법

연소의 조건과 관련지어 여러 가지 소화 방법을 알 수 있습니다.

3 다음 중 촛불을 끄는 방법과 촛불이 꺼지는 까닭을 바르게 짝지은 것은 어느 것입니까? (   )

① 촛불을 입으로 불기: 산소 공급을 막기 때문이다.
　　　　　　➘탈 물질이 없어지기
② 촛불을 컵으로 덮기: 탈 물질이 없어지기 때문이다.
　　　　　　➘산소 공급을 막기
③ 촛불에 모래 뿌리기: 탈 물질이 없어지기 때문이다.
　　　　　　➘산소 공급을 막기
④ 초의 심지를 핀셋으로 집기: 산소 공급을 막기 때문이다.
　　　　　　➘탈 물질이 없어지기
⑤ 촛불에 물 뿌리기: 발화점 미만으로 온도가 낮아지기 때문이다.

4 다음 중 일상생활에서 탈 물질을 없애 불을 끄는 경우는 어느 것입니까? (   )

①
　가스레인지의 연료 조절 밸브 잠그기

②
　알코올램프의 뚜껑 덮기

③
　소화전을 이용해 물 뿌리기

④
　소화제 뿌리기

3
단원

대단원 평가 1회

3. 연소와 소화

1 다음 중 초에 불을 붙이고 초가 타는 현상을 관찰한 결과로 옳은 것을 두 가지 고르시오. (　　,　　)

① 불꽃의 주변이 어두워진다.
② 초가 녹아 촛농이 흘러내린다.
③ 불꽃의 모양은 동그란 모양이다.
④ 불꽃의 위치에 따라 밝기가 다르다.
⑤ 촛불에 손을 가까이 해도 손이 따뜻해지지 않는다.

2 다음 중 초가 탈 때 심지 주변의 모습으로 옳은 것을 골라 기호를 쓰시오.

ⓐ 심지 주변이 볼록　ⓐ 심지 주변이　ⓐ 심지 주변이
하게 솟아오름.　　움푹 팸.　　평평해짐.

(　　　　　　)

3 다음 중 알코올램프에 불을 붙였을 때 관찰할 수 있는 현상으로 옳지 <u>않은</u> 것은 어느 것입니까? (　　　)

① 불꽃이 흔들린다.
② 불꽃의 위치에 따라 밝기가 다르다.
③ 불꽃의 모양은 위아래로 길쭉한 모양이다.
④ 시간이 지날수록 알코올의 양이 늘어난다.
⑤ 불꽃의 색깔은 푸른색, 붉은색 등 다양하다.

4 초와 알코올이 탈 때에는 공통적으로 무엇을 내면서 타는지 두 가지 쓰시오.

(　　　　　,　　　　　)

📋 서술형·논술형 문제

5 다음 ㉠과 ㉡ 중 물질이 탈 때 나타나는 현상을 이용한 예를 골라 기호를 쓰고, 물질이 탈 때 나타나는 현상을 어떻게 이용한 것인지 쓰시오.

ⓐ 가스레인지의 불꽃　　　　ⓐ 가로등

_____

_____

[6~7] 다음과 같이 크기가 같은 초 두 개에 불을 붙이고 크기가 다른 아크릴 통으로 촛불을 동시에 덮었습니다. 물음에 답하시오.

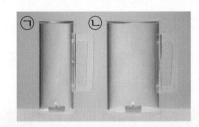

6 위 실험에서 촛불이 먼저 꺼지는 순서대로 기호를 쓰시오.

(　　　　　) ➡ (　　　　　)

7 다음 중 위 ㉠과 ㉡ 아크릴 통 안에 들어 있는 공기의 양을 바르게 비교하여 말한 친구의 이름을 쓰시오.

> 지원: ㉠ 아크릴 통 안에 들어 있는 공기의 양이 더 많아.
> 준재: ㉡ 아크릴 통 안에 들어 있는 공기의 양이 더 많아.
> 현우: ㉠과 ㉡ 아크릴 통 안에 들어 있는 공기의 양은 같아.

(　　　　　　　　)

8 다음은 초가 타기 전과 초가 타고 난 후 아크릴 통 안에 들어 있는 공기 중의 산소 비율을 측정한 결과입니다.

초가 타기 전 아크릴 통 안의 산소 비율	초가 타고 난 후 아크릴 통 안의 산소 비율
약 21 %	약 17 %

(1) 초가 타기 전과 초가 타고 난 후 중 아크릴 통 안의 산소 비율이 더 높은 경우를 쓰시오.

( )

(2) 위 실험 결과를 통해 알 수 있는 점을 쓰시오.

_____

_____

[9~10] 오른쪽과 같이 성냥 머리 부분을 핫플레이트 위에 올려놓고 가열하며 적외선 온도계로 성냥의 머리가 놓인 부분의 온도 변화와 성냥 머리 부분의 변화를 관찰하였습니다. 물음에 답하시오.

성냥 머리 부분

9 위 실험 결과로 옳은 것을 보기에서 골라 기호를 쓰시오.

보기
㉠ 성냥 머리 부분의 온도가 계속 올라가지만 성냥 머리 부분에 불이 붙지는 않습니다.
㉡ 성냥 머리 부분의 온도는 변하지 않지만, 어느 순간 성냥 머리 부분에 불이 붙습니다.
㉢ 성냥 머리 부분의 온도가 계속 올라가다가 어느 순간 성냥 머리 부분에 불이 붙습니다.

( )

10 위 실험을 통해 알 수 있는 물질이 연소할 때 필요한 조건을 쓰시오.

( )

11 다음 보기에서 불을 직접 붙이지 않고 물질을 태우는 방법을 두 가지 골라 기호를 쓰시오.

보기
㉠ 점화기로 초에 불 붙이기
㉡ 볼록 렌즈로 햇빛을 모아 물질 태우기
㉢ 성냥갑에 성냥 머리를 마찰하여 불 켜기

(,)

12 다음 중 연소에 대한 설명으로 옳은 것을 두 가지 고르시오. (,)
① 연소가 일어나려면 물이 필요하다.
② 연소가 일어나려면 산소가 필요하다.
③ 연소가 일어나려면 이산화 탄소가 필요하다.
④ 물질이 산소와 만나 빛과 열을 내는 현상이다.
⑤ 연소가 일어나려면 반드시 물질에 불을 직접 붙여야 한다.

[13~14] 오른쪽은 안쪽 벽면에 푸른색 염화 코발트 종이를 붙인 아크릴 통으로 촛불을 덮은 모습입니다. 물음에 답하시오.

푸른색 염화 코발트 종이

셀로판 테이프

13 다음은 위 실험 결과에 대한 설명입니다. ☐ 안에 들어갈 알맞은 말을 쓰시오.

촛불이 꺼진 후 푸른색 염화 코발트 종이의 색깔이 ☐색으로 변했습니다.

( )

14 다음 중 위 13번 답으로 알 수 있는 초가 연소할 때 생성되는 물질은 어느 것입니까? ( )
① 물 ② 산소 ③ 질소
④ 알코올 ⑤ 이산화 탄소

15 다음 중 집기병 속에서 초를 연소시킨 후 석회수를 집기병에 붓고 살짝 흔들었을 때 석회수의 변화와 이를 통해 알게 된 초의 연소 생성물을 바르게 짝지은 것은 어느 것입니까? (   )

석회수 →

① 변화가 없다. – 물
② 뿌옇게 흐려진다. – 물
③ 붉은색으로 변한다. – 물
④ 뿌옇게 흐려진다. – 이산화 탄소
⑤ 붉은색으로 변한다. – 이산화 탄소

16 다음 중 탈 물질, 산소, 발화점 이상의 온도 중에서 한 가지 이상의 조건을 없애 불을 끄는 것을 무엇이라고 합니까? (   )

① 연소   ② 용해   ③ 소화
④ 연기   ⑤ 발화

[17~18] 다음은 여러 가지 방법으로 촛불을 끄는 모습입니다. 물음에 답하시오.

㉠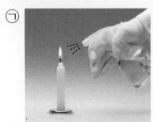
⬆ 촛불에 물 뿌리기

㉡
⬆ 촛불을 컵으로 덮기

㉢
⬆ 촛불을 입으로 불기

㉣
⬆ 초의 심지를 핀셋으로 집기

17 앞의 ㉠~㉣ 중 탈 물질을 없애서 촛불을 끄는 방법을 두 가지 골라 기호를 쓰시오.

(,   )

18 앞의 ㉠~㉣ 중 오른쪽과 같은 소화 방법으로 촛불을 끄는 경우를 골라 기호를 쓰시오.

(   )

⬆ 뚜껑 덮기

🔖 서술형·논술형 문제

19 다음 보기 에서 분말 소화기 사용 방법으로 옳지 않은 것을 골라 기호를 쓰고, 잘못된 내용을 바르게 고쳐 쓰시오.

보기
㉠ 가장 먼저 소화기를 불이 난 곳으로 옮깁니다.
㉡ 손잡이 부분의 안전핀을 꽂은 채 손잡이를 움켜 쥡니다.
㉢ 바람을 등지고 선 후 호스의 끝부분을 잡고 불이 난 방향을 향해 손잡이를 움켜쥡니다.

_____

_____

20 다음은 화재가 발생했을 때 대처 방법에 대한 설명입니다. ㉠과 ㉡에 들어갈 알맞은 말을 각각 쓰시오.

• 아래층으로 이동할 때에는 [㉠]을/를 이용합니다.
• 젖은 수건으로 코와 입을 막고 몸을 낮춰 대피합니다.
• 아래층으로 대피할 수 없을 때에는 [㉡](으)로 대피합니다.

㉠ (   )
㉡ (   )

대단원 평가 2회

[1~2] 오른쪽과 같이 초에 불을 붙이고 초가 타는 현상을 관찰해 보았습니다. 물음에 답하시오.

1 다음 중 위와 같이 초가 탈 때 불꽃이 타는 모습으로 옳은 것을 두 가지 고르시오. (,)

① 불꽃의 윗부분은 아랫부분보다 어둡다.
② 불꽃의 모양은 위아래로 길쭉한 모양이다.
③ 불꽃의 색깔은 붉은색과 검은색만 보인다.
④ 불꽃의 윗부분은 밝고, 아랫부분은 어둡다.
⑤ 불꽃의 윗부분과 아랫부분은 밝기가 비슷하다.

2 다음은 위와 같이 초가 타는 현상을 관찰한 내용입니다. ☐ 안에 공통으로 들어갈 알맞은 말을 쓰시오.

초가 녹아 ☐ 이/가 흘러내리고, 흘러내린 ☐ 이/가 굳어 고체가 됩니다.

( )

3 알코올램프에 불을 붙이기 전 모습과 불을 붙였다가 어느 정도 타고 나서 불을 끈 후의 모습에 맞게 줄로 바르게 이으시오.

(1)

· · ㉠ 불을 끈 후

(2)

· · ㉡ 불을 붙이기 전

4 다음 중 보기 에서 초와 알코올이 탈 때 나타나는 공통적인 현상을 모두 고른 것은 어느 것입니까? ( )

보기
㉠ 물질의 양은 변하지 않습니다.
㉡ 주변이 밝아지고 따뜻해집니다.
㉢ 물질이 빛과 열을 내면서 탑니다.

① ㉠ ② ㉠, ㉡ ③ ㉠, ㉢
④ ㉡, ㉢ ⑤ ㉠, ㉡, ㉢

5 다음 중 물질이 탈 때 나타나는 현상을 이용하는 예가 아닌 것은 어느 것입니까? ( )

①
⚠ 케이크 위의 촛불

②
⚠ 전등

③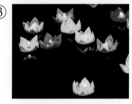
⚠ 강물 위에 뜬 유등

④
⚠ 모닥불

🔧 서술형·논술형 문제

6 다음과 같이 크기가 다른 두 초에 불을 동시에 붙이고 촛불의 변화를 관찰해 보았습니다.

㉠ 양초 점토 4.8 g으로 만든 초
㉡ 양초 점토 1.2 g으로 만든 초

(1) 위 실험에서 촛불이 먼저 꺼지는 것의 기호를 쓰시오.

( )

(2) 위 실험을 통해 알 수 있는 점을 쓰시오.

_____
_____

7 크기가 같은 초 두 개에 불을 붙인 후 크기가 다른 아크릴 통으로 동시에 덮었을 때 다음과 같은 결과가 나타난 까닭으로 옳은 것은 어느 것입니까? (   )

△ ⓒ 아크릴 통 안의 촛불이 먼저 꺼짐.

① 촛불을 덮는 시각이 다르기 때문이다.
② ㉠ 아크릴 통 안의 온도가 더 높기 때문이다.
③ ㉠ 아크릴 통 안에 탈 물질이 더 많기 때문이다.
④ ㉠ 아크릴 통 안에 공기(산소)가 더 많기 때문이다.
⑤ ⓒ 아크릴 통 안에 공기(산소)가 더 많기 때문이다.

[8~9] 다음은 초가 타기 전과 타고난 후 아크릴 통 안에 들어 있는 공기 중의 산소 비율을 측정하는 모습입니다. 물음에 답하시오.

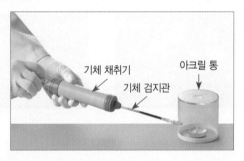

기체 채취기
기체 검지관
아크릴 통

8 다음은 위 실험의 결과입니다. (   ) 안의 알맞은 말에 ○표를 하시오.

초가 타기 전보다 초가 타고 난 후에 측정한 산소 비율이 (늘었 / 줄었)습니다.

9 다음 중 위 실험을 통해 알게 된 물질이 연소하기 위해 필요한 것은 어느 것입니까? (   )
① 물   ② 산소
③ 탈 물질   ④ 아크릴 통
⑤ 이산화 탄소

10 다음 실험의 결과로 보아 성냥 머리 부분과 향 중 발화점이 더 낮은 것은 어느 것인지 쓰시오.

성냥 머리 부분과 향을 구리판의 원 위에 올려 놓고 구리판의 가운데 부분을 가열하였더니 성냥 머리 부분에 먼저 불이 붙었습니다.

성냥 머리 부분   향

(   )

11 오른쪽과 같이 볼록 렌즈로 햇빛을 모아 물질을 태울 수 있는 까닭을 연소의 조건과 관련지어 쓰시오.

볼록 렌즈

_____

_____

[12~13] 오른쪽은 초가 연소한 후 생성되는 물질을 확인하기 위한 실험 모습입니다. 물음에 답하시오.

㉠
셀로판 테이프

12 위 실험에서 촛불이 꺼진 후 아크릴 통 안쪽에 붙인 ㉠의 색깔이 붉은색으로 변하였습니다. ㉠은 무엇인지 쓰시오.

(   )

13 위 실험을 통해 확인할 수 있는 초의 연소 생성물을 쓰시오.

(   )

[14~15] 다음 실험을 보고 물음에 답하시오.

1️⃣ 초에 불을 붙인 뒤 집기병으로 덮기
2️⃣ 촛불이 꺼지면 집기병을 들어 올려 유리판으로 집기병의 입구를 막기
3️⃣ 집기병을 뒤집어서 바로 놓고 식을 때까지 기다리기
4️⃣ 석회수를 집기병에 부은 뒤 유리판으로 집기병의 입구를 막고 집기병을 살짝 흔들기

14 위 실험 결과 석회수의 모습으로 옳은 것의 기호를 쓰시오.

🔺 뿌옇게 흐려짐.

🔺 아무 변화가 없음.

(   )

15 다음 중 위 **14**번 실험 결과를 통해 알게 된 점은 어느 것입니까? (   )

① 초가 연소하면 물이 생성된다.
② 초가 연소하면 산소가 생성된다.
③ 초가 연소하려면 산소가 필요하다.
④ 초가 연소하면 이산화 탄소가 생성된다.
⑤ 초가 연소하려면 이산화 탄소가 필요하다.

16 다음 중 보기 에서 알코올이 연소한 후 생성되는 물질을 모두 고른 것은 어느 것입니까? (   )

보기
㉠ 물   ㉡ 산소
㉢ 알코올   ㉣ 이산화 탄소

① ㉡   ② ㉢   ③ ㉠, ㉡
④ ㉠, ㉣   ⑤ ㉠, ㉡, ㉣

17 다음 중 탈 물질을 없애 촛불을 끄는 경우를 두 가지 고르시오. (,   )

① 촛불에 물 뿌리기
② 촛불을 입으로 불기
③ 촛불에 모래 뿌리기
④ 촛불을 컵으로 덮기
⑤ 초의 심지를 핀셋으로 집기

📋 서술형·논술형 문제

18 오른쪽과 같이 소화제를 뿌리면 불이 꺼지는 까닭을 연소의 조건과 관련지어 쓰시오.

_____

_____

19 다음 중 화재가 발생했을 때 신고해야 할 전화번호로 옳은 것은 어느 것입니까? (   )

① 110   ② 112   ③ 114
④ 117   ⑤ 119

20 다음 중 우리 주변에서 화재를 예방하기 위한 노력으로 옳지 않은 것은 어느 것입니까? (   )

① 비상구의 통로를 막지 않는다.
② 소방 기구의 위치를 확인해 둔다.
③ 소방 기구의 사용 방법을 알아둔다.
④ 소화기를 준비하고 정기적으로 점검한다.
⑤ 불이 나기 쉬운 곳에는 불에 잘 타는 소재를 사용한다.

3
단원

대단원 서술형 평가 1회

1 다음은 초가 타기 전과 타고 난 후 아크릴 통 안에 들어 있는 공기 중의 산소 비율을 측정한 기체 검지관의 모습입니다. [총 12점]

ㄱ

약 21 %

⬆ 초가 타기 전 아크릴 통 안의 산소 비율

ㄴ

약 17 %

⬆ 초가 타고 난 후 아크릴 통 안의 산소 비율

(1) 위에서 아크릴 통 안의 산소 비율이 더 낮은 것의 기호를 쓰시오. [4점]

( )

(2) 위 실험 결과를 통해 알 수 있는 점을 쓰시오. [8점]

_____

_____

2 다음은 불을 직접 붙이지 않고도 물질을 태우는 방법입니다. [총 12점]

성냥갑

⬆ 성냥갑에 성냥 머리 마찰하기

부싯돌

⬆ 부싯돌에 철 마찰하기

(1) 어떤 물질이 불에 직접 닿지 않아도 타기 시작하는 온도를 무엇이라고 하는지 쓰시오. [4점]

( )

(2) 위와 같이 불을 직접 붙이지 않고도 물질을 태울 수 있는 까닭을 쓰시오. [8점]

_____

_____

3 다음과 같이 아크릴 통으로 촛불을 덮은 후 촛불이 꺼지고 나서 아크릴 통에 석회수를 부어 살짝 흔들었더니 석회수가 뿌옇게 흐려졌습니다. [총 12점]

석회수

→

석회수

(1) 다음은 석회수의 성질에 대한 설명입니다. ☐ 안에 들어갈 알맞은 말을 쓰시오. [4점]

> 석회수는 ☐☐☐와/과 만나면 뿌옇게 흐려집니다.

( )

(2) 위 실험 결과를 통해 알 수 있는 점을 쓰시오. [8점]

_____

_____

4 오른쪽은 촛불을 끄기 위해 분무기로 물을 뿌리는 모습입니다. [총 12점]

(1) 연소가 일어날 때 한 가지 이상의 연소 조건을 없애 불을 끄는 것을 무엇이라고 하는지 쓰시오. [4점]

( )

(2) 위에서 촛불이 꺼지는 까닭을 연소의 조건과 관련지어 쓰시오. [8점]

_____

_____

대단원 서술형 평가 2회

1 다음과 같이 크기가 같은 초 두 개에 불을 붙이고 아크릴 통으로 촛불을 동시에 덮었습니다. [총 12점]

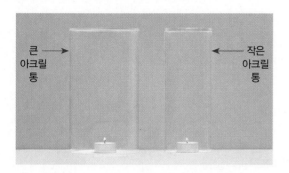

큰 아크릴 통 →
← 작은 아크릴 통

(1) 위 실험에서 다르게 해 준 조건을 쓰시오. [4점]

( )

(2) 위 실험 결과, 촛불이 먼저 꺼지는 아크릴 통을 포함하여 그와 같은 결과가 나타나는 까닭을 쓰시오. [8점]

_____

_____

2 다음과 같이 성냥 머리 부분과 향을 구리판의 원 위에 올려놓고 알코올램프로 구리판의 가운데 부분을 가열하였습니다. [총 12점]

성냥 머리 부분   향

(1) 성냥 머리 부분과 향 중 발화점이 더 낮은 것을 쓰시오. [4점]

( )

(2) 위 (1)번 답과 같이 생각한 까닭을 쓰시오. [8점]

_____

_____

3 다음은 안쪽 벽면에 푸른색 염화 코발트 종이를 붙인 아크릴 통으로 촛불을 덮은 모습입니다. [총 12점]

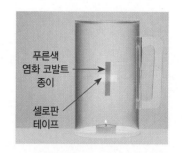

푸른색 염화 코발트 종이 →
셀로판 테이프 →

(1) 위 실험을 통해 확인할 수 있는 초의 연소 생성물을 쓰시오. [4점]

( )

(2) 위 (1)번 답인 물질을 확인하는 방법을 쓰시오. [8점]

_____

_____

4 다음은 건물 안에 있을 때 화재가 발생한 모습입니다. [총 12점]

(1) 위 상황에서 대피할 때에는 계단과 승강기 중 어느 것을 이용해야 하는지 쓰시오. [4점]

( )

(2) 위 상황에서 대피할 때 유독 가스를 마시는 것을 피하기 위해 어떻게 해야 하는지 쓰시오. [8점]

_____

_____

1 뼈는 우리 몸의 형태를 만들고, 몸을 [   ]하는 역할을 합니다.

2 뼈에 연결되어 길이가 줄어들거나 늘어나면서 뼈를 움직이게 하는 것은 무엇입니까?

3 식도와 연결되어 있고, 작은 주머니 모양으로 소화를 돕는 액체가 나와 음식물을 섞고 분해하는 역할을 하는 기관은 (위 / 간)입니다.

4 큰창자는 주로 음식물 찌꺼기의 [   ]을/를 흡수하는 역할을 합니다.

5 숨을 들이마실 때 코로 들어온 공기는 기관, 기관지를 거쳐 어느 기관에 도달합니까?

6 우리가 몸을 움직이고, 몸속 기관이 일을 하는 데에는 (산소 / 이산화 탄소)가 사용됩니다.

7 심장은 혈액을 온몸으로 [   ]시켜 몸에 필요한 영양소와 산소를 운반할 수 있도록 합니다.

8 우리 몸에서 혈액 속의 노폐물을 오줌으로 만들어 몸 밖으로 내보내는 것을 무엇이라고 합니까?

9 눈과 피부 중 온도와 촉감을 느낄 수 있는 기관은 어느 것입니까?

10 공이 날아올 때 공을 치는 것은 (자극 / 반응)에 해당합니다.

대표 문제

4. 우리 몸의 구조와 기능

● 우리 몸의 구조와 기능

운동 기관, 소화 기관, 호흡 기관, 순환 기관, 배설 기관의 종류,
위치, 생김새, 기능을 알 수 있습니다.

1 다음 중 우리 몸의 기관에 대한 설명으로 옳은 것은
어느 것입니까? (　　　)

① 우리 몸의 뼈와 근육은 순환 기관이다.
　　　　　　　　　　　→ 운동 기관

② 위는 음식물 찌꺼기의 수분을 흡수한다.
　　→ 소화를 돕는 액체를 분비해 음식물을 잘게 쪼갠다.

③ 폐는 공기 중의 이산화 탄소를 받아들인다.
　　　　　　　　　　→ 산소

④ 심장은 펌프 작용으로 혈액을 온몸으로 순환
시킨다.

⑤ 콩팥은 혈액 속의 노폐물을 걸러 오줌으로 만들고,
작은창자는 오줌을 모아 두었다가 몸 밖으로
내보낸다.　→ 방광은

2 다음의 우리 몸의 기관이 하는 일을 보기 에서 골라
기호를 각각 쓰시오.

> 보기
> ㉠ 몸을 움직입니다.
> ㉡ 혈액이 온몸을 순환할 수 있도록 합니다.
> ㉢ 혈액 속의 노폐물을 오줌으로 만들어 몸 밖으로
> 　 내보냅니다.
> ㉣ 음식물의 영양소를 몸속으로 흡수할 수 있게
> 　 음식물을 잘게 쪼개고 분해합니다.

(1) 순환 기관: (　　　　　)
(2) 소화 기관: (　　　　　)
(3) 배설 기관: (　　　　　)
(4) 운동 기관: (　　　　　)

● 자극과 반응

감각 기관의 종류, 위치, 생김새, 기능을 알고 자극이 전달되는
과정과 운동할 때 우리 몸의 변화를 알 수 있습니다.

3 다음 중 자극이 전달되고 반응하는 과정에 대한 설명
으로 옳은 것을 두 가지 고르시오. (　 , 　)

① 운동 기관이 자극을 받아들인다.
　　→ 감각 기관

② 신경은 받아들인 자극을 뇌로 전달한다.

③ 뇌는 행동을 결정하고, 명령을 내리는 신경이다.

④ 명령을 받은 운동 기관은 그 명령을 뇌를 통해
다시 감각 기관으로 전달한다.
　　　　　→ 명령에 따라 반응한다.

⑤ 자극과 명령을 전달하는 신경이 없어도 몸에서
자극과 반응 과정이 일어난다.　→ 있어야

4 다음은 평상시와 운동 직후, 5분 동안 휴식한 후의 체온과
맥박 수를 측정한 결과입니다. 이에 대한 설명으로
옳지 않은 것을 보기 에서 골라 기호를 쓰시오.

구분	평상시	운동 직후	5분 휴식 후
체온(℃)	36.7	36.9	36.6
1분 동안 맥박 수(회)	65	102	69

> 보기
> ㉠ 평상시보다 운동 직후의 체온이 더 높습니다.
> ㉡ 운동 직후보다 5분 휴식 후의 맥박이 더 빠릅니다.
> ㉢ 평상시와 5분 휴식 후의 체온과 맥박 수는 비슷
> 　 합니다.

(　　　　　)

대단원 평가 1회

4. 우리 몸의 구조와 기능

1 다음 중 짧은뼈 여러 개가 세로로 이어져 기둥을 이루는 뼈는 어느 것입니까? (   )

① 팔뼈   ② 갈비뼈   ③ 척추뼈
④ 다리뼈   ⑤ 머리뼈

[2~3] 다음은 뼈와 근육 모형입니다. 물음에 답하시오.

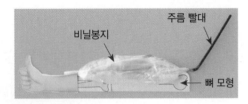

2 위의 뼈 모형과 비닐봉지는 우리 몸의 어느 부분을 나타내는지 각각 쓰시오.

(1) 뼈 모형: (   )
(2) 비닐봉지: (   )

3 위 모형의 주름 빨대로 비닐봉지에 바람을 불어 넣을 때의 변화로 옳은 것은 어느 것입니까? (   )

① 손 그림이 내려간다.
② 손 그림이 올라온다.
③ 비닐봉지가 쪼그라든다.
④ 비닐봉지의 길이가 늘어난다.
⑤ 손 그림과 비닐봉지에 아무 변화가 없다.

4 다음 보기 에서 근육이 하는 일로 옳은 것을 골라 기호를 쓰시오.

> **보기**
> ㉠ 뼈를 자라게 합니다.
> ㉡ 노폐물을 배설합니다.
> ㉢ 몸을 움직이게 합니다.
> ㉣ 음식물을 소화시킵니다.

(   )

5 다음 중 소화에 대한 설명으로 옳은 것은 어느 것입니까?
(   )

① 항문은 소화 기관이 아니다.
② 위에서부터 소화가 시작된다.
③ 입 안의 침은 소화에 관여하지 않는다.
④ 식도를 지난 음식물은 간으로 내려간다.
⑤ 작은창자에서는 소화를 돕는 액체를 분비하여 음식물을 잘게 분해하고 영양소를 흡수한다.

> 서술형·논술형 문제

6 오른쪽은 우리 몸속의 소화 기관을 나타낸 것입니다.

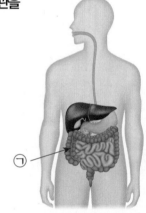

(1) 위의 ㉠의 이름을 쓰시오.
(   )
(2) 위의 ㉠이 소화 과정에서 하는 역할은 무엇인지 쓰시오.

_____

_____

7 다음 중 호흡 기관의 역할로 옳은 것을 두 가지 고르시오. (,   )

① 혈액을 온몸으로 순환시킨다.
② 몸에 필요한 산소를 받아들인다.
③ 이산화 탄소를 몸 밖으로 내보낸다.
④ 몸속에 들어온 음식물을 소화시킨다.
⑤ 혈액 속 노폐물을 걸러 내어 몸 밖으로 내보낸다.

8 다음 중 우리 몸속 호흡 기관의 이름을 바르게 짝지은 것은 어느 것입니까? (   )

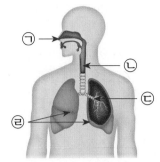

	㉠	㉡	㉢	㉣
①	코	폐	기관	기관지
②	코	폐	기관지	기관
③	코	기관	폐	기관지
④	코	기관	기관지	폐
⑤	코	기관지	기관	폐

서술형·논술형 문제

9 다음은 붉은 색소 물을 주입기의 한쪽 관으로 빨아들이고 다른 쪽 관으로 내보내는 실험의 모습입니다.

펌프

관

붉은 색소 물

(1) 위 실험에서 주입기의 펌프를 빠르게 누를 때와 느리게 누를 때의 붉은 색소 물의 이동량을 비교하여 ㉠, ㉡에 각각 쓰시오.

펌프를 빠르게 누를 때	펌프를 느리게 누를 때
㉠	㉡

(2) 심장에서 혈액이 온몸으로 어떻게 이동하는지 위의 실험과 비교하여 쓰시오.

_____

_____

10 우리 몸속 기관 중 다음과 같은 역할을 하는 것은 어느 것입니까? (   )

> 굵기가 굵은 것부터 매우 가는 것까지 다양하고, 온몸에 복잡하게 퍼져 있으며 혈액이 이동하는 통로 역할을 합니다.

① 심장　　　　　② 혈관
③ 쓸개　　　　　④ 큰창자
⑤ 작은창자

11 다음은 배설에 대한 설명입니다. ☐ 안에 들어갈 알맞은 말을 쓰시오.

> 배설은 혈액에 있는 노폐물을 몸 밖으로 내보내는 과정으로, 노폐물이 걸러진 혈액은 다시 온몸을 ☐☐☐ 합니다.

(   )

12 다음 중 콩팥과 방광에 대한 설명으로 옳지 <u>않은</u> 것은 어느 것입니까? (   )

① 콩팥은 강낭콩 모양이다.
② 방광은 작은 공 모양이다.
③ 콩팥과 방광은 배설 기관이다.
④ 콩팥은 주먹만 한 크기이고, 등허리에 좌우 한 쌍이 있다.
⑤ 콩팥과 방광은 소화 기관에서 소화되지 않고 남은 음식물 찌꺼기를 몸 밖으로 내보내는 일에 관여하는 기관이다.

13 다음 보기에서 우리 몸의 노폐물이 몸 밖으로 배설되는 과정에 맞게 순서대로 바르게 기호를 쓰시오.

보기
> ㉠ 콩팥은 혈액에 있는 노폐물을 걸러 냅니다.
> ㉡ 온몸을 도는 혈액에 노폐물이 많이 쌓입니다.
> ㉢ 방광은 걸러 낸 노폐물을 모아 두었다가 몸 밖으로 내보냅니다.

(   ) → (   ) → (   )

14 다음의 반응과 관련된 감각 기관을 바르게 연결한 것은 어느 것입니까? ( )

① 지현이는 책을 보고 있다. ➡ 귀
② 서영이는 노래 소리를 들었다. ➡ 코
③ 은정이는 된장국 냄새를 맡았다. ➡ 혀
④ 현서는 얼음이 차갑다고 느꼈다. ➡ 피부
⑤ 연우는 케이크를 먹고 단맛을 느꼈다. ➡ 눈

15 다음 중 자극을 전달하며 반응을 결정하여 명령을 내리는 기관은 어느 것입니까? ( )

① 폐　　　② 간　　　③ 방광
④ 심장　　　⑤ 신경계

16 오른쪽은 공 던지기 놀이를 하고 있는 모습입니다. 이에 대한 설명으로 옳은 것을 다음 보기 에서 골라 기호를 쓰시오.

보기
㉠ 날아오는 공을 잡는 것은 자극입니다.
㉡ 공이 날아오는 모습을 보는 것은 반응입니다.
㉢ 같은 자극이어도 사람마다 반응이 다르게 나타날 수 있습니다.

( )

17 다음은 친구들이 자극이 전달되고 반응하는 과정에 대해 나눈 대화입니다. 바르게 말한 친구의 이름을 쓰시오.

영지: 자극이 같으면 반응이 같아.
수인: 자극 전달 과정은 여러 단계를 거쳐야 해.
하윤: 신경이 받아들인 자극은 감각 기관에 명령을 내리지.

( )

18 다음은 운동할 때 호흡이 빨라지는 까닭에 대한 설명입니다. ☐ 안에 들어갈 알맞은 말을 쓰시오.

운동을 할 때 우리 몸은 ☐ 을/를 내기 위해서 많은 산소가 필요합니다. 호흡이 빨라지면 산소를 많이 공급할 수 있습니다.

( )

서술형·논술형 문제

19 다음은 운동할 때 우리 몸에서 나타나는 변화를 정리한 표입니다.

체온의 변화	평상시보다 운동할 때 체온이 ㉠ .
호흡의 변화	평상시보다 운동할 때 호흡이 빨라짐.
1분 동안 맥박 수의 변화	평상시보다 운동할 때 맥박 수가 ㉡ .

(1) 위의 ㉠, ㉡에 들어갈 알맞은 말을 각각 쓰시오.
㉠ ( ) ㉡ ( )

(2) 위 (1)번 답과 같이 몸에 변화가 나타날 때 호흡 기관이 하는 일을 쓰시오.

_____

_____

20 우리 몸을 움직이기 위해 다음과 같은 일을 하는 기관은 무엇인지 쓰시오.

영양소와 산소를 온몸에 전달하고, 이산화 탄소와 노폐물을 각각 호흡 기관과 배설 기관으로 전달합니다.

( )

대단원 평가 2회

4. 우리 몸의 구조와 기능

1 다음 보기 에서 우리 몸속 기관이 하는 일로 옳지 <u>않은</u> 것을 골라 기호를 쓰시오.

보기
㉠ 숨을 쉬게 합니다.
㉡ 운동을 할 수 있게 합니다.
㉢ 음식물을 소화할 수 있게 합니다.
㉣ 몸에 필요한 물을 만들어 냅니다.

(   )

2 오른쪽은 우리 몸속 뼈의 모습을 나타낸 것입니다. 휘어 있고, 좌우로 둥글게 연결되어 안쪽에 공간을 만드는 뼈를 골라 기호를 쓰시오.

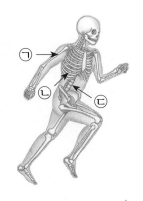

(   )

3 다음 보기 에서 뼈가 하는 일로 옳은 것을 골라 기호를 쓰시오.

보기
㉠ 음식물을 잘게 분해합니다.
㉡ 혈액을 온몸으로 순환시킵니다.
㉢ 우리가 서 있을 수 있게 몸을 지탱합니다.

(   )

4 다음 중 우리 몸에 뼈와 근육이 있어서 할 수 있는 것에 대해 <u>잘못</u> 말한 친구의 이름을 쓰시오.

영서: 물건을 들어 올릴 수 있어.
은재: 다양한 자세로 움직일 수 있어.
현우: 서 있을 때 뼈와 근육을 사용하지만, 앉을 때 뼈와 근육을 사용하지는 않아.

(   )

5 다음 중 소화 기관에 대한 설명으로 옳지 <u>않은</u> 것은 어느 것입니까? (   )

① 큰창자: 작은창자와 연결되어 있다.
② 작은창자: 항문과 직접 연결되어 있다.
③ 식도: 긴 관 모양이고, 입과 위를 연결한다.
④ 위: 주머니 모양이고, 식도와 연결되어 있다.
⑤ 항문: 소화되지 않은 음식물 찌꺼기를 배출한다.

서술형·논술형 문제

6 다음은 우리 몸속의 소화 기관을 나타낸 것입니다. 음식물이 소화되는 과정에 맞게 기호와 기호에 해당하는 각 기관의 이름을 순서대로 쓰시오.

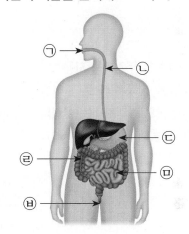

_____

_____

7 다음 보기 에서 호흡에 대한 설명으로 옳지 <u>않은</u> 것을 골라 기호를 쓰시오.

보기
㉠ 호흡은 숨을 들이마시고 내쉬는 활동입니다.
㉡ 기관은 호흡할 때 공기가 이동하는 통로입니다.
㉢ 폐에서 공기 중의 산소와 이산화 탄소를 모두 받아들이고, 다시 내보내지 않습니다.

(   )

4
단원

8 다음 중 호흡 기관끼리 바르게 짝지은 것은 어느 것입니까? ( )

① 간, 폐, 콩팥
② 폐, 심장, 방광
③ 위, 식도, 혈관, 콩팥
④ 코, 폐, 기관, 기관지
⑤ 입, 식도, 기관지, 작은창자

9 다음 중 혈관에 대해 바르게 말한 친구의 이름을 쓰시오.

> 영민: 펌프 작용을 해.
> 승현: 온몸에 퍼져 있어.
> 정인: 굵은 관 형태로 곧게 뻗어 있어.

( )

[10~11] 오른쪽은 주입기를 사용하여 붉은 색소 물을 한쪽 관으로 빨아들이고 다른 쪽 관으로 내보내는 실험의 모습입니다. 물음에 답하시오.

펌프
관
붉은 색소 물 →

10 위 실험은 무엇을 알아보기 위한 실험입니까?

( )

① 폐와 기관지의 역할
② 팔이 움직이는 원리
③ 순환 기관이 하는 일
④ 노폐물을 배설하는 원리
⑤ 음식물이 소화되어 흡수되는 과정

11 위 실험 결과에 맞게 ( ) 안의 알맞은 말에 ○표를 하시오.

> 주입기의 펌프를 빠르게 누르면 붉은 색소 물의 이동 빠르기가 (빨라 / 느려)지고, 붉은 색소 물의 이동량은 (많아 / 적어)집니다.

12 다음 중 배설에 대한 설명으로 옳은 것은 어느 것입니까?

( )

① 노폐물을 흡수하는 과정이다.
② 노폐물을 몸 밖으로 내보내는 과정이다.
③ 음식물 찌꺼기에서 빠진 수분이 바로 오줌이 된다.
④ 심장의 펌프 작용을 통해 노폐물이 온몸으로 전달된다.
⑤ 배설에 관여하는 기관은 콩팥, 기관, 기관지, 큰창자이다.

🗂️ 서술형·논술형 문제

13 오른쪽은 우리 몸속의 배설 기관을 나타낸 것입니다.

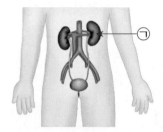

㉠

(1) 위의 ㉠의 이름은 무엇인지 쓰시오.

( )

(2) 위의 ㉠이 하는 일을 쓰시오.

_____

_____

14 다음 중 방광에 대한 설명으로 옳은 것을 두 가지 고르시오. (,)

① 작은 공처럼 생겼다.
② 등허리에 좌우 한 쌍이 있다.
③ 혈액에 있는 노폐물을 걸러 낸다.
④ 오줌을 모아 두었다가 몸 밖으로 내보낸다.
⑤ 오줌이 몸 밖으로 이동하는 통로로, 온몸에 퍼져 있다.

15 다음 기관들이 공통으로 하는 일로 옳은 것은 어느 것입니까? (   )

| 눈 | 귀 | 코 | 혀 | 피부 |

① 호흡을 한다.
② 소화를 도와준다.
③ 노폐물을 배설한다.
④ 혈액을 순환시킨다.
⑤ 자극을 느끼고 받아들인다.

16 다음은 영서가 등교하는 과정을 나타낸 것입니다. 밑줄 친 부분에서 자극을 느끼고 받아들인 감각 기관은 어느 것입니까? (   )

> 영서는 아침에 일어나서 밥과 국을 먹고, 거울을 보며 머리를 빗었습니다. 학교로 가는 길옆에는 향기로운 꽃이 활짝 피어 있었습니다. 손으로 꽃잎을 살짝 만졌더니 무척 부드러웠습니다.

① 눈   ② 혀   ③ 귀
④ 코   ⑤ 피부

17 축구 경기에서 골키퍼가 골대를 향해 날아오는 공을 보는 것과 공을 막는 것을 자극과 반응으로 구분하여 쓰시오.

(1) 날아오는 공을 보는 것: (   )
(2) 공을 막는 것: (   )

18 다음은 맥박 수를 측정하는 방법입니다. ☐ 안에 들어갈 알맞은 말을 쓰시오.

> 맥박은 심장이 뛰는 것이 ☐ 에 전달되어 나타나는 것으로 손가락으로 손목을 살짝 누르면 맥박을 느낄 수 있습니다.

(   )

19 다음은 평상시와 운동 직후, 5분 휴식 후의 체온과 맥박 수의 변화를 나타낸 그래프입니다. 이에 대한 설명으로 옳은 것은 어느 것입니까? (   )

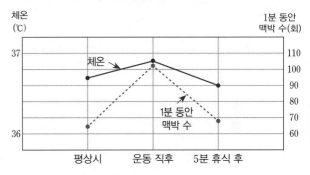

① 운동 직후 체온이 내려가고, 맥박은 느려진다.
② 운동 직후 체온이 올라가고, 맥박은 느려진다.
③ 운동 직후 체온이 올라가고, 맥박은 빨라진다.
④ 5분 휴식 후에 체온은 계속 올라가고, 맥박은 느려진다.
⑤ 5분 휴식 후에 체온은 다시 내려가고, 맥박은 계속 빨라진다.

🗂 서술형·논술형 문제

20 오른쪽은 몸의 여러 기관을 사용해 운동하는 모습입니다.

(1) 위와 같이 몸을 움직이기 위해 사용하는 뼈와 근육은 어떤 기관인지 쓰시오.

(   )

(2) 위와 같이 몸을 움직이기 위해 소화 기관이 하는 일을 쓰시오.

_____

_____

대단원 서술형 평가 **1**회

4. 우리 몸의 구조와 기능

1 다음은 우리 몸의 뼈의 모습입니다. 뼈가 하는 일을 두 가지 쓰시오. [8점]

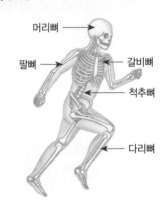

머리뼈

팔뼈   갈비뼈

척추뼈

다리뼈

_____

_____

2 다음은 우리 몸속 소화 기관의 모습입니다. [총 10점]

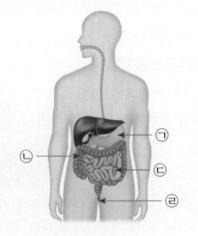

(1) 위의 기관 중 항문의 기호를 쓰시오. [2점]

(   )

(2) 항문이 하는 일을 쓰시오. [8점]

_____

3 다음은 우리 몸속 순환 기관의 모습입니다. [총 12점]

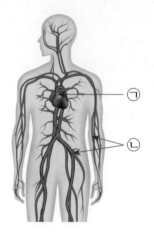

(1) 위의 ㉠ 기관의 이름을 쓰시오. [4점]

(   )

(2) 위의 ㉠ 기관이 하는 일을 쓰시오. [8점]

_____

_____

4 다음은 우리 몸속 배설 기관의 모습입니다. [총 12점]

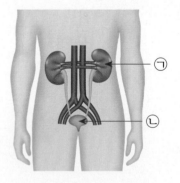

(1) 위에서 방광의 기호를 쓰시오. [4점]

(   )

(2) 방광이 없을 때 생길 수 있는 일을 쓰시오. [8점]

_____

4. 우리 몸의 구조와 기능

1 다음은 팔을 폈을 때와 구부렸을 때의 뼈와 근육의 모습입니다. [총 10점]

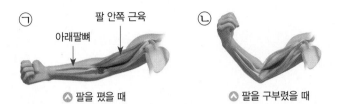

△ 팔을 폈을 때   △ 팔을 구부렸을 때

(1) 위의 모습 중에서 팔 안쪽 근육의 길이가 줄어드는 경우의 기호를 쓰시오. [2점]

(   )

(2) 위의 모습을 참고하여 팔을 구부리고 펴는 원리를 쓰시오. [8점]

_____

_____

2 오른쪽은 은재가 여러 소화 기관을 사용하여 밥을 먹고 있는 모습입니다. [총 12점]

(1) 위와 같이 음식물을 먹을 때 음식물을 이로 잘게 부수고 혀로 섞으면서 침으로 물러지게 하는 기관을 쓰시오. [4점]

(   )

(2) 우리가 먹은 밥이 소화되고 배출되는 과정을 그 과정에 관여하는 기관을 모두 포함하여 쓰시오. [8점]

_____

_____

3 다음은 주입기를 이용하여 붉은 색소 물이 이동하는 모습을 관찰하는 실험의 모습입니다. [총 12점]

(1) 위의 ㉠은 우리 몸에서 어떤 기관의 역할을 하는지 쓰시오. [4점]

(   )

(2) 위의 ㉠을 느리게 누를 때 나타나는 결과를 쓰시오. [8점]

_____

_____

4 다음은 평상시, 운동 직후, 5분 휴식 후의 체온과 맥박 수의 변화를 그래프로 나타낸 것입니다. 그래프를 참고하여 운동했을 때 우리 몸에 나타나는 변화를 두 가지 쓰시오. [8점]

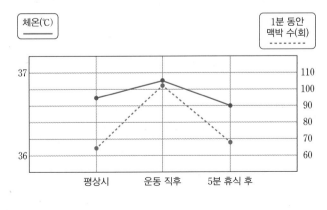

_____

_____

정답 38쪽

1 생물이 살아가거나 기계가 움직이려면 [ ]이/가 필요합니다.

2 (식물 / 동물)은 다른 생물을 먹고 그 양분으로 에너지를 얻습니다.

3 우리가 일상생활을 할 때 필요한 에너지는 석탄, 석유, 천연가스, 햇빛, 바람, 물 등 여러 가지 에너지 [ ]에서 얻을 수 있습니다.

4 움직이는 물체가 가진 에너지는 [ ] 에너지입니다.

5 음식물, 석유, 석탄 등이 가진 에너지는 (전기 / 화학) 에너지입니다.

6 놀이터의 높이 올라간 시소에서 찾을 수 있는 에너지 형태는 (운동 / 위치) 에너지입니다.

7 한 에너지는 다른 에너지로 형태가 바뀔 수 있습니다. 이처럼 에너지 형태가 바뀌는 것을 [ ](이)라고 합니다.

8 회전하는 선풍기는 전기 에너지를 [ ] 에너지로 전환합니다.

9 우리 생활에서 사용하는 대부분의 에너지는 [ ]에서 온 에너지 형태가 전환된 것입니다.

10 에너지를 효율적으로 이용하기 위해 전기 에너지가 빛에너지로 많이 전환되는 (백열등 / 발광 다이오드[LED]등)을 사용합니다.

대표 문제

5. 에너지와 생활

● 여러 가지 에너지 형태

생물이 살아가거나 기계를 움직이는 데 에너지가 필요함을 알고, 이때 이용하는 에너지 형태를 알 수 있습니다.

1 다음 놀이터에서 찾을 수 있는 에너지 형태를 나타낸 것으로 옳은 것을 두 가지 고르시오. (,   )

① 달리는 자전거: 위치 에너지
　　　　　↳ 운동 에너지

② 높이 올라간 시소: 운동 에너지
　　　　　　↳ 위치 에너지

③ 휴대 전화의 배터리: 운동 에너지
　　　　　　↳ 화학 에너지

④ 미끄럼틀 위의 아이: 위치 에너지

⑤ 달리는 스케이트보드: 운동 에너지

2 다음 중 오른쪽의 녹고 있는 쇠와 같이 물체의 온도를 높일 수 있는 에너지 형태는 어느 것입니까? (   )

① 열에너지
② 위치 에너지
③ 화학 에너지
④ 전기 에너지
⑤ 운동 에너지

● 에너지 전환

자연이나 우리 주변에서 에너지 형태가 바뀌는 경우를 알 수 있습니다.

3 다음과 같은 에너지 전환이 일어나는 경우는 어느 것입니까? (   )

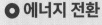

화학 에너지 → 운동 에너지

①
　물이 떨어지는 폭포
　↳ 위치 에너지 → 운동 에너지

②
　공을 차는 아이들

③
　모닥불
　↳ 화학 에너지 → 열에너지, 빛에너지

④
　전기다리미
　↳ 전기 에너지 → 열에너지

4 오른쪽과 같이 꼭대기에 올라가 있던 낙하 놀이 기구가 떨어질 때의 에너지 전환을 바르게 나타낸 것을 보기 에서 골라 기호를 쓰시오.

보기
㉠ 열에너지 → 위치 에너지
㉡ 위치 에너지 → 운동 에너지
㉢ 운동 에너지 → 위치 에너지
㉣ 위치 에너지 → 전기 에너지

(   )

대단원 평가

5. 에너지와 생활

1 다음 중 식물과 동물이 살아가거나 기계를 움직이기 위해 공통으로 필요한 것은 어느 것입니까? (　　　)

① 물　　　　　　② 산소
③ 양분　　　　　④ 에너지
⑤ 천연가스

2 다음은 오른쪽의 사과 나무에 에너지가 필요한 까닭을 설명한 것입니다. ☐ 안에 들어갈 알맞은 말을 쓰시오.

> 사과나무는 자라서 ☐을/를 맺어야 하기 때문에 에너지가 필요합니다.

(　　　　　　　　)

3 다음 중 다른 생물을 먹고, 그 양분으로 에너지를 얻는 생물을 두 가지 고르시오. (　　,　　)

①
⚠ 다람쥐

②
⚠ 토마토

③
⚠ 귤나무

④
⚠ 사자

4 오른쪽의 보리가 에너지를 얻는 방법을 쓰시오.

_____

_____

5 다음 중 우리 생활에서 가스를 사용하지 못할 때 생기는 일로 옳지 <u>않은</u> 것을 두 가지 고르시오.
(　　,　　)

① 식물이 에너지를 얻기 어렵다.
② 리모컨이 작동하지 않아 텔레비전을 켤 수 없다.
③ 겨울에 물을 데울 수가 없어서 찬물로 씻어야 한다.
④ 가스레인지를 사용하지 못해 음식을 끓여 먹을 수 없다.
⑤ 겨울에 보일러를 사용하지 못해 집 안을 따뜻하게 하기 어렵다.

6 다음의 각 에너지 형태에 대한 설명에 맞게 줄로 바르게 이으시오.

(1) 빛 에너지　·　　　·㉠ 높은 곳에 있는 물체가 가진 에너지

(2) 위치 에너지　·　　　·㉡ 주위를 밝게 비출 수 있는 에너지

(3) 화학 에너지　·　　　·㉢ 음식물, 석유, 석탄 등이 가진 에너지

7 다음 상황에서 공통으로 관련된 에너지 형태로 가장 적당한 것은 어느 것입니까? (   )

> 햇빛, 불이 켜진 가로등, 불이 켜진 신호등

① 빛에너지　　　　② 전기 에너지
③ 운동 에너지　　　④ 화학 에너지
⑤ 위치 에너지

8 다음 중 열에너지와 가장 관련 있는 상황은 어느 것입니까? (   )

① 자동차 연료　　　② 사람의 체온
③ 먹고 있는 음식　　④ 굴러가는 축구공
⑤ 높이 올라간 그네

9 다음 중 오른쪽과 같은 모닥불에 포함된 에너지 형태를 바르게 짝지은 것은 어느 것입니까?
(   )

① 위치 에너지, 빛에너지
② 운동 에너지, 빛에너지
③ 전기 에너지, 빛에너지, 열에너지
④ 화학 에너지, 빛에너지, 열에너지
⑤ 운동 에너지, 위치 에너지, 빛에너지

10 다음 중 세탁기, 냉장고, 에어컨 등과 같은 전기 기구를 작동하게 하는 에너지는 어느 것입니까? (   )

① 열에너지　　　　② 빛에너지
③ 화학 에너지　　　④ 전기 에너지
⑤ 위치 에너지

11 다음은 에너지 형태에 대해 정리한 것입니다.

열에너지	물체의 　ㄱ　 을/를 높일 수 있는 에너지임.
운동 에너지	ㄴ

(1) 위 ㄱ에 들어갈 알맞은 말을 쓰시오.
(　　　　　　　)

(2) 위 ㄴ에 들어갈 알맞은 내용을 쓰시오.

_____

_____

12 다음은 에너지와 관련된 설명입니다. ☐ 안에 공통으로 들어갈 알맞은 말을 쓰시오.

> 한 에너지는 다른 에너지로 ☐ 이/가 바뀔 수 있습니다. 이처럼 에너지 ☐ 이/가 바뀌는 것을 에너지 전환이라고 합니다.

(　　　　　　　)

13 다음 중 빛에너지를 전기 에너지로 전환하여 사용하는 것은 어느 것입니까? (   )

①
🔺 전기 주전자

②
🔺 태양 전지

③
🔺 전기 밥솥

④
🔺 선풍기

5 단원

[14~15] 다음은 롤러코스터에서 움직이는 열차의 모습입니다. 물음에 답하시오.

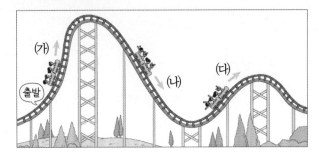

14 다음은 열차가 출발하는 ⑦ 구간의 에너지 전환에 대한 설명입니다. ㉠, ㉡에 들어갈 알맞은 말을 각각 쓰시오.

> 처음에는 ㉠ 에너지로 열차가 움직여 올라가므로, ㉠ 에너지가 ㉡ 에너지와 위치 에너지로 전환됩니다.

㉠ (   ) ㉡ (   )

15 위 ⑭ 구간과 ⑮ 구간 중 위치 에너지가 운동 에너지로 전환되는 구간은 어느 것인지 쓰시오.

(   ) 구간

16 다음은 준재가 아침을 먹고 집에서부터 걸어서 등교할 때의 에너지 전환 과정에 대한 설명입니다. 옳은 것에는 ○표, 옳지 않은 것에는 ×표를 하시오.

(1) 아침을 먹으면 화학 에너지를 얻습니다.

(   )

(2) 걸어서 등교할 때 운동 에너지가 화학 에너지로 전환됩니다. (   )

(3) 학교에서 계단을 올라갈 때 운동 에너지가 위치 에너지로 전환됩니다. (   )

17 다음은 에너지 전환 과정에 대한 설명입니다. ☐ 안에 알맞은 말을 쓰시오.

> 식물이 광합성을 할 때는 태양의 빛에너지를 ☐ 에너지로 전환합니다.

18 다음 보기 에서 식물이나 동물이 에너지를 효율적으로 이용하는 예로 옳지 않은 것을 골라 기호를 쓰시오.

> **보기**
> ㉠ 곰은 먹이를 구하기 어려운 겨울에 겨울잠을 잡니다.
> ㉡ 겨울을 준비하기 위해 나무는 가을에 잎을 떨어뜨립니다.
> ㉢ 겨울눈의 비늘은 추운 겨울에 위치 에너지가 빠져나가는 것을 줄여 주어 어린싹이 얼지 않도록 합니다.

(   )

서술형·논술형 문제

19 다음은 두 가지 전등에서 전기 에너지가 빛에너지로 전환되는 비율을 나타낸 것입니다.

백열등	발광 다이오드[LED]등
약 5 %	약 95 %

(1) 전등의 전기 에너지가 빛에너지 이외에 전환되는 에너지를 한 가지 쓰시오.

(   )

(2) 위 전등 중 에너지 효율이 더 높은 것을 쓰고, 그렇게 생각한 까닭을 쓰시오.

_____

_____

20 다음 중 건물을 지을 때 건물 안의 열에너지가 빠져나가지 않게 하기 위해 설치하거나 사용하는 것을 두 가지 고르시오. (,   )

① 백열등   ② 단열재

③ 이중창   ④ 태양 전지

⑤ 발광 다이오드[LED]등

대단원 서술형 평가 1회

1 다음은 달리는 자동차의 모습입니다. [총 12점]

⬆ 달리는 자동차

(1) 위 자동차는 무엇으로부터 에너지를 얻는지 쓰시오.
[4점]

( )

(2) 위 자동차에 에너지가 필요한 까닭을 쓰시오. [8점]

_____

_____

2 다음은 놀이터의 모습입니다. [총 12점]

(1) 위 ㉠~㉣ 중 운동 에너지와 관련 있는 것을 두 가지
골라 기호를 쓰시오. [4점]

(,)

(2) 위 ㉠과 같이 미끄럼틀 위의 아이가 미끄럼틀을
타고 내려올 때 일어나는 에너지 전환 과정을 쓰시오.
[8점]

_____

_____

3 다음은 롤러코스터에서 움직이는 열차의 모습입니다.
[총 12점]

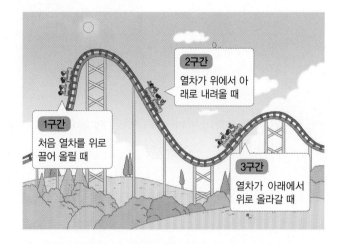

1구간: 처음 열차를 위로 끌어 올릴 때
2구간: 열차가 위에서 아래로 내려올 때
3구간: 열차가 아래에서 위로 올라갈 때

(1) 위 1구간에서 전기 에너지가 전환되는 에너지를
두 가지 쓰시오. [4점]

(,)

(2) 위 2구간과 3구간에서 일어나는 에너지 전환 과정을
쓰시오. [8점]

_____

_____

4 다음은 건축물에서 에너지를 효율적으로 활용하는 방법을
설명한 것입니다. [총 12점]

- 건물의 외벽에 단열재를 설치합니다.
- 이중창을 설치해 건물 안의 ☐ 에너지가
빠져나가지 않도록 합니다.

(1) 위의 ☐ 안에 들어갈 알맞은 말을 쓰시오. [4점]

( )

(2) 위와 같이 건물의 외벽에 단열재를 설치하는 까닭을
쓰시오. [8점]

_____

_____

대단원 서술형 평가 2회

5. 에너지와 생활

1 다음은 휴대 전화와 다람쥐의 모습입니다. [총 12점]

⚊ 휴대 전화　　　　⚊ 다람쥐

(1) 위 휴대 전화의 에너지가 부족할 때 필요한 에너지를 얻는 방법을 쓰시오. [4점]

(　　　　　　　　　　)

(2) 위 다람쥐가 에너지를 얻는 방법을 쓰시오. [8점]

_____

_____

2 다음은 전기다리미를 사용하는 모습입니다. [총 12점]

(1) 다음은 위 상황과 관련 있는 에너지 형태를 나타낸 것입니다. ☐ 안에 들어갈 알맞은 말을 쓰시오.
[4점]

전기 에너지, ☐ 에너지

(　　　　　　　　　　)

(2) 전기다리미가 가지고 있는 전기 에너지의 역할을 쓰시오. [8점]

_____

_____

3 다음은 수력 발전을 하는 모습입니다. [총 12점]

댐

(1) 위에서 높은 댐에 고인 물이 가진 에너지 형태를 쓰시오. [4점]

(　　　　　　　　　　)

(2) 위와 같이 수력 발전을 할 때 일어나는 에너지 전환 과정을 쓰시오. [8점]

_____

_____

4 다음은 백열등과 발광 다이오드[LED]등의 에너지 효율을 비교한 것입니다. [총 12점]

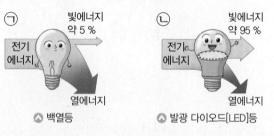

㉠ 전기 에너지 / 빛에너지 약 5 % / 열에너지　　㉡ 전기 에너지 / 빛에너지 약 95 % / 열에너지

⚊ 백열등　　　　⚊ 발광 다이오드[LED]등

(1) 위에서 전기 에너지가 빛에너지로 전환되는 비율이 더 높은 것의 기호를 쓰시오. [4점]

(　　　　　　　　　　)

(2) 위 (1)번 답의 전등을 사용하면 좋은 점을 쓰시오. [8점]

_____

_____

배움으로 행복한 내일을 꿈꾸는
천재교육 커뮤니티 안내

. . .

 교재 안내부터 구매까지 한 번에!
천재교육 홈페이지

자사가 발행하는 참고서, 교과서에 대한 소개는 물론
도서 구매도 할 수 있습니다. 회원에게 지급되는 별을 모아
다양한 상품 응모에도 도전해 보세요!

 다양한 교육 꿀팁에 깜짝 이벤트는 덤!
천재교육 인스타그램

천재교육의 새롭고 중요한 소식을 가장 먼저 접하고 싶다면?
천재교육 인스타그램 팔로우가 필수!
깜짝 이벤트도 수시로 진행되니 놓치지 마세요!

 수업이 편리해지는
천재교육 ACA 사이트

오직 선생님만을 위한, 천재교육 모든 교재에 대한 정보가 담긴
아카 사이트에서는 다양한 수업자료 및 부가 자료는 물론
시험 출제에 필요한 문제도 다운로드하실 수 있습니다.

https://aca.chunjae.co.kr

 천재교육을 사랑하는 샘들의 모임
천사샘

학원 강사, 공부방 선생님이시라면 누구나 가입할 수 있는 천사샘!
교재 개발 및 평가를 통해 교재 검토진으로 참여할 수 있는 기회는 물론
다양한 교사용 교재 증정 이벤트가 선생님을 기다립니다.

 아이와 함께 성장하는 학부모들의 모임공간
튠맘 학습연구소

튠맘 학습연구소는 초·중등 학부모를 대상으로 다양한 이벤트와 함께
교재 리뷰 및 학습 정보를 제공하는 네이버 카페입니다.
초등학생, 중학생 자녀를 둔 학부모님이라면 튠맘 학습연구소로 오세요!

BOOK 3

정답과 풀이

코칭북

6-2

과학
리더

천재교육

BOOK 3

정답과 풀이

코칭북

코칭북

정답과 풀이

평 가 북

6-2

1. 전기의 이용

① 전구에 불이 켜지는 조건

단원평가 2~3쪽

1 ㉡ **2** ②, ③ **3** 전기 **4** 미현
5 (1) ㉡ (2) ㉠ **6** ㉠
7 ㉓ 전지, 전구, 전선이 끊기지 않게 연결되어 있다. 전구가 전지의 (+)극과 전지의 (−)극에 각각 연결되어 있다. 등
8 ⑤ **9** ㉓ 집게 달린 전선 **10** 전기

1 전구에서 금속 부분의 옆면을 꼭지쇠, 아랫면 가운데 튀어나온 부분을 꼭지라고 합니다.

2 전지는 전기 회로에 전기를 흐르게 하며, (+)극과 (−)극이 있습니다.

> **왜 틀렸을까?**
> ① 전구는 빛을 내는 전기 부품입니다.
> ④ 스위치는 전기가 흐르는 길을 끊거나 연결합니다.
> ⑤ 집게 달린 전선은 전기 부품을 쉽게 연결할 수 있습니다.

3 스위치는 전기가 흐르는 길을 끊거나 연결하는 전기 부품입니다.

4 전기 부품은 전기가 잘 흐르는 물질과 전기가 잘 흐르지 않는 물질로 이루어져 있습니다.

5 ⑵는 전구가 전지의 (+)극에만 연결되어 있기 때문에 전구에 불이 켜지지 않습니다.

6 주어진 전기 회로는 전구에 불이 켜지므로 ㉠과 결과가 같습니다.

7 ㉡은 전구가 전지의 (−)극에만 연결되어 있으므로 전구에 불이 켜지지 않습니다.

> **채점 기준**
>
> | 정답 키워드 전지, 전구, 전선 \| 끊기지 않게 연결 | |
> | --- | --- |
> | '전지, 전구, 전선이 끊기지 않게 연결되어 있다.', '전구가 전지의 (+)극과 전지의 (−)극에 각각 연결되어 있다.' 등의 내용을 정확히 씀. | 상 |
> | 전구에 불이 켜지는 조건을 썼지만, 표현이 부족함. | 중 |

8 전구가 전지의 (+)극과 연결되지 않아서 전구에 불이 켜지지 않습니다.

9 ㉓는 집게 달린 전선입니다.

10 스위치를 닫으면 전구에 전기가 흘러 전구에 불이 켜집니다.

② 전구의 연결 방법에 따른 전구의 밝기

단원평가 4~5쪽

1 (1) ㉡ (2) ㉠ **2** ㉠ **3** 수정 **4** 직렬
5 ㉓ **6** (1) ㉡ (2) ㉠
7 ㉓ ㉓가 ㉕보다 각 전구에서 소비되는 에너지가 더 크다.
8 ㉡ **9** ①, ⑤ **10** ㉠ 직렬 ㉡ 병렬

1 ㉠은 전구 두 개가 각각 다른 줄에 나누어 한 개씩 연결되어 있고, ㉡은 전구 두 개가 한 줄로 연결되어 있습니다.

2 전구의 병렬연결(㉠)이 전구의 직렬연결(㉡)보다 전구의 밝기가 더 밝습니다.

3 전구 두 개가 각각 다른 줄에 나누어 한 개씩 연결되어 있을 때 전구의 밝기가 더 밝습니다.

4 전구의 직렬연결은 전기 회로에서 전구 두 개 이상을 한 줄로 연결하는 방법입니다.

5 ㉓는 전구를 병렬로 연결한 것이고, ㉕는 전구를 직렬로 연결한 것입니다.

6 전구의 병렬연결에서는 전구 한 개의 불이 꺼져도 나머지 전구의 불은 꺼지지 않고, 전구의 직렬연결에서는 전구 한 개의 불이 꺼지면 나머지 전구의 불도 꺼집니다.

7 전구를 병렬연결할 때가 직렬연결할 때보다 각 전구에서 소비되는 에너지가 더 큽니다.

> **채점 기준**
>
> | 정답 키워드 전구 \| 소비되는 에너지 \| 크다 | |
> | --- | --- |
> | '㉓가 ㉕보다 각 전구에서 소비되는 에너지가 더 크다.' 등의 내용을 정확히 씀. | 상 |
> | 각 전기 회로의 전구에서 소비되는 에너지를 비교하여 썼지만, 표현이 부족함. | 중 |

8 같은 수의 전구를 병렬연결할 때가 같은 수의 전구를 직렬연결할 때보다 전구의 밝기가 밝습니다.

9 전구의 직렬연결에서는 전구 한 개의 불이 꺼지면 나머지 전구의 불도 꺼집니다.

> **왜 틀렸을까?**
> ② 전구 두 개가 한 줄로 연결되어 있습니다.
> ③ 전지 두 개가 서로 다른 극끼리 연결되어 있습니다.
> ④ 전구 끼우개에 연결된 전구 한 개를 빼내고 스위치를 닫으면 나머지 전구에 불이 꺼집니다.

10 전구를 병렬연결하면 직렬연결할 때보다 전기 에너지 사용량이 많습니다.

❸ 전자석의 성질과 이용 / 전기 안전과 절약

단원평가 6~7쪽

1 ㉠	2 ㉠ 전기 ㉡ 자석	3 ㉡	4 (2) ○
5 ㉠	6 ①	7 ①	

8

물 묻은 손

㉔ 콘센트에서 플러그를 뽑을 때 전선을 잡아당기지 않는다.
전선에 사람이 걸려 넘어지지 않도록 전선을 정리한다. 물 묻은
손으로 전기 제품의 플러그를 꽂지 않는다. 전기 제품 근처에
있는 물기를 제거한다. 등

9 민지   **10** (1) ○ (2) ○ (3) ×

1. 스위치를 닫으면 전자석에 전기가 흘러 전자석에 자석의
성질이 나타납니다.

2. 전자석의 스위치를 닫으면 전기가 흘러서 자석의 성질이
나타나므로 전자석의 끝부분에 클립이 붙습니다.

3. 전자석에 침핀이 더 많이 붙을수록 세기가 더 셉니다.

4. 전자석은 세기를 조절할 수 있습니다.

5. 전자석에 전기가 흐르면 자석의 성질이 나타나게 되어
나침반 바늘이 가리키는 방향이 바뀝니다.

6. 전지의 극을 반대로 하면 전자석의 극을 바꿀 수 있습니다.

7. 나침반은 나침반 바늘이 자석으로 되어 있습니다.

8. 전기 기구를 안전하게 사용하지 않으면 감전과 화재의
위험이 발생할 수 있습니다.

채점 기준

정답 키워드 플러그 | 전선 | 당기지 않는다 등	
'콘센트에서 플러그를 뽑을 때 전선을 잡아당기지 않는다.', '전선에 사람이 걸려 넘어지지 않도록 전선을 정리한다.', '물 묻은 손으로 전기 제품의 플러그를 꽂지 않는다.', '전기 제품 근처에 있는 물기를 제거한다.' 등의 내용을 정확히 씀.	상
전기를 안전하게 사용하는 방법을 한 가지만 정확히 씀.	중

9. 사용하지 않는 전기 제품은 꺼 놓아야 합니다.

10. 감전 사고는 전기를 안전하게 사용하지 않을 때 일어날
수 있는 일입니다.

2. 계절의 변화

❶ 하루 동안 태양 고도, 그림자 길이, 기온 변화

단원평가 8~9쪽

1 ㉡	2 ㉢	3 수직	4 ㉠
5 ㉔ 짧아진다.	6 (1) ㉔ 14시 30분경 (2) ㉔ 12시 30분경		
7 영민	8 그림자 길이	9 ㉔ 높아	

10 (1) ㉡ (2) ㉔ 하루 중 그림자 길이가 가장 짧을 때는 12시
30분경이기 때문이다.

1. 태양 고도는 태양이 떠 있는 높이를 나타냅니다.

2. 태양 고도는 태양이 지표면과 이루는 각입니다.

3. 태양 고도를 측정하기 위해서는 실을 연결한 막대기를
지표면에 수직으로 세웁니다.

4. 태양이 뜨거나 질 때 태양 고도는 0 °이고, 태양이 남중
했을 때 태양 고도가 가장 높습니다.

5. ㉠은 태양 고도를 나타내며, 태양 고도가 높아지면
그림자 길이는 짧아집니다.

6. 태양 고도가 가장 높은 시각과 기온이 가장 높은 시각은
일치하지 않습니다.

7. 태양 고도는 오전에 높아지기 시작하여 12시 30분경에
가장 높습니다.

왜 틀렸을까?

지수: 하루 동안 태양 고도는 오전에 높아지다가 12시 30분경에
가장 높고, 오후가 되면 낮아집니다.
수진: 태양 고도가 높을 때 그림자 길이는 짧습니다.

8. 하루 중 태양 고도가 가장 높을 때인 12시 30분경에
그림자 길이가 가장 짧습니다.

9. 태양 고도가 높아지면 그림자 길이는 짧아지고 기온은
높아집니다.

10. 그림자 길이는 12시 30분경에 가장 짧습니다.

채점 기준

(1)	'㉡'을 씀.	
(2)	**정답 키워드** 그림자 길이 | 가장 짧다 | 12시 30분경 '하루 중 그림자 길이가 가장 짧을 때는 12시 30분경 이기 때문이다.' 등의 내용을 정확히 씀.	상
	12시 30분경에 측정한 그림자 길이가 ㉡인 까닭을 썼지만, 표현이 부족함.	중

② 계절별 태양의 남중 고도 / 계절에 따라 기온이 달라지는 까닭

단원평가 10~11쪽

1 ㉠ 여름 ㉡ 겨울	**2** ④	**3** ㉠	**4** ㉢
5 ㉠	**6** ㉠	**7** 예 높아진다	**8** ⑤

9 ㉠ 겨울 ㉡ 여름   **10** (1) 예 높아진다. (2) 여름, 예 태양의 남중 고도가 높아 일정한 면적의 지표면에 도달하는 태양 에너지양이 많기 때문이다.

1 태양의 남중 고도는 여름(6~7월)에 가장 높고, 겨울(12~1월)에 가장 낮습니다.

2 낮의 길이는 여름에는 길고, 겨울에는 짧습니다.

3 태양의 남중 고도가 높아지면 낮의 길이가 길어집니다.

> **더 알아보기**
> **태양의 남중 고도와 낮의 길이, 기온의 관계**
> • 계절에 따라 태양의 남중 고도가 달라집니다.
> • 태양의 남중 고도가 높은 여름에는 낮의 길이가 길고, 기온이 높습니다.
> • 태양의 남중 고도가 낮은 겨울에는 낮의 길이가 짧고 기온이 낮습니다.

4 여름에는 태양의 남중 고도가 가장 높습니다.

5 태양의 남중 고도는 ㉠(겨울)이 가장 낮고 ㉡(여름)이 가장 높습니다.

6 전등과 태양 전지판이 이루는 각은 태양 고도를 나타냅니다.

7 태양의 남중 고도가 높을수록 기온이 높아집니다.

8 태양의 남중 고도가 높을수록 같은 면적의 지표면이 받는 태양 에너지양이 많아져 기온이 높아집니다.

9 여름에는 태양의 남중 고도가 높고 겨울에는 태양의 남중 고도가 낮습니다.

10 태양의 남중 고도가 높아지면 일정한 면적의 지표면에 도달하는 태양 에너지양이 많아집니다.

채점 기준

(1)	'높아진다.'를 정확히 씀.	
(2)	**정답 키워드** 일정한 면적 | 태양 에너지 양 | 많다 '여름'을 쓰고, '태양의 남중 고도가 높아 일정한 면적의 지표면에 도달하는 태양 에너지양이 많기 때문이다.' 등의 내용을 정확히 씀.	상
	'여름'을 썼지만, ㉡이 여름에 해당하는 까닭을 정확히 쓰지 못함.	중

③ 계절 변화가 생기는 까닭

단원평가 12~13쪽

1 ㉡	**2** ㉢	**3** ③	**4** 예 ㈎~㈑ 각 위치에서 측정한 전등 빛의 남중 고도는 달라진다. **5** ㉢
6 ④	**7** ㉡, ㉢	**8** ㉠ 예 기울어진 ㉡ 예 남중 고도	

㉢ 예 태양 에너지양   **9** ㉠   **10** ③

1 ㉠은 지구본의 자전축을 기울이지 않은 것이고, ㉡은 지구본의 자전축을 23.5° 기울인 것입니다.

2 태양의 남중 고도 측정 위치는 지구본의 ㈎~㈑ 위치 모두 같아야 합니다.

3 지구본의 자전축을 기울이고 전등 주위를 공전시키면서 지구본의 ㈎~㈑ 위치에서 전등 빛의 남중 고도를 측정합니다.

4 지구본의 자전축을 기울인 채 지구본을 공전시키면 지구본의 ㈎~㈑ 위치에 따라 전등 빛의 남중 고도가 달라집니다.

채점 기준

정답 키워드 남중 고도 | 달라지다	
'㈎~㈑ 각 위치에서 측정한 전등 빛의 남중 고도는 달라진다.' 등의 내용을 정확히 씀.	상
지구본의 자전축을 기울이고 전등 주위를 공전시켰을 때 전등 빛의 남중 고도 변화를 썼지만, 표현이 부족함.	중

5 지구의 자전축이 기울어진 채 지구가 태양 주위를 공전하기 때문에 계절 변화가 생깁니다.

6 지구의 자전축이 기울어지지 않은 채 공전한다면 태양의 남중 고도가 달라지지 않아 계절 변화가 생기지 않습니다.

7 계절이 변하는 까닭은 지구의 자전축이 공전 궤도면에 대하여 기울어진 채 태양 주위를 공전하기 때문입니다.

8 지구의 자전축이 기울어진 채 공전하면 태양의 남중 고도가 달라지고, 지표면이 받는 태양 에너지양이 달라지기 때문에 계절 변화가 생깁니다.

9 지구가 ㉠ 위치에 있을 때 북반구는 태양의 남중 고도가 높고, ㉡ 위치에 있을 때는 태양의 남중 고도가 낮습니다.

10 지구가 ㉡ 위치에 있을 때 우리나라는 태양의 남중 고도가 낮은 겨울로, 기온이 낮고 낮의 길이가 짧으며 밤의 길이가 깁니다.

3. 연소와 소화

① 물질이 탈 때 나타나는 현상 / 연소의 조건

1 ⑤   **2** ⓒ   **3** ③   **4** ④
5 (1) ㉠ (2) 예 큰 아크릴 통(ⓒ)보다 작은 아크릴 통(㉠) 안에 공기(산소)가 더 적게 들어 있기 때문이다.   **6** ⓒ
7 머리   **8** 나무   **9** ④   **10** 연소

1 초가 탈 때 시간이 지날수록 초의 길이가 점점 짧아집니다.

2 불꽃의 위치에 따라 밝기가 다릅니다.

3 물질이 탈 때에는 빛과 열이 발생합니다.

4 케이크 위의 촛불, 캠핑의 모닥불, 가스레인지의 불꽃, 벽난로의 장작불 등은 물질이 탈 때 발생하는 빛이나 열을 이용하는 예입니다. 가로등은 전기를 이용한 것으로 물질이 타는 것과 관련이 없습니다.

5 공기(산소)가 더 적게 들어 있는 작은 아크릴 통(㉠) 안의 촛불이 먼저 꺼집니다.

채점 기준		
(1)	'㉠'을 씀.	
(2)	**정답 키워드** 공기(산소) | 적다 '큰 아크릴 통(ⓒ)보다 작은 아크릴 통(㉠) 안에 공기(산소)가 더 적게 들어 있기 때문이다.' 등의 내용을 정확히 씀.	상
	작은 아크릴 통(㉠) 안의 촛불이 먼저 꺼지는 까닭을 썼지만, 표현이 부족함.	중

6 초가 탈 때 산소가 필요하기 때문에 초가 타기 전보다 타고 난 후의 산소 비율이 줄어듭니다.

7 성냥의 머리 부분과 나무 부분을 철판의 가운데로부터 같은 거리에 놓고 가운데 부분을 가열했을 때 성냥의 머리 부분에 불이 먼저 붙습니다.

8 발화점이 낮으면 불이 잘 붙고, 발화점이 높으면 불이 잘 붙지 않습니다. 따라서 나중에 불이 붙는 성냥의 나무 부분이 성냥의 머리 부분보다 발화점이 높습니다.

9 물질마다 타기 시작하는 온도(발화점)가 다르기 때문에 불이 붙는 데 걸리는 시간이 다릅니다.

10 연소가 일어나려면 탈 물질, 산소, 발화점 이상의 온도가 필요합니다.

② 연소 후 생성되는 물질

1 (1) ⓒ (2) ㉠   **2** ②, ④   **3** 예 붉은색 **4** 물
5 이산화 탄소   **6** ①   **7** 이산화 탄소
8 ③   **9** ②, ④   **10** 예 초가 연소한 후 다른 물질(물과 이산화 탄소)로 변했기 때문이다. 연소 후 생성된 물질이 공기 중으로 날아갔기 때문이다. 등

1 푸른색 염화 코발트 종이는 물에 닿지 않았을 때는 푸른색을 띠지만, 물에 닿으면 붉은색으로 변합니다.

2 집기병 안쪽 벽면이 뿌옇게 흐려지면서 작은 액체 방울이 맺힙니다.

3 초를 연소시킨 후 푸른색 염화 코발트 종이를 집기병의 안쪽 벽면에 문지르면 푸른색 염화 코발트 종이가 붉은색으로 변합니다.

4 초가 연소한 후 물이 생성되었기 때문에 푸른색 염화 코발트 종이가 붉은색으로 변합니다.

5 석회수는 이산화 탄소와 만나면 뿌옇게 흐려지는 성질이 있습니다.

6 초를 연소시킨 아크릴 통에 석회수를 붓고 살짝 흔들면 석회수가 뿌옇게 흐려집니다.

7 석회수가 뿌옇게 흐려지는 것으로 초가 연소한 후 이산화 탄소가 생성된다는 것을 알 수 있습니다.

8 초가 연소하면 물과 이산화 탄소가 생성됩니다.

9 석회수를 이용하여 이산화 탄소를, 푸른색 염화 코발트 종이를 이용하여 물을 확인할 수 있습니다.

> **왜 틀렸을까?**
> ① 석회수를 이용하여 확인하는 것은 이산화 탄소입니다.
> ③ 리트머스 종이로는 산과 염기를 확인할 수 있습니다.
> ⑤ 푸른색 염화 코발트 종이로는 물을 확인할 수 있습니다.

10 물질이 연소한 후 물질의 양이 줄어든 까닭은 연소 후 생성된 물질이 공기 중으로 날아갔기 때문입니다.

채점 기준	
정답 키워드 다른 물질 | 변하다 등 '초가 연소한 후 다른 물질(물과 이산화 탄소)로 변했기 때문이다.', '연소 후 생성된 물질이 공기 중으로 날아갔기 때문이다.' 등의 내용을 정확히 씀.	상
초가 연소하고 난 후 초의 길이가 줄어든 까닭을 썼지만, 표현이 부족함.	중

③ 소화 방법 / 화재 안전 대책

단원평가 18~19쪽

1 ㉠ 연소 ㉡ 소화 　**2** ③ 　**3** ㉡ 　**4** ②, ⑤
5 ⑤ 　**6** (1) 예 알코올램프의 뚜껑을 덮어 불을 끈다.
(2) 예 산소가 공급되지 않기 때문이다. 　**7** ⑤
8 ②, ⑤ 　**9** ㉠ 　**10** 낮춰, 계단

1 연소의 조건 중 한 가지 이상의 조건을 없애 불을 끄는 것을 소화라고 합니다.

2 촛불을 집기병으로 덮으면 더 이상 산소가 공급되지 않아서 촛불이 꺼집니다.

3 촛불에 모래를 뿌리면 산소가 공급되지 않아 촛불이 꺼집니다.

4 촛불을 물수건으로 덮으면 물수건이 산소 공급을 막고, 물이 촛불에 닿아 발화점 미만으로 온도가 낮아지기 때문에 촛불이 꺼집니다.

5 촛불에 성냥의 머리 부분을 가까이 가져가면 성냥의 머리 부분에 불이 붙고 촛불이 꺼지지 않습니다.

6 알코올램프의 불을 끌 때는 알코올램프의 뚜껑을 덮어 산소 공급을 차단합니다.

	채점 기준	
(1)	**정답 키워드** 뚜껑 | 덮다 '알코올램프의 뚜껑을 덮어 불을 끈다.' 등의 내용을 정확히 씀.	상
	알코올의 불을 끄는 방법을 썼지만, 표현이 부족함.	중
(2)	**정답 키워드** 산소 | 차단하다, 막다 등 '산소가 공급되지 않기 때문이다.' 등의 내용을 정확히 씀.	상
	알코올램프의 뚜껑을 덮었을 때 불이 꺼지는 까닭을 썼지만, 표현이 부족함.	중

7 향초의 심지를 핀셋으로 집는 것은 탈 물질을 없애 불을 끄는 방법입니다.

8 종이, 나무, 섬유에 의한 화재는 물로 불을 끌 수 있지만, 기름, 가스, 전기 기구에 의한 화재는 물을 사용하면 안 되고 소화기나 마른 모래를 이용해 불을 꺼야 합니다.

9 소화기는 ㉡ → ㉠ → ㉣ → ㉢ 순서로 사용합니다.

10 화재가 발생했을 때 연기가 많은 곳에서는 몸을 낮춰 이동하고, 아래층으로 이동할 때는 계단을 이용해야 합니다.

---

4. 우리 몸의 구조와 기능

① 운동 기관

단원평가 20~21쪽

1 ㉣ 　**2** ㉡ 　**3** ㉢, 갈비뼈 　**4** ㉤
5 ⑤ 　**6** ㉢ 　**7** ①, ④ 　**8** 한성 　**9** ㉠
10 예 뼈에 연결되어 길이가 줄어들거나 늘어나면서 뼈를 움직이게 한다. 등

1 척추뼈는 짧은뼈 여러 개가 세로로 이어져 기둥을 이룹니다. 머리뼈의 위쪽은 둥글고, 아래쪽은 각이 져 있습니다. 갈비뼈는 휘어 있고, 여러 개가 좌우로 둥글게 연결되어 있습니다.

2 ㉠은 머리뼈, ㉡은 팔뼈, ㉢은 갈비뼈, ㉣은 척추뼈, ㉤은 다리뼈입니다.

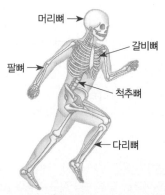

3 갈비뼈는 휘어져 있고, 좌우로 둥글게 연결되어 공간을 만듭니다.

4 다리뼈는 팔뼈보다 길고 굵으며, 아래쪽 뼈는 긴뼈 두 개로 이루어져 있습니다.

5 모형의 두꺼운 종이는 뼈를, 빨대는 팔뼈에 붙어 있는 근육을 나타냅니다. 즉, 뼈와 근육의 관계를 알아보기 위한 실험입니다.

6 위쪽 빨대를 오므리면 모형은 구부러지고 위쪽 빨대의 길이는 줄어듭니다. 아래쪽 빨대의 길이는 늘어납니다.

7 위쪽 빨대의 길이가 늘어나고, 아래쪽 빨대의 길이가 줄어들면 모형이 펴집니다.

8 모형은 우리 몸의 운동 기관인 뼈와 근육의 움직임을 알아보기 위한 것입니다.

9 팔 안쪽 근육의 길이가 늘어나면 아래팔뼈가 내려가 팔이 펴집니다.

10 근육은 뼈에 연결되어 길이가 줄어들거나 늘어나면서 뼈를 움직이게 합니다.

채점 기준	
정답 키워드 길이 | 줄어들거나 늘어난다 등 '뼈에 연결되어 길이가 줄어들거나 늘어나면서 뼈를 움직이게 한다.' 등과 같이 내용을 정확히 씀.	상
근육이 하는 일을 썼지만, 표현이 부족함.	중

❷ 소화 기관 / 호흡 기관

단원평가   22~23 쪽

1 소화 기관   **2** ③   **3** ④   **4** (1) ㉡
(2) ㉠ (3) ㉢   **5** ㉡   **6** ④   **7** (1) ㉢
(2) **예** 몸 밖에서 들어온 산소를 받아들이고, 몸 안에서 생긴 이산화 탄소를 몸 밖으로 내보낸다. **8** (1) ㉡ (2) ㉢ (3) ㉠
9 ㉠ 코 ㉡ 폐   **10** ③, ④

1 음식물의 소화와 흡수 등을 담당하는 입, 식도, 위, 작은 창자, 큰창자, 항문 등은 소화 기관입니다.

2 간, 쓸개, 이자는 소화를 도와주는 기관입니다.

3 음식물이 소화되는 과정은 입 → 식도 → 위 → 작은 창자 → 큰창자 → 항문 순입니다.

4 위는 작은 주머니 모양, 식도는 긴 관 모양, 작은창자는 꼬불꼬불한 관 모양입니다.

5 위는 작은 주머니 모양으로, 식도와 작은창자를 연결 합니다.

6 기관지는 기관과 폐를 이어주는 관으로, 공기가 이동 하는 통로입니다.

7 폐는 기관지와 연결되어 있으며 몸 밖에서 들어온 산소를 받아들이고, 몸 안에서 생긴 이산화 탄소를 몸 밖으로 내보냅니다.

채점 기준		
(1)	'㉢'을 정확히 씀.	
(2)	**정답 키워드** 산소 – 받아들이다 | 이산화 탄소 – 내보 내다 등 '몸 밖에서 들어온 산소를 받아들이고, 몸 안에서 생긴 이산화 탄소를 몸 밖으로 내보낸다.'와 같이 내용을 정확히 씀.	상
	폐가 하는 일을 썼지만, 표현이 부족함.	중

8 코는 공기가 드나드는 통로이고, 기관은 공기가 이동 하는 관이며, 기관지는 기관과 폐를 연결합니다.

9 숨을 들이마실 때 코로 들어온 공기는 기관, 기관지, 폐의 순서로 이동하고, 숨을 내쉴 때 공기는 폐, 기관지, 기관, 코를 거쳐 몸 밖으로 나갑니다.

10 숨을 내쉴 때 폐의 크기와 가슴둘레는 작아집니다.

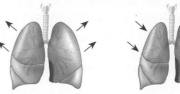

🔺 숨을 들이마실 때의 폐   🔺 숨을 내쉴 때의 폐

❸ 순환 기관 / 배설 기관

단원평가   24~25 쪽

1 심장   **2** ①   **3** ②   **4** (1) ㉠, 심장
(2) **예** 주입기의 펌프를 빠르게 누르면 붉은 색소 물의 이동 량이 많아지고, 붉은 색소 물의 이동 빠르기가 빨라진다.
5 선우   **6** ㉢   **7** 방광   **8** 진하   **9** ③
10 ㉢

1 심장에서 나온 혈액은 혈관을 따라 온몸을 거쳐 다시 심장으로 돌아오는 순환 과정을 반복합니다.

2 펌프 작용으로 혈액을 순환시키는 것은 심장이고, 심장 에서 나온 혈액은 혈관으로 이동합니다.

3 ㉠은 심장, ㉡은 혈관으로 심장과 혈관은 순환 기관입 니다. 우리가 잠을 자거나 움직이지 않을 때에도 심장은 쉬지 않고 펌프 작용을 합니다.

4 주입기의 펌프를 빠르게 누르면 붉은 색소 물이 많이 이동하며, 빠르게 이동합니다.

채점 기준		
(1)	'㉠'과 '심장' 두 가지를 모두 정확히 씀.	상
	'㉠'과 '심장' 중 한 가지만 정확히 씀.	중
(2)	**정답 키워드** 이동량 – 많아진다 | 이동 빠르기 – 빨라 진다 등 '주입기의 펌프를 빠르게 누르면 붉은 색소 물의 이동량이 많아지고, 붉은 색소 물의 이동 빠르기가 빨라진다.'와 같이 내용을 정확히 씀.	상
	펌프를 빠르게 눌렀을 때의 붉은 색소 물의 이동량과 이동 빠르기 중 한 가지만 정확히 씀.	중

5 배설은 혈액 속의 노폐물을 오줌으로 만들어 몸 밖으로 내보내는 과정입니다.

6 오줌관은 콩팥에서 방광으로 오줌이 이동하는 통로입니다.

7 콩팥과 연결되어 있으며, 오줌을 저장하는 기관은 방광입니다.

> **더 알아보기**
>
> **우리 몸에 방광이 없을 때 생길 수 있는 일**
> • 방광이 없다면 콩팥에서 만들어진 오줌이 바로바로 몸 밖으로 나와 계속 오줌이 마려울 것입니다.
> • 방광이 없으면 오줌이 쉴 새 없이 나오기 때문에 어떤 일을 하거나 돌아다니기도 힘들 것입니다.

8 붉은색 모래는 거름망을 통과하지 못합니다.

9 실험의 거름망은 우리 몸의 콩팥에 해당합니다.

10 콩팥(거름망)에서 혈액(붉은색 모래) 속의 노폐물(노란색소 물)을 걸러 오줌으로 만듭니다.

❹ 자극의 전달 / 운동할 때 일어나는 몸의 변화

단원평가   26~27 쪽

1 성민   **2** ②   **3** ②   **4** (1) ⓒ (2) ⓛ (3) ⑤
5 ⑤ 자극 ⓛ 반응   **6** 눈
7 (1) 운동 직후 (2) 예 휴식을 취한다.
8 ④   **9** ①   **10** 예 노폐물

1 얼굴 가운데에 튀어나와 있고 구멍이 두 개 있으며 냄새를 맡는 것은 코입니다.

2 귀는 소리를 듣는 감각 기관입니다.

3 감각 기관 → 자극을 전달하는 신경 → 뇌(행동을 결정하는 신경) → 명령을 전달하는 신경 → 운동 기관의 순서로 자극이 전달되어 반응합니다.

4 감각 기관이 받아들인 자극은 신경계를 통해 전달됩니다. 신경계는 행동을 결정하여 운동 기관에 명령을 내리고, 운동 기관은 이를 수행합니다.

5 더러운 손을 보는 것(눈)은 자극이고, 손을 물에 씻는 것은 반응입니다.

6 눈은 사물을 보는 기관입니다.

7 운동 직후에 체온이 가장 높고, 맥박이 가장 빠릅니다. 휴식을 취하면 평상시의 안정된 상태로 돌아옵니다.

> **채점 기준**
>
> | (1) | '운동 직후'를 정확히 씀. | |
> |---|---|---|
> | (2) | **정답 키워드** 휴식 등
'휴식을 취한다.'와 같이 내용을 정확히 씀. | 상 |
> | | 빠르게 뛰는 맥박을 평상시와 같은 상태로 되돌리는 방법을 썼지만, 표현이 부족함. | 중 |

8 운동할 때는 심장 박동이 빨라져 혈액 순환이 빨라집니다.

9 뼈와 근육이 모두 있어야 몸을 움직일 수 있습니다.

10 순환 기관은 영양소와 산소를 온몸에 전달하고, 이산화 탄소와 노폐물을 각각 호흡 기관과 배설 기관에 전달합니다.

5. 에너지와 생활

❶ 에너지의 필요성 / 에너지 형태

단원평가   28~29 쪽

1 ③   **2** ⓛ, ⓒ   **3** ④   **4** ③   **5** ⓒ, ⓔ
6 ④   **7** ④   **8** 예 ㉠과 ⓛ은 위치 에너지를 가지고 있고, ⓒ은 화학 에너지를 가지고 있으며, ⓔ과 ⓜ은 운동 에너지를 가지고 있다.   **9** ③   **10** ④

1 식물이 자라서 열매를 맺기 위해서는 에너지가 필요합니다.

2 식물은 빛을 이용하여 스스로 양분을 만들어 에너지를 얻고, 동물은 다른 생물을 먹고 그 양분으로 에너지를 얻습니다.

3 식물과 동물 모두 양분에서 에너지를 얻습니다.

4 텔레비전은 콘센트에 텔레비전의 전선을 연결하여 에너지를 얻습니다.

5 ㉠과 ⓛ은 전기를 사용하지 못하게 되었을 때 생길 수 있는 일입니다.

6 높은 곳에 있는 물체가 가진 에너지는 위치 에너지입니다.

7 높이 올라간 그네와 같이 높은 곳에 있는 물체는 위치 에너지를 가지고 있습니다.

8 놀이터의 모습에서 운동 에너지, 위치 에너지, 화학 에너지 등을 찾을 수 있습니다.

9 열에너지는 물체의 온도를 높일 수 있는 에너지입니다.

왜 틀렸을까?

① 움직이는 물체가 가진 에너지는 운동 에너지입니다.
② 주위를 밝게 비출 수 있는 에너지는 빛에너지입니다.
④ 높은 곳에 있는 물체가 가진 에너지는 위치 에너지입니다.
⑤ 생물이 생명 활동을 하는 데 필요한 에너지는 화학 에너지 입니다.

10 가전제품이나 전등을 켜는 데 전기 에너지가 필요합니다.

② 다른 형태로 바뀌는 에너지

단원평가   30~31 쪽

1 ①, ⑤   **2** 전기   **3** ②   **4** ④
5 화학 에너지   **6** (1) 전기 에너지 (2) 예 전기 에너지를 열에너지로 전환한다.   **7** ②   **8** ㉡   **9** 운동
10 예 태양

1 한 에너지는 다른 에너지로 형태가 바뀔 수 있는데, 이처럼 에너지 형태가 바뀌는 것을 에너지 전환이라고 합니다.

왜 틀렸을까?

② 에너지 전환은 에너지 형태가 바뀌는 것입니다.
③ 운동 에너지는 위치 에너지 외에 다른 에너지로 전환될 수 있습니다.
④ 빛에너지는 다른 에너지 형태로 전환될 수 있습니다.

2 ㉠ 구간에서는 열차가 전기 에너지를 이용해 천천히 움직여 위로 높이 올라가게 되는데, 이때 전기 에너지는 운동 에너지와 위치 에너지로 바뀝니다.

3 ㉡ 구간에서 열차가 위에서 아래로 내려올 때에는 위치 에너지가 운동 에너지로 전환됩니다.

4 불이 켜진 전등에서는 전기 에너지가 빛에너지로 전환 됩니다.

5 아이들이 공을 찰 때는 몸속에 저장된 화학 에너지가 운동 에너지로 전환됩니다.

6 태양 전지는 태양의 빛에너지를 전기 에너지로 전환하고, 전기다리미는 전기 에너지를 열에너지로 전환합니다.

7 식물은 태양의 빛에너지를 이용해 광합성을 하여 화학 에너지로 저장합니다.

8 폭포에서는 위치 에너지가 운동 에너지로 전환됩니다.

9 태양 전지는 태양의 빛에너지를 전기 에너지로 전환하고, 전동기는 전기 에너지를 운동 에너지로 전환합니다.

10 우리가 사용하는 대부분의 에너지는 태양의 빛에너지와 열에너지가 전환된 것입니다.

③ 효율적인 에너지 활용 방법

단원평가   32 쪽

1 ①   **2** (1) 예 겨울잠 (2) 예 겨울에는 먹이를 구하기 어렵기 때문이다.   **3** ①, ④

1 겨울을 준비하기 위해 나무는 가을에 잎을 떨어뜨립니다.

2 곰이나 박쥐, 다람쥐 등은 겨울에 먹이를 구하기 어려우 므로 겨울잠을 자면서 에너지를 효율적으로 이용합니다.

3 에너지 소비 효율 등급은 전기 제품의 에너지 사용량이나 소비 효율에 따라 1~5등급으로 나누어 표시한 것입니다. 에너지 소비 효율이 1등급에 가까운 제품일수록 에너지 효율이 높습니다.

왜 틀렸을까?

②, ③ 에너지 소비 효율 등급은 전기 제품의 에너지 효율 등급을 나타냅니다.
⑤ 에너지 소비 효율이 5등급에 가까운 제품일수록 에너지 효율이 낮습니다.

1. 전기의 이용

개념 다지기   11쪽

1 (1) 전지 끼우개 (2) 전구 끼우개   **2** ㉢   **3** 전기
4 ㉠, ㉣   **5** (1) ㉢ (2) ㉠   **6** 직렬, 병렬

1 전지 끼우개는 전선을 쉽게 연결할 수 있도록 전지를 넣어 사용하고, 전구 끼우개는 전선에 쉽게 연결할 수 있도록 전구를 끼워서 사용하는 전기 부품입니다.

2 ㉠은 전구가 전지의 (−)극에만 연결되어 있어 전구에 불이 켜지지 않습니다.

3 전기 회로란 여러 가지 전기 부품을 연결하여 전기가 흐르도록 한 것입니다.

4 전구의 밝기가 밝은 전기 회로는 전구 두 개가 각각 다른 줄에 나누어 한 개씩 연결되어 있습니다.

5 전구의 병렬연결에서는 전구 한 개를 빼내도 나머지 전구의 불이 꺼지지 않고, 전구의 직렬연결에서는 전구 한 개를 빼내면 나머지 전구의 불이 꺼집니다.

6 전기 회로에서 전구 두 개 이상을 한 줄로 연결하면 전구의 직렬연결, 여러 개의 줄에 나누어 한 개씩 연결하면 전구의 병렬연결입니다.

단원 실력 쌓기   12~15쪽

Step 1
1 전지   **2** 전기 회로 **3** 병렬, 직렬   **4** 없습
5 병렬   **6** (1) ㉢ (2) ㉠ (3) ㉢   **7** ③   **8** ②
9 ⑤   **10** 예 전지의 수   **11** ㉢   **12** ㉠, ㉢
13 ⑤   **14** ③   **15** (1) × (2) ○ (3) ○

Step 2
16 (1) ㉢ (2) ❶ (+)극 ❷ (−)극
17 (1) ㉠ 전구의 직렬연결 ㉢ 전구의 병렬연결 (2) 예 ㉠보다 ㉢과 같이 바꾸었을 때 전구의 밝기가 더 밝다.

15 (1) 켜짐
    (2) (+)극
17 (1) 직렬, 병렬
    (2) 밝

Step 3
18 (가) 병렬 (나) 직렬   **19** ㉢
20 ㉠, 예 ㉠ 전구를 병렬연결할 때가 직렬연결할 때보다 전구의 밝기가 더 밝기 때문이다.

1 전지는 전기 회로에 전기를 흐르게 하는 전기 부품입니다.

2 여러 가지 전기 부품을 연결하여 전기가 흐르도록 한 것을 전기 회로라고 합니다.

3 전구를 병렬연결할 때가 직렬연결할 때보다 전구의 밝기가 더 밝습니다.

4 전구를 병렬연결하면 직렬연결한 것보다 소비되는 에너지양이 더 많습니다.

5 전기 회로에서 전구 여러 개를 직렬연결하였을 때는 전구 한 개의 불이 꺼지면 나머지 전구의 불도 꺼집니다.

6 (1)은 스위치이고, (2)는 전구 끼우개, (3)은 전지 끼우개의 모습입니다.

7 스위치는 전기가 흐르는 길을 끊거나 연결합니다.

왜 틀렸을까?
① 전지: 전기를 흐르게 합니다.
② 전구: 빛을 냅니다.
④ 전지 끼우개: 전선을 쉽게 연결할 수 있도록 전지를 넣어 사용합니다.
⑤ 집게 달린 전선: 전기 부품을 쉽게 연결할 수 있습니다.

8 ②는 전구가 전지의 (+)극에만 연결되어 있어 전구에 불이 켜지지 않습니다.

9 전기 회로에서 전구에 불이 켜지게 하려면 전지, 전선, 전구가 끊기지 않게 연결하고, 전기 부품에서 전기가 흐르는 부분끼리 연결해야 합니다.

10 ㉠ 전기 회로는 전지를 한 개, ㉢ 전기 회로는 전지를 두 개 사용했습니다.

11 전지 두 개를 연결할 때 한 전지의 (+)극을 다른 전지의 (−)극에 연결하면 전지 한 개를 연결할 때보다 전구의 밝기가 더 밝습니다.

12 ㉠과 ㉢ 전기 회로는 전구 두 개가 한 줄로 연결되어 있습니다.

13 전구를 병렬연결할 때가 직렬연결할 때보다 전구의 밝기가 더 밝습니다.

14 전구의 직렬연결에서는 한 전구 불이 꺼지면 나머지 전구 불도 꺼집니다.

15 전구의 병렬연결은 전기 회로에서 전구 두 개 이상을 여러 개의 줄에 나누어 한 개씩 연결하는 방법입니다.

16 전구가 전지의 (+)극과 전지의 (−)극에 각각 연결되어야 전구에 불이 켜집니다.

채점 기준		
(1)	'ⓒ'을 씀.	
(2)	❶에 '(+)극', ❷에 '(−)극'을 모두 정확히 씀.	상
	❶과 ❷ 중 한 가지만 정확히 씀.	중

17 전구 두 개를 직렬연결하는 것보다 병렬연결하는 것이 전구의 밝기가 더 밝으므로, 전구의 연결 방법을 ㉠에서 ㉡과 같이 바꾸면 전구의 밝기가 더 밝아집니다.

채점 기준		
(1)	㉠에 '전구의 직렬연결', ㉡에 '전구의 병렬연결'을 모두 정확히 씀.	상
	㉠과 ㉡ 중 한 가지만 정확히 씀.	중
(2)	**정답 키워드** 전구 | 밝다 '㉠보다 ㉡과 같이 바꾸었을 때 전구의 밝기가 더 밝다.' 등의 내용을 정확히 씀.	상
	㉠ 전기 회로와 ㉡ 전기 회로의 전구의 밝기를 비교하는 내용을 썼지만, 표현이 부족함.	중

18 ㉠은 전구 두 개가 여러 개의 줄에 나누어 한 개씩 연결되어 있고, ㉡은 전구 두 개가 한 줄로 연결되어 있습니다.

19 전구를 병렬연결하면 전구를 직렬연결할 때보다 각 전구에서 소비되는 에너지가 크므로 전지를 더 오래 사용할 수 없습니다.

20 ㉠은 전구가 병렬연결되어 있고, ㉡은 전구가 직렬연결되어 있으므로 ㉠이 ㉡보다 전구의 밝기가 더 밝습니다.

개념 다지기   19쪽

1 자석   **2** ㉡   **3** ㉠   **4** ③   **5** ㉠
6 ㉡, ㉢

1 전자석은 전기가 흐르는 전선 주위에 자석의 성질이 나타나는 성질을 이용해 만든 자석입니다.

2 스위치를 닫으면 자석의 성질이 나타나서 클립이 전자석에 붙습니다.

3 전지의 극을 반대로 하면 전자석의 극이 바뀌므로, 나침반 바늘이 가리키는 방향이 반대로 바뀌게 됩니다.

4 전자석은 전지의 극을 반대로 연결하고 전기를 흐르게 하면 극이 바뀝니다.

5 플러그를 뽑을 때 전선을 잡고 잡아당기면 전선이 끊어질 수 있으므로, 플러그의 머리 부분을 잡고 뽑아야 합니다.

6 사용하지 않는 전기 제품을 꺼 두고, 에어컨을 켤 때는 창문을 닫습니다.

단원 실력 쌓기   20~23쪽

Step 1
1 전자석   **2** 전자석   **3** 있슴   **4** 머리   **5** 닫고
6 자석   **7** ㉡, ㉢, ㉠   **8** (3)에 ○   **9** ㉡   **10** ①
11 ㉡, ㉣   **12** ㉡   **13** ②   **14** ④   **15** ①, ②

Step 2
16 (1) ㉡ (2) ❶ 전지 ❷ 세기
17 (1) ㉠ (2) ㉔ 플러그의 머리 부분을 잡고 뽑는다.

16 (1) 많이
(2) 세기
17 (1) 낭비
(2) 머리

Step 3
18 ㉠ N ㉡ S   **19** ㉔ 반대
20 ㉔ 영구 자석은 자석의 극이 일정하지만 전자석은 자석의 극을 바꿀 수 있다.

1 철심에 감은 전선에 전기가 흐르면 전선 주위에 자석의 성질이 나타납니다.

2 영구 자석은 자석의 세기가 일정합니다.

3 전자석은 전지의 연결 방향을 바꿔서 극을 바꿀 수 있습니다.

4 플러그의 머리 부분을 잡고 플러그를 뽑아야 안전합니다.

5 창문을 닫고 냉방 기구를 켜야 전기를 절약할 수 있습니다.

6 전기가 흐르는 전선 주위에 자석의 성질이 생기므로 전선 주위에서 나침반 바늘이 움직입니다.

7 볼트에 전선을 감은 뒤 전기 회로에 연결합니다.

8 전자석은 스위치를 닫을 때만 전기가 흘러 자석의 성질이 나타나므로 클립이 붙습니다.

9 전지 두 개를 서로 다른 극끼리 한 줄로 연결할 때가 전지 한 개를 연결할 때보다 침핀이 더 많이 붙습니다.

10 전지의 극을 반대로 연결하면 전자석의 극이 반대가 되어서 나침반 바늘이 가리키는 방향이 반대가 됩니다.

11 나침반은 영구 자석을 이용한 도구입니다.

12 ㉠은 전기를 위험하게 사용하는 경우입니다.

13 콘센트 한 개에 플러그 여러 개를 한꺼번에 꽂아서 사용하면 안 됩니다.

14 냉장고에서 물을 꺼낸 뒤 냉장고 문을 닫고 마십니다.

15 전기를 안전하게 사용하지 않으면 감전되거나 화재가 일어날 수 있습니다.

16 전자석은 영구 자석과 달리 나란히 연결한 전지의 개수를 달리하여 자석의 세기를 조절할 수 있습니다.

채점 기준		
(1)	'ⓒ'을 씀.	
(2)	❶에 '전지', ❷에 '세기'를 모두 정확히 씀.	상
	❶과 ❷ 중 한 가지만 정확히 씀.	중

17 플러그를 뽑을 때 플러그의 전선을 잡아당기지 말고 플러그의 머리 부분을 잡고 뽑아야 합니다.

채점 기준		
(1)	'ⓐ'을 씀.	
(2)	정답 키워드 머리 부분 등 '플러그의 머리 부분을 잡고 뽑는다.' 등의 내용을 정확히 씀.	상
	ⓐ의 경우에 전기를 안전하게 사용하는 모습에 대해 썼지만, 표현이 부족함.	중

18 ⓐ은 나침반 바늘의 S극이 가리키고 있으므로 N극이고, ⓒ은 나침반 바늘의 N극이 가리키고 있으므로 S극입니다.

19 전지의 극을 반대로 연결하면 전자석의 극이 반대로 되므로 나침반 바늘이 가리키는 방향도 반대가 됩니다.

20 전자석은 전지의 연결 방향을 반대로 바꾸면 극이 바뀝니다.

대단원 평가 24~27쪽

1 ⓐ 꼭지쇠 ⓒ 꼭지 **2** ③ **3** ② **4** 예 (−)
5 ② **6** ③ **7** 규진 **8** ⓐ
9 (1) ⓒ (2) 예 ⓐ 전기 회로보다 ⓒ 전기 회로의 전지를 더 오래 사용할 수 있다. **10** ④ **11** ①
12 ⓐ 전기 ⓒ 자석 **13** 예 ⓒ이 ⓐ보다 전자석 끝에 붙은 침핀의 개수가 더 많다. **14** ⓒ **15** ⓐ N극 ⓒ S극
16 ④, ⑤ **17** ② **18** (1) 경수 (2) 예 물 묻은 손으로 전기 제품을 만지지 않는다. **19** (1) ○ (2) ○ (3) ×
20 ⓐ, ⓒ

1 전구에서 금속 부분의 옆면을 꼭지쇠, 아랫면 가운데 튀어나온 부분을 꼭지라고 합니다.

2 스위치는 전기가 흐르는 길을 끊거나 연결합니다.

---

3 ①, ③, ④는 전구에 불이 켜지고, ②는 전구에 불이 켜지지 않습니다.

4 ②는 전구가 전지의 (−)극에만 연결되어 있어서 전구에 불이 켜지지 않습니다.

5 전기 회로에서 스위치를 닫으면 전기가 흘러 전구에 불이 켜집니다.

6 ⓒ은 전지 두 개가 서로 다른 극끼리 한 줄로 연결되어 있습니다.

7 같은 수의 전구를 병렬연결할 때가 직렬연결할 때보다 전구의 밝기가 더 밝습니다.

8 전구를 직렬연결하면 병렬연결할 때보다 전구를 더 오래 사용할 수 있습니다.

9 전구를 병렬연결할 때가 직렬연결할 때보다 전지를 오래 사용할 수 없습니다.

채점 기준		
(1)	'ⓒ'을 씀.	4점
(2)	정답 키워드 오래	사용하다 'ⓐ 전기 회로보다 ⓒ 전기 회로의 전지를 더 오래 사용할 수 있다.' 등의 내용을 정확히 씀.	8점
	전지의 사용 기간을 비교하여 썼지만, 정확하지 않은 부분이 있음.	4점

10 ⓐ은 전구의 병렬연결, ⓒ은 전구의 직렬연결로, 전구를 직렬연결할 때가 병렬연결할 때보다 전지를 더 오래 사용할 수 있습니다.

11 전지의 극을 반대로 하면 나침반 바늘이 반대 방향으로 회전합니다.

12 전자석의 스위치를 닫으면 전기가 흘러서 자석의 성질이 나타나므로 클립이 붙습니다.

13 전지 두 개를 서로 다른 극끼리 한 줄로 연결한 전자석이 전지 한 개를 연결한 전자석보다 전자석의 세기가 세므로 침핀이 더 많이 붙습니다.

채점 기준		
정답 키워드 침핀	붙다	많다 'ⓒ이 ⓐ보다 전자석 끝에 붙은 침핀의 개수가 더 많다.' 등의 내용을 정확히 씀.	8점
ⓐ과 ⓒ의 전자석에 붙는 침핀의 개수를 비교하여 썼지만, 표현이 부족함.	4점

14 전자석의 스위치를 닫으면 나침반 바늘이 전자석을 가리킵니다.

15 전지의 극을 반대로 하고 스위치를 닫으면 나침반 바늘이 반대로 바뀝니다.

16 전자석은 전지의 연결 방향에 따라 극이 바뀌고, 전기가 흐를 때만 자석의 성질이 나타납니다.

17 전자석을 이용한 예에는 자기 부상 열차, 선풍기, 스피커, 머리말리개, 전자석 기중기 등이 있습니다.

18 전기를 안전하게 사용하지 않으면 감전되거나 화재가 일어날 수 있습니다.

채점 기준

(1)	'경수'를 씀.	4점
(2)	**정답 키워드** 물 묻은 손 | 만지지 않다 등 '물 묻은 손으로 전기 제품을 만지지 않는다.' 등의 내용을 정확히 씀.	8점
	전기를 안전하게 사용하는 방법에 대해 썼지만, 표현이 부족함.	4점

19 사용하지 않는 전기 제품의 플러그를 뽑아 놓습니다.

20 ㉢과 ㉣은 전기를 안전하게 사용하지 않을 때 일어날 수 있는 문제점입니다.

2. 계절의 변화

개념 다지기 33쪽

1 ㉡　　**2** ㉡　　**3** ④　　**4** 예 공기　**5** ㉢
6 ㉠ 여름 ㉡ 봄·가을 ㉢ 겨울

1 태양이 지표면과 이루는 각을 태양 고도라고 합니다.

2 기온이 가장 높은 시각은 태양 고도가 가장 높은 시각보다 약 두 시간 뒤입니다.

3 태양 고도가 높아지면 그림자 길이는 짧아지고 기온은 대체로 높아집니다.

4 지표면이 데워져 공기의 온도가 높아지는 데 시간이 걸리므로 태양이 남중한 시각보다 약 두 시간 뒤에 기온이 가장 높습니다.

5 태양의 남중 고도가 높은 여름에는 기온이 높고, 태양의 남중 고도가 낮은 겨울에는 기온이 낮습니다.

6 ㉠은 태양의 남중 고도가 가장 높으므로 여름이고, ㉡은 태양의 남중 고도가 가장 낮으므로 겨울입니다.

Step ①

1 고도　　**2** 정남쪽　**3** 짧아, 높아
4 여름, 여름　　　　**5** 길어, 짧아　　　　**6** ㉡
7 ㉠　　**8** 35　　**9** (1) 예 12시 30분 (2) 예 12시 30분
10 ③　　**11** 두(2)　**12** 12　　**13** ㉠ 여름 ㉡ 겨울
14 ㉠ 예 길어 ㉡ 예 짧아　　　　**15** ④

Step ②

16 (1) ㉡ (2) ❶ 예 낮 ❷ 예 짧
17 예 그림자 길이는 짧아지고 기온은 대체로 높아진다.
18 (1) ㉠, ㉢
　(2) 예 ㉠은 태양의 남중 고도가 가장 낮으므로 겨울이고, ㉢은 태양의 남중 고도가 가장 높으므로 여름이다.

16 (1) 안쪽
　(2) 낮
17 (1) 다르고
　(2) 비슷합
18 (1) 다름
　(2) 높

Step ③

19 ❶ 여름 ❷ 여름 ❸ 예 길어진다.
20 예 태양의 남중 고도는 높아지고 낮의 길이는 길어진다.

1 태양이 지표면과 이루는 각을 태양 고도라고 합니다.

2 태양이 정남쪽에 위치했을 때의 고도를 태양의 남중 고도라고 합니다.

3 태양 고도가 높아지면 그림자의 길이는 짧아지고 기온은 대체로 높아집니다.

4 태양의 남중 고도는 여름인 6~7월에 가장 높고, 기온도 여름인 7~8월에 가장 높습니다.

5 태양의 남중 고도가 높아지면 낮의 길이는 길어지고 밤의 길이는 짧아집니다.

6 태양 고도는 태양이 정남쪽에 있을 때 가장 높습니다.

7 태양 고도 측정기를 태양 빛이 잘 드는 편평한 곳에 놓고 막대기의 그림자 끝과 실이 이루는 각을 측정합니다.

8 태양 고도는 막대기의 그림자 끝과 실이 이루는 각을 측정하여 구합니다.

9 태양 고도가 가장 높을 때 그림자 길이가 가장 짧습니다.

10 태양 고도가 높아지면 그림자 길이는 짧아집니다.

11 기온이 가장 높은 시각은 태양이 남중한 시각보다 약 두 시간 뒤입니다.

12 낮의 길이는 18시 40분 − 6시 40분 = 12시간입니다.

13 태양의 남중 고도는 6~7월인 여름에 가장 높고 12~1월인 겨울에 가장 낮습니다.

14 태양의 남중 고도가 높아지는 여름에는 낮의 길이가 길고 밤의 길이가 짧습니다.

15 태양이 ㉢ 위치에 있을 때 태양 남중 고도가 가장 높고, ㉠ 위치에 있을 때 태양 남중 고도가 가장 낮습니다.

16 겨울에는 태양의 남중 고도가 낮습니다.

채점 기준		
(1)	'㉠'을 씀.	
(2)	❶에 '낮', ❷에 '짧'를 모두 정확히 씀.	상
	❶과 ❷ 중 한 가지만 정확히 씀.	중

17 태양 고도와 기온 그래프는 모양이 비슷하고, 태양 고도와 그림자 길이 그래프는 모양이 다릅니다.

채점 기준	
정답 키워드 그림자 | 짧아지다 | 기온 | 높아지다	
'그림자 길이는 짧아지고 기온은 대체로 높아진다.' 등의 내용을 정확히 씀.	상
그림자 길이와 기온의 변화 중 한 가지만 정확히 씀.	중

18 겨울에는 태양의 남중 고도가 가장 낮고, 여름에는 태양의 남중 고도가 가장 높습니다.

채점 기준	
(1)	'㉠, ㉢'을 순서대로 정확히 씀.
(2) 정답 키워드 태양의 남중 고도 | 낮다 | 높다 '㉠은 태양의 남중 고도가 가장 낮으므로 겨울이고, ㉢은 태양의 남중 고도가 가장 높으므로 여름이다.' 등의 내용을 정확히 씀.	상
겨울과 여름 중 한 계절에 대해서만 정확히 씀.	중

19 태양의 남중 고도는 여름에 가장 높고 낮의 길이는 여름에 가장 깁니다.

20 ㉠은 겨울, ㉡은 봄·가을, ㉢은 여름철 태양의 위치 변화를 나타냅니다.

개념 다지기   41쪽

1 (1) ㉢ (2) ㉠ (3) ㉡   **2** ㈎   **3** 좁아, 많아
4 (1) ㉠ (2) ㉡   **5** ㉡   **6** ②

1 전등은 태양, 태양 전지판은 지표면, 전등과 태양 전지판이 이루는 각은 태양 고도를 나타냅니다.

2 전등과 태양 전지판이 이루는 각이 클 때 프로펠러의 바람 세기가 더 셉니다.

3 태양의 남중 고도가 높을수록 같은 면적의 태양 전지판에 도달하는 태양 에너지양은 많아집니다.

4~5 지구의 자전축이 기울어진 채 공전하면 태양의 남중 고도가 달라져 계절 변화가 생깁니다.

6 지구가 ㉠ 위치에 있을 때 북반구는 여름입니다.

단원 실력 쌓기   42~45쪽

Step 1
1 셉   **2** 많아, 높아   **3** 겨울   **4** 기울어진
5 높고, 낮습   **6** 높은, 낮은   **7** ㉢
8 ①, ④   **9** ㉠   **10** ㉡   **11** 시계 반대
12 52, 52   **13** 민진   **14** ③   **15** ③

Step 2
16 (1) ㉠ (2) ❶ 예 높 ❷ 예 태양 에너지양
17 예 여름에는 겨울보다 태양의 남중 고도가 높아서 일정한 면적의 지표면에 도달하는 태양 에너지양이 많기 때문이다.
18 예 ㉠ 위치에 있을 때는 태양의 남중 고도가 높고, ㉡ 위치에 있을 때는 태양의 남중 고도가 낮다.

> **16** (1) 셉
>   (2) 고도
> **17** 여름
> **18** 반대입

Step 3
19 (1) 예 달라진다 (2) 태양의 남중 고도
20 예 기온이 높다. 예 지구가 ㉡ 위치에 있을 때보다 ㉠ 위치에 있을 때 태양의 남중 고도가 높아서 같은 면적의 지표면에 도달하는 태양 에너지양이 많기 때문이다.

1 전등과 태양 전지판이 이루는 각이 클 때 프로펠러의 바람 세기가 더 셉니다.

2 태양의 남중 고도가 높을수록 같은 면적의 지표면이 받는 태양 에너지양이 많아져 기온이 높아집니다.

3 겨울에는 태양의 남중 고도가 낮아 기온이 낮습니다.

4 지구의 자전축이 기울어진 채 태양 주위를 공전하기 때문에 계절 변화가 생깁니다.

5 북반구에서 여름에는 태양의 남중 고도가 높고, 겨울에는 태양의 남중 고도가 낮습니다.

6 여름에는 태양의 남중 고도가 높아서 기온이 높고 겨울에는 태양의 남중 고도가 낮아서 기온이 낮습니다.

7 전등의 기울기만 다르게 하여 실험합니다.

8 전등과 태양 전지판이 이루는 각이 클 때 태양 전지판이 더 많은 태양 에너지를 받아 프로펠러의 바람 세기가 더 셉니다.

9 손전등이 비추는 각이 커질수록 빛이 닿는 면적이 좁아지므로 같은 면적에 도달하는 빛의 양은 많아집니다.

10 태양의 남중 고도가 높을수록 같은 면적의 지표면에 도달하는 태양 에너지양이 많아집니다.

11 지구본은 시계 반대 방향으로 공전 시킵니다.

12 지구본의 자전축을 기울이지 않은 채 공전시키면 지구본의 위치에 따라 태양의 남중 고도가 달라지지 않습니다.

13 지구본의 자전축을 기울인 채 공전시키면 지구본의 위치에 따라 태양의 남중 고도가 달라집니다.

14 지구의 자전축이 기울어진 채 태양 주위를 공전하기 때문에 지구의 위치에 따라 태양의 남중 고도가 달라지고 계절 변화가 생깁니다.

15 지구가 ㉠ 위치에서는 북반구가 남반구보다 태양의 남중 고도가 높습니다.

16 전등과 태양 전지판이 이루는 각이 클 때 태양 전지판이 받는 태양 에너지양이 많아집니다.

채점 기준		
(1)	'㉠'을 씀.	
(2)	❶에 '높', ❷에 '태양 에너지양'을 모두 정확히 씀.	상
	❶과 ❷ 중 한 가지만 정확히 씀.	중

17 태양의 남중 고도가 높을수록 지표면이 받는 태양 에너지양이 많아져 기온이 높아집니다.

채점 기준		
정답 키워드 태양의 남중 고도 | 태양 에너지양		
'여름에는 겨울보다 태양의 남중 고도가 높아서 일정한 면적의 지표면에 도달하는 태양 에너지양이 많기 때문이다.' 등의 내용을 정확히 씀.		상
태양의 남중 고도와 태양 에너지양 중 한 가지를 쓰지 못함.		중

18 북반구에서 태양의 남중 고도가 높을 때 남반구에서는 태양의 남중 고도가 낮습니다.

채점 기준		
정답 키워드 높다 | 낮다		
'㉠ 위치에 있을 때는 태양의 남중 고도가 높고, ㉡ 위치에 있을 때는 태양의 남중 고도가 낮다.' 등의 내용을 정확히 씀.		상
㉠ 위치와 ㉡ 위치 중 한 가지만 정확히 씀.		중

19 지구의 자전축이 기울어진 채 태양 주위를 공전하여 태양의 남중 고도가 달라지므로 계절 변화가 생깁니다.

20 지구가 ㉠ 위치에 있을 때 북반구에 있는 우리나라는 태양의 남중 고도가 높습니다.

1 ④   **2** 태양 고도   **3** ③, ⑤
4 (1) ㉡ (2) ㉠   **5** (1) ㉠ 태양 고도 ㉡ 기온 ㉢ 그림자 길이 (2) 예 태양 고도가 높아지면 그림자 길이는 짧아지고, 태양 고도가 낮아지면 그림자 길이는 길어진다.   **6** ④, ⑤
7 ④   **8** ㉢   **9** (1) ㉢, ㉠ (2) 예 낮의 길이가 짧아진다.   **10** (1) ㉡ (2) ㉣   **11** ㉢   **12** (가)
13 ㉡   **14** ㉢   **15** (1) 예 태양의 남중 고도 (2) 예 태양의 남중 고도는 달라지지 않는다.
16 ㉠ 예 기울이지 않은 ㉡ 예 기울인
17 ❶ 예 달라진다. ❷ 예 달라지지 않는다.   **18** ㉢
19 ㉠ 공전 ㉡ 태양의 남중 고도   **20** ㉡

1 하루 동안 태양 고도는 태양이 정남쪽에 위치할 때 가장 높으며, 이때를 태양이 남중했다고 합니다.

2 태양 고도는 태양의 높이를 나타내는데, 막대기의 그림자 끝과 실이 이루는 각을 측정하여 알 수 있습니다.

3 막대기의 길이가 길어지면 그림자 길이도 길어지기 때문에 막대기의 길이를 길게 해도 태양 고도는 일정합니다.

4 오전 8시보다 오전 11시에 태양 고도가 더 높습니다.

5 태양 고도와 그림자 길이 그래프는 모양이 서로 다릅니다.

채점 기준		
(1)	㉠에 '태양 고도', ㉡에 '기온', ㉢에 '그림자 길이'를 모두 정확히 씀.	3점
	㉠~㉢ 중 두 가지를 정확히 씀.	2점
	㉠~㉢ 중 한 가지만 정확히 씀.	1점
(2)	정답 키워드 높다 | 짧아지다 | 낮다 | 길어지다 '태양 고도가 높아지면 그림자 길이는 짧아지고, 태양 고도가 낮아지면 그림자 길이는 길어진다.' 등의 내용을 정확히 씀.	7점
	태양 고도와 그림자 길이의 관계에 대해 썼지만, 표현이 부족함.	3점

6 그림자 길이는 오전에 짧아지기 시작하여 12시 30분경에 가장 짧고 그 뒤에 길어집니다.

7 태양 고도가 높아지면 그림자 길이가 짧아집니다.

8 태양의 남중 고도가 가장 높은 ㉢이 기온이 가장 높을 때입니다.

9 여름에서 겨울로 갈수록 낮의 길이가 짧아집니다.

채점 기준		
(1)	'㉢, ㉠'을 순서대로 씀.	4점
(2)	**정답 키워드** 낮의 길이 | 짧다 '낮의 길이가 짧아진다.' 등의 내용을 정확히 씀.	8점
	여름에서 겨울이 될 때 낮의 길이 변화에 대해 썼지만, 표현이 부족함.	4점

10 낮의 길이는 6~7월에 가장 길고, 12~1월에 가장 짧습니다.

11 (나)에서는 전등이 넓은 면적을 비추기 때문에 일정한 면적의 태양 전지판에 도달하는 에너지양이 (가)보다 적습니다.

12 전등과 태양 전지판이 이루는 각이 클 때(태양 고도가 높을 때) 프로펠러의 바람 세기가 더 셉니다.

13 여름에는 태양의 남중 고도가 높아 같은 면적의 지표면에 도달하는 태양 에너지양이 많고 낮의 길이가 길어서 기온이 높습니다.

14 태양 고도가 높을 때 일정한 면적의 지표면에 도달하는 태양 에너지양이 많습니다.

15 지구본의 자전축이 기울어지지 않은 채 지구가 공전하면 태양의 남중 고도가 달라지지 않습니다.

채점 기준		
(1)	'태양의 남중 고도'를 씀.	2점
(2)	**정답 키워드** 달라지지 않다 등 '태양의 남중 고도는 달라지지 않는다.' 등의 내용을 정확히 씀.	8점
	자전축이 기울어지지 않았을 때 태양의 남중 고도 변화에 대해 썼지만, 표현이 부족함.	4점

16 지구본의 자전축을 기울이지 않은 채 공전시키면 태양의 남중 고도가 달라지지 않습니다.

17 지구본의 자전축을 기울이지 않은 채 공전시키면 태양의 남중 고도가 달라지지 않으므로 계절 변화가 생기지 않습니다.

18 지구의 공전 방향은 시계 반대 방향입니다.

19 지구의 자전축이 기울어진 채 태양 주위를 공전하여 태양의 남중 고도가 달라지기 때문에 계절 변화가 생깁니다.

20 지구가 ㉢ 위치에 있을 때 태양의 남중 고도가 낮습니다.

---

3. 연소와 소화

개념 다지기   **55**쪽

1 ㉢   **2** 줄어듭니다   **3** ④   **4** ㉠
5 (1) ㉡ (2) ㉠   **6** 발화점

1 초가 탈 때 불꽃의 모양은 위아래로 길쭉한 모양이고, 불꽃의 색깔은 노란색, 붉은색 등 다양합니다.

2 알코올이 탈 때 시간이 지날수록 양이 줄어듭니다.

3 물질이 탈 때는 물질의 양이 변합니다.

4 작은 아크릴 통 안에 공기(산소)가 더 적게 들어 있기 때문에 작은 아크릴 통 안의 초가 먼저 꺼집니다.

5 성냥 머리 부분이 향보다 불이 붙는 온도(발화점)가 낮기 때문에 먼저 불이 붙습니다.

6 연소가 일어나려면 온도가 발화점 이상이어야 합니다.

단원 실력 쌓기   **56~59**쪽

Step ①
1 윗부분   **2** 빛, 열   **3** 산소   **4** 발화점   **5** 연소
6 ④, ⑤   **7** ㉠   **8** ③   **9** ②   **10** ㉢
11 ③   **12** 산소   **13** ①   **14** ㉠   **15** ①, ⑤

Step ②
16 ❶ 열 **❷** 예 줄어든다
17 (1) 예 줄어들었다. (2) 예 초가 타면서 산소를 사용했기 때문이다.
18 예 물질의 온도가 발화점 이상으로 높아지기 때문이다.

> **16** 빛, 열
> **17** (1) 높습
>   (2) 산소
> **18** 발화점

Step ③
19 (1) ㉡, ㉢, ㉠ (2) <
20 (1) 성냥 머리 부분 (2) 예 성냥 머리 부분이 향보다 발화점이 낮기 때문이다.

1 초가 탈 때 불꽃의 윗부분은 밝습니다.

2 물질이 탈 때는 빛과 열이 납니다.

3 물질이 타기 위해서는 산소가 필요합니다.

4 물질의 온도를 발화점 이상으로 높이면 불을 직접 붙이지 않고도 물질을 태울 수 있습니다.

5 연소는 물질이 산소와 만나 빛과 열을 내는 현상입니다.

6 초가 탈 때 불꽃의 모양은 위아래로 길쭉한 모양이고, 불꽃 옆으로 손을 가까이하면 따뜻합니다.

7 물질이 탈 때는 빛과 열이 발생합니다.

8 케이크 위의 촛불은 빛을 이용하는 예이고, 가스레인지의 불꽃과 숯불은 열을 이용하는 예입니다.

9 작은 초가 모두 타서 촛불이 먼저 꺼지는데, 이것으로 초가 탈 때 탈 물질이 필요하다는 것을 알 수 있습니다.

10 실험에서 아크릴 통의 크기만 다르게 해야 합니다.

11 큰 아크릴 통 안에 공기(산소)가 더 많이 들어 있기 때문에 큰 아크릴 통 안의 촛불이 더 오래 탑니다.

12 초가 타기 전보다 타고 난 후 산소 비율은 줄어듭니다.

13 성냥의 머리 부분이 나무 부분보다 불이 붙는 온도(발화점)가 더 낮기 때문에 먼저 불이 붙습니다.

14 점화기를 사용하는 것은 불을 직접 붙이는 경우입니다.

15 연소가 일어나려면 탈 물질, 산소, 발화점 이상의 온도가 필요합니다.

16 물질이 탈 때는 빛과 열이 발생하여 주변이 밝아지고 따뜻해지며, 시간이 지날수록 물질의 양이 줄어듭니다.

채점 기준

❶에 '열', ❷에 '줄어든다'를 모두 정확히 씀.	상
❶과 ❷ 중 한 가지만 정확히 씀.	중

17 초가 타면서 산소를 사용하기 때문에 초가 타고 난 후 초가 타기 전보다 산소 비율이 줄어듭니다.

채점 기준

(1)	'줄어들었다.'를 정확히 씀.	
(2)	**정답 키워드** 타다 | 산소 '초가 타면서 산소를 사용했기 때문이다.' 등의 내용을 정확히 씀.	상
	산소 비율이 줄어든 까닭을 썼지만, 표현이 부족함.	중

18 물질의 온도를 발화점 이상으로 높이면 불을 직접 붙이지 않고도 물질을 태울 수 있습니다.

채점 기준

정답 키워드 발화점 | 이상 | 높아지다 '물질의 온도가 발화점 이상으로 높아지기 때문이다.' 등의 내용을 정확히 씀.	상
성냥갑에 성냥 머리를 마찰하여 불을 켤 수 있는 까닭을 썼지만, 표현이 부족함.	중

19 공기(산소)의 양이 적을수록 촛불이 빨리 꺼지며, 아크릴 통으로 덮지 않은 ㉠ 초는 계속 탑니다.

20 성냥 머리 부분은 향보다 발화점이 낮기 때문에 성냥 머리 부분에 불이 먼저 붙습니다.

개념 다지기 63쪽

1 ④ **2** (1) ⓒ (2) ㉠ **3** ㉠, ㉣ **4** ②
5 ⓒ, ⓒ, ⓗ **6** 등지고

1 푸른색 염화 코발트 종이는 물에 닿으면 붉은색으로 변하는 성질이 있습니다.

2 푸른색 염화 코발트 종이로 물을 확인할 수 있고, 석회수로 이산화 탄소를 확인할 수 있습니다.

3 알코올이 연소한 후 물과 이산화 탄소가 생성됩니다.

4 촛불을 입으로 불면 탈 물질이 날아가기 때문에 촛불이 꺼집니다.

5 탈 물질, 산소, 발화점 이상의 온도가 모두 있어야만 연소가 일어나며, 이 중 한 가지 이상을 없애면 불이 꺼집니다.

6 소화기 손잡이 부분의 안전핀을 뽑은 다음, 바람을 등지고 서서 호스의 끝부분을 잡고 불이 난 방향을 향해 손잡이를 움켜쥐고 불을 끕니다.

단원 실력 쌓기 64~67쪽

Step ①
1 붉게 **2** 물, 이산화 탄소 **3** 산소 **4** 소화
5 119 **6** 물 **7** ㉠ **8** ②
9 이산화 탄소 **10** (1) ⓒ (2) ⓒ (3) ㉠ **11** ①
12 ①, ④ **13** ㉠, ⓒ, ⓒ, ㉣ **14** ⑤

Step ②
15 ❶ 물 ❷ 예 붉은색
16 (1) 예 꺼진다. (2) 예 탈 물질이 없어지기 때문이다.
17 예 소화기나 마른 모래로 불을 꺼야 한다.

> **15** 연소
> **16** (1) 탈 물질
> (2) 탈 물질
> **17** 물

Step ③
18 ⓒ
19 (1) ㉠ (2) ⓒ (3) ⓒ
20 예 탈 물질, 산소, 발화점 이상의 온도 중 한 가지 이상의 조건을 없애 불을 끄는 것이다.

1 푸른색 염화 코발트 종이는 물에 닿으면 붉은색으로 변합니다.

2 초가 연소한 후 물과 이산화 탄소가 생성됩니다.

3 촛불을 컵으로 덮으면 산소가 공급되지 않아 촛불이 꺼집니다.

4 소화는 연소가 일어날 때 한 가지 이상의 연소 조건을 없애 불을 끄는 것입니다.

5 화재가 발생하면 안전하게 대피하고 119에 신고합니다.

6 푸른색 염화 코발트 종이는 물에 닿으면 붉은색으로 변합니다.

7 초가 연소한 후 푸른색 염화 코발트 종이가 붉은색으로 변합니다.

8 초가 연소한 후 물이 생성되었기 때문에 푸른색 염화 코발트 종이가 붉은색으로 변합니다.

9 석회수를 뿌옇게 흐려지게 하는 것은 이산화 탄소입니다.

10 촛불에 물을 뿌리면 발화점 미만으로 온도가 낮아지기 때문에 불이 꺼지고, 촛불을 컵으로 덮으면 산소가 공급되지 않아서 불이 꺼지며, 촛불을 입으로 불면 탈 물질이 날아가 촛불이 꺼집니다.

11 향초의 심지를 핀셋으로 집거나 가스레인지의 연료 조절 밸브를 잠그면 탈 물질이 없어져서 불이 꺼집니다.

12 기름, 가스, 전기 기구에 의한 화재는 물을 사용하면 안 되고 소화기나 마른 모래를 이용해 불을 꺼야 합니다.

13 불이 나면 "불이야!"를 외치고 불이 난 곳으로 소화기를 옮긴 다음, 소화기의 안전핀을 뽑습니다. 그다음 호스의 끝부분을 잡고 불이 난 방향을 향해 손잡이를 힘껏 움켜쥐고 소화 물질을 뿌립니다.

14 화재가 발생했을 때는 승강기를 타면 위험하므로 반드시 계단을 이용해 이동합니다.

15 초가 연소한 후 아크릴 통 안에 붙인 푸른색 염화 코발트 종이가 붉은색으로 변하는데, 그 까닭은 초가 연소한 후에 물이 생성되기 때문입니다.

채점 기준	
❶에 '물', ❷에 '붉은색'을 모두 정확히 씀.	상
❶과 ❷ 중 한 가지만 정확히 씀.	중

16 초의 심지를 핀셋으로 집으면 심지를 통해서 탈 물질이 공급되지 못하기 때문에 촛불이 꺼집니다.

채점 기준		
(1)	'꺼진다.'를 정확히 씀.	
(2)	**정답 키워드** 탈 물질 | 없다 '탈 물질이 없어지기 때문이다.' 등의 내용을 정확히 씀.	상
	초의 심지를 핀셋으로 집었을 때 촛불이 꺼지는 까닭을 썼지만, 표현이 부족함.	중

17 전기에 의한 화재는 물을 사용하면 감전이 될 수 있어 위험하므로 소화기를 사용하거나 마른 모래를 덮어 불을 끕니다.

채점 기준		
정답 키워드 소화기 | 마른 모래 등 '소화기나 마른 모래로 불을 꺼야 한다.' 등의 내용을 정확히 씀.		상
전기 기구에서 화재가 발생했을 때 소화 방법에 대해 썼지만, 표현이 부족함.		중

18 촛불을 컵으로 덮으면 산소가 공급되지 않기 때문에 촛불이 꺼집니다.

19 촛불을 입으로 불거나 가스레인지의 연료 조절 밸브를 잠그면 탈 물질이 없어지기 때문에 불이 꺼지고, 촛불에 물을 뿌리거나 소화전을 이용해 물을 뿌리면 발화점 미만으로 온도가 낮아져 불이 꺼지며, 알코올램프의 뚜껑을 덮으면 산소가 공급되지 않기 때문에 불이 꺼집니다.

20 연소가 일어날 때 한 가지 이상의 연소 조건을 없애 불을 끄는 것을 소화라고 합니다.

대단원 평가　68~71쪽

1 ㉢　　**2** ㉡　　**3** ②, ③　　**4** ④
5 (1) ㉡ (2) 작은 아크릴 통(㉠)보다 큰 아크릴 통(㉡) 안에 공기(산소)가 더 많이 들어 있기 때문이다.　　**6** ㉡
7 산소　　**8** 발화점　　**9** (1) 성냥 머리 부분, 향 (2) 예 성냥 머리 부분이 향보다 불이 붙는 온도(발화점)가 낮기 때문이다.
10 ③　　**11** (1) 산소, 연소 (2) 탈 물질 (3) 발화점 (4) 소화
12 ④　　**13** ②　　**14** ①　　**15** 이산화 탄소
16 예 온도가 발화점 미만으로 낮아지기 때문이다.
17 (1) ㉠, ㉢ (2) ㉡, ㉣ (3) ㉢, ㉤　　**18** 지원　　**19** ㉡
20 ③

1 불꽃의 윗부분은 밝고, 아랫부분은 윗부분보다 어둡습니다.

2 알코올이 탈 때 시간이 지날수록 알코올의 양이 줄어듭니다.

3 초와 알코올이 탈 때에는 빛과 열이 발생하여 주변이 밝아지고 따뜻해지며, 물질의 양이 변합니다.

4 가스레인지의 불꽃, 생일 케이크 위의 촛불, 벽난로의 장작불, 어두운 밤 강물 위에 띄운 유등은 모두 물질이 탈 때 발생하는 빛이나 열을 이용하는 예입니다.

5 공기(산소)가 더 많이 들어 있는 큰 아크릴 통(ⓒ)안의 초가 더 오래 탑니다.

채점 기준		
(1)	'ⓒ'을 씀.	4점
(2)	[정답 키워드] 산소 | 많다 '작은 아크릴 통(㉠)보다 큰 아크릴 통(ⓒ) 안에 공기(산소)가 더 많이 들어 있기 때문이다.' 등의 내용을 정확히 씀.	8점
	ⓒ 아크릴 통 속의 초가 더 오래 타는 까닭을 썼지만, 표현이 부족함.	4점

6 초가 타면서 산소를 사용하기 때문에 초가 타고 난 후 산소 비율은 초가 타기 전보다 줄어듭니다.

7 물질이 타기 위해서는 산소가 필요합니다. 산소가 없으면 탈 물질이 있더라도 타지 않습니다.

8 물질의 온도를 발화점 이상으로 높이면 불을 직접 붙이지 않고도 물질을 태울 수 있습니다.

9 성냥 머리 부분이 향보다 불이 붙는 온도(발화점)가 낮기 때문에 성냥 머리 부분에 먼저 불이 붙습니다.

채점 기준		
(1)	'성냥 머리 부분', '향'을 순서대로 정확히 씀.	4점
(2)	[정답 키워드] 탈 물질 | 없다 '성냥 머리 부분이 향보다 불이 붙는 온도(발화점)가 낮기 때문이다.' 등의 내용을 정확히 씀.	8점
	성냥 머리 부분에 먼저 불이 붙는 까닭을 썼지만, 표현이 부족함.	4점

10 물질의 온도를 발화점 이상으로 높이면 불을 직접 붙이지 않고도 물질을 태울 수 있습니다.

11 연소가 일어나려면 탈 물질, 산소, 발화점 이상의 온도가 모두 있어야 하며, 한 가지 이상의 연소 조건을 없애 불을 끄는 것을 소화라고 합니다.

12~13 초가 연소한 후 푸른색 염화 코발트 종이의 색깔이 붉은색으로 변한 것을 통해 초가 연소한 후 물이 생성되는 것을 알 수 있습니다.

14 초가 연소한 아크릴 통에 석회수를 붓고 살짝 흔들면 석회수가 뿌옇게 흐려집니다.

15 석회수는 이산화 탄소를 만나면 뿌옇게 흐려지는 성질이 있으므로 초가 연소한 후 이산화 탄소가 생성된다는 것을 알 수 있습니다.

16 촛불에 분무기로 물을 뿌리면 발화점 미만으로 온도가 낮아지기 때문에 촛불이 꺼집니다.

채점 기준		
[정답 키워드] 발화점 | 미만 | 낮아지다		
'온도가 발화점 미만으로 낮아지기 때문이다.' 등의 내용을 정확히 씀.		8점
물을 뿌리면 촛불이 꺼지는 까닭을 썼지만, 표현이 부족함.		4점

17 ㉠과 ㉣은 탈 물질이 없어지기 때문에 불이 꺼지고, ⓒ과 ㉤은 산소가 공급되지 않아 불이 꺼지며, ㉢과 ㉥은 발화점 미만으로 온도가 낮아져 불이 꺼집니다.

18 전기 기구에 의한 화재는 물을 사용하면 안 되고 소화기를 사용하거나 마른 모래로 덮어 불을 꺼야 합니다.

19 ㉠은 호스, ⓒ은 안전핀, ㉢은 손잡이입니다.

20 연기가 방 안에 들어오지 못하도록 물을 적신 옷이나 이불로 문틈을 막아야 합니다.

4. 우리 몸의 구조와 기능

개념 다지기	75쪽

1 기관 **2** ⑤ **3** (1) ⓒ (2) ㉠ **4** ③
5 선영 **6** 근육

1 기관은 우리가 살아가는 데 필요한 일을 하는 몸속 부분입니다.

2 머리뼈는 위쪽은 둥글고, 아래쪽은 각이 져 있습니다.

3 목뼈는 모양이 비슷한 여러 개의 조각으로 이루어져 있고, 팔뼈는 길이가 길며 아래쪽 뼈는 긴뼈 두 개로 이루어져 있습니다.

4 모형의 비닐봉지가 나타내는 것은 근육입니다.

5 공기를 불어 넣기 전의 비닐봉지의 길이가 공기를 불어 넣은 후의 비닐봉지의 길이보다 깁니다.

6 팔 안쪽 근육의 길이가 줄어들면 아래팔뼈가 올라와 팔이 구부러집니다.

단원 실력 쌓기

Step 1

1 근육 **2** 소화 **3** 위 **4** 폐 **5** 콩팥

6 연진 **7** ②, ③ **8** 예 흡수 **9** ㉠ 식도 ㉡ 작은창자

10 ⑤ **11** ㉡ **12** ③ **13** ② **14** ③

15 예 혈액

Step 2

16 (1) ㉠

(2) ❶ 예 액체

❷ 예 음식물

17 (1) 예 펌프

(2) 예 혈액이 이동하는 통로이다.

> **16** (1) 위
> (2) 분비
> **17** (1) 혈액
> (2) 이동

Step 3

18 예 줄어들고 **19** ㉠ 뼈 ㉡ 근육

20 예 팔 안쪽 근육의 길이가 줄어들면 아래팔뼈가 올라와 팔이 구부러지고, 팔 안쪽 근육의 길이가 늘어나면 아래팔뼈가 내려가 팔이 펴진다.

1 근육은 뼈에 연결되어 길이가 줄어들거나 늘어나면서 뼈를 움직이게 합니다.

2 소화는 음식물의 영양소를 몸속으로 흡수할 수 있게 음식물을 잘게 쪼개고 분해하는 과정입니다.

3 위는 작은창자와 연결되어 있고, 소화를 돕는 액체를 분비해 음식물과 섞은 다음 더 잘게 쪼갭니다.

4 숨을 들이마실 때 코로 들어온 공기는 기관, 기관지를 거쳐 폐에 도달합니다.

5 콩팥은 혈액 속의 노폐물을 걸러 오줌으로 만듭니다. 방광은 오줌을 모아 두었다가 몸 밖으로 내보냅니다.

6 뼈는 우리 몸의 형태를 만듭니다.

7 팔을 구부렸을 때 팔 안쪽 근육이 오므라들고, 근육의 길이가 줄어듭니다.

8 소화 기관은 음식물의 소화와 흡수 등을 담당하는 기관입니다.

9 음식물이 우리 몸속에서 소화될 때 입 → 식도 → 위 → 작은창자 → 큰창자 → 항문 순서대로 이동합니다.

10 숨을 들이마시고 내쉴 때 몸속에서 공기가 이동합니다.

11 폐는 주머니 모양으로 좌우 한 쌍이 있으며 공기 중의 산소를 받아들이고, 몸에서 생긴 이산화 탄소를 내보냅니다.

더 알아보기

숨을 들이마실 때의 폐
폐는 근육이 없어서 스스로 운동하지 못합니다. 숨을 들이마시는 것은 폐를 둘러싸고 있는 가로막이 내려가고 갈비뼈가 올라가 가슴속의 압력이 낮아져 바깥 공기가 폐 속으로 밀려 들어오는 것입니다.

12 심장은 일반적으로 가슴 가운데에서 약간 왼쪽으로 치우쳐 있고, 펌프 작용으로 혈액을 순환시키는 둥근 주머니 모양의 순환 기관입니다.

13 주입기의 펌프를 느리게 누르면 붉은 색소 물이 느리게 움직입니다.

14 콩팥에서 걸러 낸 노폐물을 모아 두었다가 몸 밖으로 내보내는 기관은 방광입니다. 오줌관은 콩팥에서 방광으로 오줌이 이동하는 통로입니다.

15 노폐물은 혈액에 실려 이동하다가 콩팥에서 걸러지고, 걸러진 노폐물은 오줌이 됩니다.

16 식도(㉠)는 음식물을 위로 이동시키고, 위(㉡)는 소화를 돕는 액체를 분비하여 음식물과 섞은 다음 더 잘게 쪼갭니다.

채점 기준

(1)	'㉠'을 정확히 씀.	
(2)	❶ '액체', ❷ '음식물' 두 가지를 모두 정확히 씀.	상
	❶과 ❷ 중 한 가지만 정확히 씀.	중

17 심장은 펌프 작용으로 혈액을 온몸으로 순환시키고, 혈관은 혈액이 이동하는 통로입니다. 심장에서 나온 혈액은 혈관을 따라 이동합니다.

채점 기준

(1)	'펌프'를 정확히 씀.	
(2)	**정답 키워드** 혈액 | 통로 등 '혈액이 이동하는 통로이다.'와 같이 내용을 정확히 씀.	상
	'이동하는 통로이다.'와 같이 무엇이 이동하는 통로인지는 쓰지 못함.	중

18 공기를 불어 넣으면 비닐봉지의 길이가 줄어들고, 손 그림이 위로 올라옵니다.

19 뼈 모형은 우리 몸의 뼈, 비닐봉지는 우리 몸의 근육을 나타냅니다.

20 팔 안쪽 근육의 길이가 줄어들면 아래팔뼈가 올라와 팔이 구부러지고, 팔 안쪽 근육의 길이가 늘어나면 아래팔뼈가 내려가 팔이 펴집니다.

Step ①

1 귀　　2 ⑩ 신경　　3 ⑩ 뇌　　4 운동한 직후

5 산소　　6 눈　　7 ②　　8 ①

9 ㉠ 자극 ㉡ 반응　　10 신경　　11 ㉡　　12 ②

13 ①, ②　　14 (1) ㉡ (2) ㉢ (3) ㉠ (4) ㉣

Step ②

15 (1) 눈

　(2) ❶ ⑩ 뜨거움 ❷ ⑩ 촉감

16 (1) ⑩ 팔 벌려 뛰기를 할 때,
　　달리기를 할 때 등

　(2) ⑩ 심장이 빠르게 뛰면 혈액
　　순환이 빨라져서 우리 몸에
　　많은 양의 영양소와 산소가 공급되어 에너지를 많이
　　낼 수 있기 때문이다.

17 ⑩ 운동을 하면 체온이 올라가고 맥박은 빨라지며, 운동한
　뒤 휴식을 취하면 운동하기 전과 비슷해진다.

15	(1) 보는
	(2) 피부
16	(1) 운동할
	(2) 혈액
17	올라, 빨라

Step ③

18 ❶ ⑩ 산소 ❷ ⑩ 노폐물

19 ❶ ⑩ 맥박 수 ❷ ⑩ 빨라진다

20 ⑩ 운동을 하면 몸에서 에너지를 많이 내면서 열이 많이
　나기 때문에 체온이 올라가고, 산소와 영양소를 많이
　이용하므로 심장이 빠르게 뛰어 맥박이 빨라진다.

1 귀는 소리를 듣는 감각 기관입니다.

2 신경이 감각 기관에서 받아들인 자극을 뇌로 전달합니다.

3 뇌에서 자극을 해석하여 반응을 결정하고 명령을 내립니다.

4 운동하기 전보다 운동한 직후의 체온이 더 높습니다.

5 운동할 때 산소와 영양소를 많이 이용합니다.

6 주변에서 발생한 자극을 받아들이는 기관을 감각 기관
　이라고 합니다.

7 우리 몸의 감각 기관에는 눈, 귀, 코, 혀, 피부 등이
　있습니다.

8 혀로 맛을 알 수 있습니다.

9 고소한 냄새를 맡는 것(코)과 빵을 보는 것(눈)은 자극
　이고, 빵을 먹는 것은 반응입니다.

10 자극이 전달되고 반응하는 과정은 감각 기관 → 자극을
　전달하는 신경 → 뇌 → 명령을 전달하는 신경 → 운동
　기관의 순서입니다.

11 운동을 할 때에는 심장이 빠르게 뜁니다.

12 우리 몸은 에너지를 내기 위해 산소가 필요한데, 호흡이
　빨라지면 산소를 많이 공급할 수 있습니다.

13 운동하기 전보다 운동한 직후의 체온이 더 높고, 맥박이
　더 빠릅니다.

14 감각 기관은 주변의 자극을 받아들이고, 배설 기관은
　혈액 속에 있는 노폐물을 걸러 내어 오줌으로 내보냅니다.
　호흡 기관은 산소를 흡수하고 이산화 탄소를 몸 밖으로
　내보내며, 운동 기관은 영양소와 산소를 이용하여
　몸을 움직입니다.

15 얼굴의 윗부분에 두 개가 있으며 사물을 보는 것은 눈이고,
　몸 표면을 감싸는 피부는 차가움과 뜨거움, 촉감,
　아픔 등을 느낍니다.

채점 기준		
(1)	'눈'을 정확히 씀.	
(2)	❶ '뜨거움', ❷ '촉감' 두 가지를 모두 정확히 씀.	상
	❶과 ❷ 중 한 가지만 정확히 씀.	중

16 영양소와 산소는 혈액에 의해 온몸으로 공급됩니다.
　혈액 순환이 빨라지면 우리 몸에 더 많은 양의 영양소와
　산소가 공급될 수 있습니다.

채점 기준		
(1)	'팔 벌려 뛰기를 할 때', '달리기를 할 때' 등을 정확히 씀.	
(2)	**정답 키워드** 혈액 순환 | 영양소와 산소 공급 등 '심장이 빠르게 뛰면 혈액 순환이 빨라져서 우리 몸에 많은 양의 영양소와 산소가 공급되어 에너지를 많이 낼 수 있기 때문이다'와 같이 내용을 정확히 씀.	상
	심장이 빠르게 뛰는 까닭을 썼지만, 표현이 부족함.	중

17 운동하기 위해서는 평소보다 더 많은 영양소와 산소가
　필요하므로 맥박과 호흡이 빨라집니다. 또 체온이 올라
　가고 땀이 나기도 합니다.

채점 기준		
정답 키워드 체온 – 올라간다 | 맥박 – 빨라진다 | 운동하기 전과 비슷하다 등		
'운동을 하면 체온이 올라가고 맥박은 빨라지며, 운동한 뒤 휴식을 취하면 운동하기 전과 비슷해진다.'와 같이 내용을 정확히 씀.		상
운동할 때와 휴식을 취했을 때의 체온과 맥박의 변화에 대해 썼지만, 표현이 부족함.		중

18 호흡 기관은 우리 몸에 필요한 산소를 받아들이고, 이산화
　탄소를 몸 밖으로 내보냅니다. 배설 기관은 혈액에
　있는 노폐물을 걸러 내어 오줌으로 배설합니다.

19 운동할 때는 맥박과 호흡이 빨라집니다.

20 운동을 하면 체온이 올라가고, 심장이 빠르게 뛰어 맥박과 호흡이 빨라집니다.

대단원 평가   90~93쪽

1 ㉔ 운동 기관   **2** ㉢   **3** 근육, ㉔ 팔 안쪽 근육의 길이가 줄어들면 아래팔뼈가 올라와 팔이 구부러진다.
4 혜인   **5** ⑤   **6** ⑤   **7** ②
8 ㉠ 산소 ㉡ 이산화 탄소   **9** (1) ㉢ (2) ㉔ 기관과 폐를 연결하며 공기가 이동하는 통로이다.   **10** ②, ③
11 ㉠ 심장 ㉡ 혈관 ㉢ 혈액   **12** ②   **13** ㉡
14 ㉡   **15** ㉠   **16** (1) ㉡ (2) ㉠ (3) ㉢ (4) ㉣
17 (1) 자극, 반응 (2) ㉔ 날씨가 무척 더울 때 팔을 뻗어 음료수를 마신다. 등   **18** ④   **19** 산소   **20** 현지

---

1 몸을 움직이는 데 관여하는 뼈와 근육을 운동 기관이라고 합니다.

2 공기를 불어 넣으면 비닐봉지가 부풀어 오르면서 비닐봉지의 길이가 줄어듭니다.

3 근육은 뼈에 연결되어 있어 몸을 움직일 수 있게 합니다.

채점 기준

정답 키워드 근육 길이 – 줄어든다 | 아래팔뼈 – 올라온다 등	
'근육'을 정확히 쓰고, '팔 안쪽 근육의 길이가 줄어들면 아래팔뼈가 올라와 팔이 구부러진다.'와 같이 내용을 정확히 씀.	8점
'근육'을 정확히 썼지만, 팔이 구부러지는 원리는 정확히 쓰지 못함.	4점

4 소화는 우리 몸에 필요한 영양소가 들어 있는 음식물을 잘게 쪼개 몸에 흡수될 수 있는 형태로 분해하는 과정을 말합니다.

5 항문은 소화되지 않은 음식물 찌꺼기를 배출합니다.

6 음식물은 입 → 식도 → 위 → 작은창자 → 큰창자 → 항문 순으로 이동하여 소화됩니다.

7 호흡에 관여하는 기관은 코, 기관, 기관지, 폐 등입니다. 위와 식도, 작은창자, 항문은 소화에 관여하는 기관입니다.

8 폐는 몸 밖에서 들어온 산소를 받아들이고, 몸 안에서 생긴 이산화 탄소를 몸 밖으로 내보냅니다.

9 기관지는 기관과 폐 사이를 이어주는 관으로 공기가 이동하는 통로입니다.

채점 기준

(1)	'㉢'을 정확히 씀.	4점
(2)	정답 키워드 공기 | 통로 등 '기관과 폐를 연결하며 공기가 이동하는 통로이다.'와 같이 내용을 정확히 씀.	8점
	'통로이다.'와 같이 무엇이 이동하는 통로인지는 쓰지 못함.	4점

10 혈관의 굵기는 굵은 것부터 매우 가는 것까지 다양하고 온몸에 복잡하게 퍼져 있으며, 펌프 작용으로 혈액을 순환시키는 것은 심장입니다. 산소는 혈관을 통해 이동할 수 있습니다.

11 주입기의 펌프는 심장, 주입기의 관은 혈관, 붉은 색소 물은 혈액을 나타냅니다.

12 주입기의 펌프를 느리게 누르면 붉은 색소 물의 이동 빠르기가 느려지고, 이동량이 적어집니다.

13 콩팥에서 방광으로 오줌이 이동하는 통로는 오줌관입니다. 요도는 오줌이 몸 밖으로 이동하는 통로입니다.

14 노란 색소 물만 거름망을 통과하여 비커에 모이고, 붉은색 모래는 거름망 위에 남아 있습니다.

15 실험의 거름망은 우리 몸의 콩팥(㉠)에 해당합니다. 콩팥에서 혈액 속의 노폐물을 거릅니다.

16 코는 냄새를 맡고, 귀는 소리를 들으며 혀는 맛을 느낍니다. 피부는 뜨거움과 차가움, 촉감, 아픔 등을 느낍니다.

17 감각 기관이 받아들인 자극은 온몸에 퍼져 있는 신경을 통해 전달되고, 뇌는 전달된 자극을 해석하여 행동을 결정하고 운동 기관에 명령을 내립니다.

채점 기준

(1)	'자극', '반응' 두 가지를 모두 정확히 씀.	4점
	'자극', '반응' 중 한 가지만 정확히 씀.	2점
(2)	정답 키워드 날씨 – 덥다 | 음료수 – 마신다 등 '날씨가 무척 더울 때 팔을 뻗어 음료수를 마신다.' 등과 같이 내용을 정확히 씀.	8점
	자극을 받아들여 반응하는 예를 썼지만, 표현이 부족함.	4점

18 운동을 하면 체온이 올라가고 맥박 수가 증가합니다. 또 호흡이 빨라지고 땀이 나기도 합니다.

19 운동을 할 때는 평소보다 더 많은 영양소와 산소가 필요합니다.

20 배설 기관은 혈액 속의 노폐물을 걸러 내어 오줌으로 배설합니다.

---

5. 에너지와 생활

개념북 90~105쪽

개념 다지기   99쪽

1 에너지 **2** (1) ㉡ (2) ㉠   **3** ②   **4** ㉢
5 운동 **6** (1) ○ (2) ×

1 생물이 살아가거나 기계가 움직이려면 에너지가 필요합니다.

2 귤나무와 같은 식물은 광합성을 하여 스스로 양분을 만들어 에너지를 얻고, 살쾡이와 같은 동물은 다른 생물을 먹고 그 양분으로 에너지를 얻습니다.

3 움직이는 물체가 가지고 있는 에너지는 운동 에너지입니다.

4 높은 곳에 있는 추와 같이 높은 곳에 있는 물체가 가지고 있는 에너지는 위치 에너지입니다.

5 폭포의 물이 높은 곳에서 낮은 곳으로 떨어지므로 위치 에너지가 운동 에너지로 전환됩니다.

6 태양 전지는 태양의 빛에너지가 전기 에너지로 전환된 것입니다.

개념 다지기   101쪽

1 열   **2** 겨울잠 **3** 세탁기 **4** ③   **5** ㉡
6 ㉢

1 겨울눈은 여러 겹의 비늘 껍질과 따뜻한 털로 추운 겨울에 열에너지가 빠져나가는 것을 줄여 주어 어린싹이 얼지 않도록 합니다.

2 동물은 먹이가 부족한 추운 겨울에 겨울잠을 자면서 에너지를 효율적으로 이용합니다.

3 에너지 소비 효율 등급이 1등급에 가까운 제품일수록 에너지 효율이 높은 제품입니다.

4 에너지를 효율적으로 이용하기 위해서 백열등보다 전기 에너지가 빛에너지로 더 많이 전환되는 발광 다이오드[LED]등을 설치해야 합니다.

5 전기 에너지가 빛에너지로 전환되는 비율은 백열등에서는 5 %, 발광 다이오드[LED]등에서는 95 %입니다.

6 전기 에너지가 빛에너지로 많이 전환되는 발광 다이오드[LED]등이 백열등보다 에너지 효율이 높습니다.

단원 실력 쌓기   102~105쪽

Step 1
1 에너지 **2** 식물, 동물   **3** 운동 에너지
4 에너지 전환   **5** 예 태양 **6** ⑤   **7** ①, ④
8 정현   **9** ③   **10** ㉢ **11** 2   **12** ④, ⑤
13 ④   **14** ③

Step 2
15 ❶ 예 빛 ❷ 예 생물
16 (1) 예 빛에너지 등
　　(2) 예 전기 에너지가 빛에너지로 전환된다.
17 예 전기 에너지가 열에너지로 전환된다.

> **15** 식물, 동물
> **16** (1) 열
> 　　(2) 빛
> **17** 전환

Step 3
18 (가) ㉡ (나) ㉢
19 예 태양
20 (가) 예 여러 가지 가전제품을 작동할 수 있게 해 준다.
　　(나) 예 수력 발전을 하여 전기 에너지를 만든다.

1 생물이 살아가거나 우리가 생활에서 유용하게 사용하는 기계가 작동하려면 에너지가 필요합니다.

> **더 알아보기**
> **일상생활에서 에너지가 필요한 까닭과 에너지를 얻는 방법**
> • 에너지가 필요한 까닭: 생물이 살아가거나 기계가 작동할 때 에너지가 꼭 필요하기 때문입니다.
> • 에너지를 얻는 방법: 석탄, 석유, 천연가스, 햇빛, 바람, 물 등 여러 가지 에너지 자원에서 얻습니다.

2 식물은 햇빛을 받아 광합성을 하여 스스로 양분을 만들어 에너지를 얻고, 동물은 식물이나 다른 동물을 먹고 그 양분으로 에너지를 얻습니다.

3 움직이는 물체는 운동 에너지를 가집니다.

4 한 에너지는 다른 에너지로 형태가 바뀔 수 있습니다. 이와 같이 에너지 형태가 바뀌는 것을 에너지 전환이라고 합니다.

5 우리가 사용하는 대부분의 에너지는 태양에서 온 에너지 형태가 전환된 것입니다.

> **더 알아보기**
> **햇빛이 없다면 일어날 수 있는 일**
> • 식물은 광합성으로 양분을 만들지 못해 살 수 없습니다.
> • 식물을 먹고 사는 동물과 다른 동물을 먹고 사는 동물도 에너지를 얻을 수 없습니다.

6 식물은 빛을 이용하여 스스로 양분을 만들어 에너지를 얻고, 동물은 다른 생물을 먹고 그 양분으로 에너지를 얻습니다.

7 토끼, 살쾡이와 같은 동물은 다른 생물을 먹고 얻은 양분으로 에너지를 얻습니다. 토마토와 귤나무는 햇빛 등을 이용하여 스스로 양분을 만들어 에너지를 얻습니다. 생물이 에너지를 얻는 방법은 다양합니다.

8 가스를 사용하지 못한다면 가스레인지를 사용하지 못해 음식을 끓여 먹을 수 없고, 보일러를 사용하지 못해 집 안을 따뜻하게 하기 어려우며 물을 데울 수가 없어 찬물로 씻어야 합니다.

9 움직이는 물체와 관련된 에너지 형태는 운동 에너지입니다.

> **더 알아보기**
>
> **여러 가지 형태의 에너지**
> • 열에너지: 물체의 온도를 높일 수 있는 에너지
> • 전기 에너지: 전기 기구를 작동하게 하는 에너지
> • 빛에너지: 주위를 밝게 비출 수 있는 에너지
> • 화학 에너지: 음식물, 석유, 석탄 등이 가진 에너지
> • 운동 에너지: 움직이는 물체가 가진 에너지
> • 위치 에너지: 높은 곳에 있는 물체가 가진 에너지

10 광합성을 하는 사과나무는 화학 에너지를 가지고 있습니다. 화학 에너지는 물질 안에 저장되어 있는 에너지로, 생물의 생명 활동에 필요합니다.

> **더 알아보기**
>
> **광합성**
> 식물이 빛 등을 이용하여 이산화 탄소와 물로 양분을 만드는 것입니다.

11 1구간에서는 전기 에너지가 운동 에너지와 위치 에너지로 전환되고, 2구간에서는 위치 에너지가 운동 에너지로 전환되며, 3구간에서는 운동 에너지가 위치 에너지로 전환됩니다.

12 전기밥솥과 전기다리미는 전기 에너지를 열에너지로 전환하여 사용하는 기구입니다.

> **왜 틀렸을까?**
>
> ① 선풍기: 전기 에너지 → 운동 에너지
> ② 모닥불: 화학 에너지 → 빛에너지, 열에너지
> ③ 태양 전지: 빛에너지 → 전기 에너지

13 겨울눈의 여러 겹의 비늘 껍질과 따뜻한 털로 추운 겨울에 열에너지가 빠져나가는 것을 줄여 주어 어린싹이 얼지 않도록 합니다.

14 발광 다이오드[LED]등은 백열등이나 형광등에 비해 전기 에너지가 빛에너지로 많이 전환되므로 백열등이나 형광등보다 에너지 효율이 높습니다.

백열등   발광 다이오드[LED]등
△ 전등에서 전기 에너지(100%)의 전환 비율

15 식물은 햇빛을 받아 광합성을 하여 스스로 양분을 만들어 에너지를 얻고, 사자는 다른 생물을 먹어서 얻은 양분으로 에너지를 얻습니다.

채점 기준	
❶ '빛', ❷ '생물' 두 가지를 모두 정확히 씀.	상
❶과 ❷ 중 한 가지만 정확히 씀.	중

16 불이 켜진 가로등은 빛에너지, 전기 에너지, 열에너지 등을 가지고 있으며, 빛에너지는 주위를 밝게 비출 수 있는 에너지입니다.

채점 기준		
(1)	'빛에너지'를 정확히 씀.	
(2)	**정답 키워드** 전기 에너지 | 빛에너지 등 '전기 에너지가 빛에너지로 전환된다.'와 같이 내용을 정확히 씀.	상
	불이 켜진 가로등의 에너지 전환 과정에 대해 썼지만, 표현이 부족함.	중

17 전기 주전자는 전기 에너지를 열에너지로 전환하여 물을 끓입니다.

채점 기준	
정답 키워드 전기 에너지 | 열에너지 등 '전기 에너지가 열에너지로 전환된다.'와 같이 내용을 정확히 씀.	상
'열에너지로 전환된다.'와 같이 어떤 에너지가 열에너지로 전환되는지는 쓰지 못함.	중

18 ㈎에서는 태양의 빛에너지가 전기 에너지로 전환되고, ㈏에서는 태양의 열에너지가 위치 에너지로 전환됩니다.

19 우리 생활에서 이용하는 대부분의 에너지는 태양의 빛에너지와 열에너지로부터 에너지 형태가 전환된 것입니다.

20 전기 에너지는 여러 가지 가전제품을 작동할 수 있게 해 주고, 높은 곳에 있는 물의 위치 에너지는 수력 발전으로 전기 에너지를 만듭니다.

1 에너지　　**2** ②, ⑤　　**3** 전기　　**4** ①　　**5** ④
6 (1) 열에너지 (2) ⑩ 물을 끓인다. 등　　**7** ④
8 ㉢　　**9** ⑤　　**10** 전기 에너지　　**11** ①
12 (1) ㉢ (2) ⑩ 전기 에너지가 운동 에너지와 위치 에너지로 전환된다. **13** ㉠ 위치 ㉡ 운동　　**14** ③　　**15** 전기
16 ②　　**17** ㉠ 전기 ㉡ 열　　**18** ⑩ 겨울에 먹이를 구하기 어려우므로 에너지를 효율적으로 이용하기 위해서 겨울잠을 잔다.　　**19** 열에너지
20 발광 다이오드[LED]등

1 우리가 일상생활을 할 때는 에너지가 필요하고 이러한 에너지는 여러 가지 에너지 자원에서 얻을 수 있습니다.

2 토끼풀, 사과나무와 같은 식물은 빛을 이용하여 스스로 양분을 만들어 에너지를 얻습니다.

3 가전제품은 전기 에너지로 작동하고, 자동차는 연료를 넣거나 전기를 충전합니다.

4 햇빛, 불이 켜진 전등은 주위를 밝게 해 주므로, 공통으로 관련된 에너지 형태는 빛에너지입니다.

5 위치 에너지는 높은 곳에 있는 물체가 가진 에너지입니다.

6 물체의 온도를 높일 수 있는 열에너지는 쇠를 녹일 때, 물을 끓일 때, 음식을 익힐 때 등에 이용됩니다.

채점 기준		
(1)	'열에너지'를 정확히 씀.	4점
(2)	**정답 키워드** 끓이다 등 '물을 끓인다.' 등과 같이 내용을 정확히 씀.	8점
	열에너지가 실생활에 이용되는 예를 썼지만, 표현이 부족함.	4점

7 높이 올라간 그네는 위치 에너지를 가지고 있습니다. 건전지, 화분의 식물, 타오르는 모닥불, 휴대 전화의 배터리는 화학 에너지를 가지고 있습니다.

8 미끄럼틀 위의 아이는 위치 에너지를 가지고 있습니다.

9 높이 올라간 시소와 높은 곳에 있는 추는 위치 에너지를 가지고 있습니다.

10 전기 제품을 작동하게 하는 에너지 형태는 전기 에너지입니다.

11 한 에너지는 다른 에너지로 형태가 바뀔 수 있습니다. 이처럼 에너지 형태가 바뀌는 것을 에너지 전환이라고 합니다.

12 ㉠ 구간은 전기 에너지가 운동 에너지와 위치 에너지로 전환되고, ㉡ 구간은 위치 에너지가 운동 에너지로, ㉢ 구간은 운동 에너지가 위치 에너지로 전환됩니다.

채점 기준		
(1)	'㉢'을 정확히 씀.	4점
(2)	**정답 키워드** 전기 에너지	운동 에너지	위치 에너지 등 '전기 에너지가 운동 에너지와 위치 에너지로 전환된다.'와 같이 내용을 정확히 씀.	8점
	'전기 에너지가 운동 에너지로 전환된다.', '전기 에너지가 위치 에너지로 전환된다.' 등과 같이 전기 에너지가 전환되는 두 가지 에너지 중 한 가지만 정확히 씀.	4점

13 폭포에서 떨어지는 물은 위치 에너지가 운동 에너지로 전환된 것입니다.

14 나무에 저장된 화학 에너지가 음식을 익히는 모닥불의 열에너지로 전환됩니다.

15 댐은 높은 곳에 있는 물의 위치 에너지를 이용해 발전기를 돌려 전기 에너지를 얻습니다.

> **더 알아보기**
>
> **수력 발전**
> 비가 되어 내린 물이 댐에 저장되면 필요에 따라 물을 아래로 떨어뜨리는데, 이때 위치 에너지가 운동 에너지로 전환되고, 이 운동 에너지가 전기 에너지로 전환됩니다.

16 식물은 태양의 빛에너지를 이용해 화학 에너지를 얻고, 태양 전지는 태양의 빛에너지를 전기 에너지로 전환시킵니다.

17 전기다리미는 전기 에너지를 열에너지로 전환합니다.

18 곰이나 다람쥐, 박쥐 등은 겨울에 먹이를 구하기 어려우므로 겨울잠을 자면서 자신의 화학 에너지를 더 효율적으로 이용합니다.

채점 기준		
정답 키워드 먹이	에너지	효율적 등 '겨울에 먹이를 구하기 어려우므로 에너지를 효율적으로 이용하기 위해서 겨울잠을 잔다.'와 같이 내용을 정확히 씀.		8점
동물이 겨울잠을 자는 까닭을 썼지만, 표현이 부족함.		4점

19 전등에서 전기 에너지는 빛에너지와 열에너지로 전환됩니다.

20 전기 에너지가 빛에너지로 전환되는 비율이 높은 발광 다이오드[LED]등이 백열등보다 에너지 효율이 높습니다.

1. 전기의 이용

단원 쪽지시험 2쪽

1 전기 회로 **2 ❶** (+)극((−)극) **❷** (−)극((+)극)
3 전구의 직렬연결 **4** 병렬 **5** 직렬 **6** 전기
7 닫았을 **8** 예 방향 **9** 머리 **10** 닫고

대표 문제 3쪽

1 ③ **2** ㉠ **3** ④ **4** ③

1 ㉠은 전구의 병렬연결, ㉡은 전구의 직렬연결입니다.

2 전구를 병렬연결할 때보다 직렬연결할 때 전지를 더 오래 사용할 수 있습니다.

3 전자석은 영구 자석과 달리 전기가 흐를 때만 자석의 성질이 나타나며, 자석의 세기를 조절할 수 있습니다.

4 전자석은 전지의 연결 방향에 따라 자석의 극이 달라집니다.

대단원 평가 1회 4~6쪽

1 (1) ㉡ (2) ㉠ (3) ㉢ **2** ③ **3** ④ **4** ③
5 ㉡ **6** 예 ㉠이 ㉡보다 전구의 밝기가 더 밝다.
7 ㉠ 직렬 ㉡ 병렬 **8** < **9** ㉠ **10** ㉡
11 (1) ㉠ (2) 예 전자석은 전기가 흐를 때만 자석의 성질이 나타나기 때문이다. **12** ①, ④ **13** 다른
14 (1) 예 극 (2) 예 전자석은 전지의 연결 방향에 따라 극이 바뀐다. **15** 진석 **16** ②, ⑤ **17** (2) ○ **18** 닫고
19 ① **20** 예 전기 화재

1 전지는 전기 회로에 전기를 흐르게 하고, 전구는 빛을 내며, 스위치는 전기가 흐르는 길을 끊거나 연결합니다.

2 ㉠과 ㉣은 전구에 불이 켜지지 않습니다.

3 ㉡과 ㉢은 전지, 전선, 전구가 끊기지 않게 연결되어 있습니다.

4 전구, 전구 끼우개, 전지, 전지 끼우개, 스위치, 집게 달린 전선으로 구성되어 있는 전기 회로입니다.

5 ㉠은 전구 두 개가 각각 다른 줄에 나누어 한 개씩 연결되어 있습니다.

6 전구 두 개가 각각 다른 줄에 나누어 한 개씩 연결되어 있을 때 전구의 밝기가 더 밝습니다.

채점 기준	
정답 키워드 전구 | 밝다 '㉠이 ㉡보다 전구의 밝기가 더 밝다.' 등의 내용을 정확히 씀.	상
㉠과 ㉡의 전구 밝기를 비교했지만 표현이 부족함.	중

7 전구의 직렬연결은 전기 회로에서 전구 두 개 이상을 한 줄로 연결하는 방법이고, 전구의 병렬연결은 전구 두 개 이상을 여러 개의 줄에 나누어 한 개씩 연결하는 방법입니다.

8 전구의 병렬연결이 전구의 직렬연결보다 전구의 밝기가 더 밝습니다.

9 전구가 병렬연결되어 있을 때는 전구 한 개의 불이 꺼져도 나머지 전구의 불이 꺼지지 않습니다.

10 전구가 직렬연결되어 있을 때는 병렬연결되어 있을 때보다 각 전구에서 소비되는 에너지가 더 적습니다.

11 전자석은 전기가 흐를 때만 자석의 성질이 나타나므로 스위치를 닫아 전기가 흐를 때만 침핀이 붙습니다.

채점 기준		
(1)	'㉠'을 씀.	
(2)	**정답 키워드** 전기가 흐를 때 | 자석의 성질 '전자석은 전기가 흐를 때만 자석의 성질이 나타나기 때문이다.' 등의 내용을 정확히 씀.	상
	단순히 '자석의 성질이 나타난다.'라고만 씀.	중

12 전기가 흐르는 전자석은 자석의 성질이 나타나기 때문에 철로 만들어진 물체가 붙습니다.

13 전자석에 서로 다른 극끼리 한 줄로 연결된 전지의 수가 많을수록 전자석의 세기가 세집니다.

14 스위치를 닫았을 때와 전지의 극을 반대로 하고 스위치를 닫았을 때 나침반 바늘이 가리키는 방향이 달라진 것으로 보아 전자석의 극이 바뀌었음을 알 수 있습니다.

채점 기준		
(1)	'극'을 씀.	
(2)	**정답 키워드** 전지의 연결 방향 | 극 | 바뀌다 '전자석은 전지의 연결 방향에 따라 극이 바뀐다.' 등의 내용을 정확히 씀.	상
	단순히 '극이 바뀔 수 있다.'라고만 씀.	중

15 영구 자석은 자석의 극이 일정하지만, 전자석은 자석의 극을 바꿀 수 있습니다.

16 스피커, 자기 부상 열차, 헤드폰 등에 전자석을 이용합니다.

17 플러그를 뽑을 때는 머리 부분을 잡고 뽑습니다.

18 에어컨과 같은 냉방 기구를 켤 때는 창문을 닫아야 전기를 절약할 수 있습니다.

19 냉장고 문을 자주 여닫지 않고 사용하지 않는 전등을 끄면 전기를 절약할 수 있습니다.

20 전기를 안전하게 사용하지 않으면 감전되거나 화재가 발생할 수 있습니다.

대단원 평가 2회

7~9쪽

1 (1) ㉡ (2) ㉠ (3) ㉢   **2** ① **3** 석민
4 예 스위치를 닫아야 전기가 흐르기 때문이다. **5** ②
6 ㉠ **7** ㉢ **8** (1) 병렬연결 (2) 예 전구 두 개가 각각 다른 줄에 나누어 한 개씩 연결되어 있기 때문이다.
9 ④ **10** ㉠ 직렬 ㉡ 병렬 **11** (2) ○ (3) ○
12 ② **13** ⑤ **14** ㉡ **15** ①, ⑤
16 (1) 전기 (2) 예 전지의 연결 방향을 바꾸면 전자석의 극도 바뀐다. **17** 예 철 **18** ㉡ **19** 뽑아 **20** ⑤

1 전지는 (+)극과 (−)극이 있습니다.

2 ㉡은 전구가 전지의 (+)극에 연결되어 있지 않으므로 전구에 불이 켜지지 않습니다.

3 전구가 전지의 (+)극과 전지의 (−)극에 각각 연결되어 있어야 전구에 불이 켜집니다.

4 전기 회로의 스위치를 닫으면 전기 회로에 전기가 흘러서 전구에 불이 켜집니다.

채점 기준	
정답 키워드 전기 | 흐르다 '스위치를 닫아야 전기가 흐르기 때문이다.' 등의 내용을 정확히 씀.	상
스위치를 닫았을 때만 전구에 불이 켜지는 까닭을 썼지만, 표현이 부족함.	중

5 ㈎와 ㈐는 전구의 밝기가 어둡고, ㈏와 ㈑는 전구의 밝기가 밝습니다.

6 ㈎와 ㈐는 전구를 직렬연결한 전기 회로입니다.

7 전구의 직렬연결보다 전구의 병렬연결이 전구의 밝기가 더 밝습니다.

8 전구 두 개 이상을 여러 개의 줄에 나누어 한 개씩 연결하는 방법을 전구의 병렬연결이라고 합니다.

채점 기준		
(1)	'병렬연결'을 정확히 씀.	
(2)	정답 키워드 각각 다른 줄 | 한 개씩 연결 '전구 두 개가 각각 다른 줄에 나누어 한 개씩 연결되어 있기 때문이다.' 등의 내용을 정확히 씀.	상
	전구가 병렬로 연결된 모습에 대해 썼지만, 표현이 부족함.	중

9 전구를 직렬연결할 때는 전구 한 개의 불이 꺼지면 나머지 전구의 불도 꺼집니다.

10 전구를 병렬연결할 때가 각 전구에서 소비되는 에너지가 더 크므로 전지를 더 오래 사용할 수 없습니다.

11 전자석의 스위치를 닫으면 전기가 흘러 자석의 성질이 나타나므로 전자석의 끝부분에 침핀이 붙습니다.

12 스위치를 열면 전자석에 전기가 흐르지 않아 침핀이 전자석에서 떨어집니다.

13 전지 두 개를 서로 다른 극끼리 한 줄로 연결했을 때가 전자석의 세기가 더 세므로 짧은 빵 끈이 더 많이 붙습니다.

14 ㉠은 나침반 바늘의 N극을 끌어당겼으므로 S극이고, ㉡은 나침반 바늘의 S극을 끌어당겼으므로 N극입니다.

15 전지의 극을 반대로 하고 스위치를 닫으면 전자석의 극이 바뀌므로 나침반 바늘이 가리키는 방향도 바뀝니다.

16 전자석은 전기가 흐를 때만 자석의 성질이 나타나며, 전지의 연결 방향을 바꾸면 극도 바꿀 수 있습니다.

채점 기준		
(1)	'전기'를 씀.	
(2)	정답 키워드 극 | 바뀌다 '전지의 연결 방향을 바꾸면 전자석의 극도 바뀐다.' 등의 내용을 정확히 씀.	상
	전자석의 특징을 썼지만, 표현이 부족함.	중

17 전자석 기중기는 전자석에 전기가 흐르면 자석의 성질이 나타나는 것을 이용한 것입니다.

18 플러그를 뽑을 때는 머리 부분을 잡고 뽑습니다.

19 전기를 절약하려면 사용하지 않는 전기 제품은 꺼 두거나 플러그를 뽑아 놓아야 합니다.

20 사용하지 않는 전기 제품의 플러그를 계속 꽂아두면 전기가 낭비됩니다.

대단원 서술형 평가 1회 · 10쪽

1 (1) ⓒ (2) 예 전지의 (−)극에 연결되어 있는 전선 두 개 중 한 개를 전지의 (+)극에 연결한다.
2 (1) ㉠ (2) 예 전구 두 개를 직렬연결할 때보다 병렬연결할 때 전구의 밝기가 더 밝다.
3 (1) 예 전자석에 붙는다. (2) 예 전기가 흐르지 않아서 자석의 성질이 없어지므로 침핀이 전자석에서 떨어진다.
4 (1) ㉠ 전자석 ⓒ 영구 자석 (2) 예 ㉠은 극이 바뀌지만 ⓒ은 극이 일정하다.

---

1 전구가 전지의 (+)극과 전지의 (−)극에 각각 연결되어 있어야 전구에 불이 켜집니다.

채점 기준

(1)	'ⓒ'을 씀.	4점
(2)	**정답 키워드** 전지의 (+)극	연결하다 '전지의 (−)극에 연결되어 있는 전선 두 개 중 한 개를 전지의 (+)극에 연결한다.' 등의 내용을 씀.	8점
	단순히 '(+)극에 연결한다.'라고만 씀.	4점

2 전구의 연결 방법에 따라 전구의 밝기가 달라집니다.

채점 기준

(1)	'㉠'을 씀.	4점
(2)	**정답 키워드** 전구	병렬연결	밝다 '전구 두 개를 직렬연결할 때보다 병렬연결할 때 전구의 밝기가 더 밝다.' 등의 내용을 씀.	8점
	단순히 '㉠이 더 밝다.'라고만 씀.	4점

3 스위치를 닫으면 자석의 성질이 나타나서 침핀이 전자석에 붙습니다.

채점 기준

(1)	'전자석에 붙는다.'를 정확히 씀.	4점
(2)	**정답 키워드** 자석의 성질	없다	침핀	떨어지다 '전기가 흐르지 않아서 자석의 성질이 없어지므로 침핀이 전자석에서 떨어진다.' 등의 내용을 씀.	8점
	'전기가 흐르지 않는다.'라고만 씀.	4점

4 자기 부상 열차는 전자석의 같은 극끼리 밀어내거나 끌어당기는 성질을 이용하여 열차를 공중에 띄울 수 있습니다.

채점 기준

(1)	㉠에 '전자석', ⓒ에 '영구 자석'을 모두 정확히 씀.	4점
(2)	**정답 키워드** 태양 빛	반사 등 '㉠은 극이 바뀌지만 ⓒ은 극이 일정하다.' 등의 내용을 씀.	8점
	단순히 '극이 바뀐다.'라고만 씀.	4점

대단원 서술형 평가 2회 · 11쪽

1 (1) ㉠ (2) 예 전지, 전선, 전구가 끊기지 않게 연결해야 한다.
2 (1) 예 켜진다. (2) 예 전구의 병렬연결에서는 전구 한 개의 불이 꺼져도 나머지 전구 불은 꺼지지 않는다.
3 (1) ⓝ (2) 예 전자석의 ㉠ 부분은 S극, ⓒ 부분은 N극이 된다. 전자석의 극이 바뀐다. 등
4 (1) ⓒ (2) 예 콘센트 한 개에 플러그 여러 개를 한꺼번에 꽂아서 사용하지 않는다.

---

1 전지, 전선, 전구가 끊기지 않게 연결해 전기가 흐를 수 있게 해야 전구에 불이 켜집니다.

채점 기준

(1)	'㉠'을 씀.	4점
(2)	**정답 키워드** 전지, 전선, 전구	끊기지 않다 '전지, 전선, 전구가 끊기지 않게 연결해야 한다.' 등의 내용을 씀.	8점
	단순히 '끊기지 않게 연결해야 한다.'라고만 씀.	4점

2 전구의 병렬연결에서는 전구 한 개의 불이 꺼지더라도 나머지 전구 불은 꺼지지 않습니다.

채점 기준

(1)	'켜진다.'를 씀.	4점
(2)	**정답 키워드** 전구	병렬연결 '전구의 병렬연결에서는 전구 한 개의 불이 꺼져도 나머지 전구 불은 꺼지지 않는다.' 등의 내용을 씀.	8점
	단순히 '전구의 병렬연결이다.'라고만 씀.	4점

3 전지의 극을 반대로 하여 연결하면 전자석의 극이 바뀌게 됩니다.

채점 기준

(1)	'ⓝ'를 씀.	4점
(2)	**정답 키워드** 극	바뀌다 등 '전자석의 ㉠ 부분은 S극, ⓒ 부분은 N극이 된다.', '전자석의 극이 바뀐다.' 등의 내용을 씀.	8점
	단순히 '반대가 된다.'라고만 씀.	4점

4 콘센트 한 개에 많은 전기 제품을 연결해서 사용하면 안 됩니다.

채점 기준

(1)	'ⓒ'을 씀.	4점
(2)	**정답 키워드** 플러그	여러 개 등 '콘센트 한 개에 플러그 여러 개를 한꺼번에 꽂아서 사용하지 않는다.' 등의 내용을 씀.	8점
	단순히 '안전하게 사용한다.'라고만 씀.	4점

2. 계절의 변화

단원 쪽지시험 12쪽

1 태양 고도 **2** 남중 **3 ❶** 예 짧아 **❷** 예 높아
4 예 높 **5 ❶** 여름 **❷** 겨울 **6** 태양의 남중 고도
7 예 많아 **8** 남중 고도 **9** 기울어진 채
10 겨울

대표 문제 13쪽

1 ⑤ **2** ㉢ **3** ㉡ **4** ⑤

1 여름에는 태양의 남중 고도가 높고 낮의 길이가 길지만, 겨울에는 태양의 남중 고도가 낮고 낮의 길이가 짧습니다.

2 낮의 길이가 가장 짧은 계절은 겨울이고, 기온이 가장 높은 계절은 여름입니다.

3 전등과 태양 전지판이 이루는 각만 다르게 하고 다른 조건은 모두 같게 하여 실험합니다.

4 ㈎~㈒ 각 위치에서 전등 빛의 남중 고도를 측정합니다.

대단원 평가 **1회** 14~16쪽

1 ㉠ 0 ㉡ 0 **2** 예 점점 높아진다. **3** ①
4 태양의 남중 고도 **5** ③ **6** ㉠ **7** ⑤
8 효주 **9** ㉠ **10** (1) ㉢, 여름 (2) 예 여름에는 겨울보다 태양의 남중 고도가 높다. **11** 예 태양의 남중 고도
12 ㉠ **13** ㉢ **14** ㉡ **15** ㉢ **16** ③
17 ㉠ 예 기울어진 ㉡ 예 남중 고도 **18** (1) 예 생기지 않는다. (2) 예 태양의 남중 고도가 달라지지 않기 때문이다.
19 ② **20** ㉢

1 태양이 뜨거나 질 때 태양 고도는 0 °입니다.

2 태양 고도는 오전에 높아지기 시작하여 12시 30분경에 가장 높고, 오후에는 다시 낮아집니다.

채점 기준

정답 키워드 높아지다 등	
'점점 높아진다.' 등의 내용을 정확히 씀.	상
아침부터 12시 30분까지의 태양 고도 변화를 썼지만, 표현이 부족함.	중

3 태양 고도가 낮아지면 그림자 길이는 길어집니다.

4 태양의 남중 고도는 하루 중 태양이 정남쪽에 위치했을 때의 태양 고도입니다.

5 태양 고도는 12시 30분경까지는 계속 높아집니다.

6 태양 고도가 가장 높은 시각과 그림자 길이가 가장 짧은 시각은 12시 30분경이고 기온이 가장 높은 시각은 14시 30분경입니다.

7 여름에는 낮의 길이가 길고 밤의 길이가 짧습니다.

8 여름에는 태양의 남중 고도가 높고 낮의 길이가 깁니다. 겨울에는 태양의 남중 고도가 낮고 낮의 길이가 짧습니다.

9 봄·가을에는 태양의 남중 고도가 겨울보다 높고 여름보다 낮습니다.

10 태양의 남중 고도는 여름에 가장 높고 겨울에 가장 낮습니다.

채점 기준

(1)	'㉢', '여름'을 모두 정확히 씀.	상
	'㉢'과 '여름' 중 한 가지만 정확히 씀.	중
(2)	정답 키워드 태양의 남중 고도	높다	
	'여름에는 겨울보다 태양의 남중 고도가 높다.' 등의 내용을 정확히 씀.	상
	여름과 겨울의 태양의 남중 고도에 대해 썼지만, 표현이 부족함.	중

11 전등과 태양 전지판이 이루는 각은 실제 자연에서 태양의 남중 고도에 해당합니다.

12 전등과 태양 전지판이 이루는 각을 더 크게 하면 태양 전지판이 더 많은 에너지를 받아 프로펠러가 더 빠르게 회전하므로 바람 세기가 세집니다.

13 ㉠이 태양의 남중 고도가 가장 낮고 ㉢이 가장 높으므로, 일정한 면적의 지표면에 도달하는 태양 에너지양은 ㉢이 가장 많습니다.

14 태양의 남중 고도가 높을수록 기온이 높아집니다.

15 지구본의 위치에 따라 태양의 남중 고도가 달라지므로 지구본의 자전축을 기울인 채 공전시킨 ㉡의 결과입니다.

16 지구의 자전축이 기울어지지 않은 채 공전하면 지구의 위치에 따라 태양의 남중 고도가 달라지지 않아 계절이 변하지 않습니다.

17 지구의 자전축이 기울어진 채 공전하면 지구의 위치에 따라 태양의 남중 고도가 달라지므로 계절 변화가 생깁니다.

18 지구가 공전하지 않는다면 태양의 남중 고도가 달라지지 않으므로 계절 변화가 생기지 않습니다.

채점 기준		
(1)	'생기지 않는다.' 등을 정확히 씀.	
(2)	**정답 키워드** 태양의 남중 고도 | 변화 없다 등 '태양의 남중 고도가 달라지지 않기 때문이다.' 등의 내용을 정확히 씀.	상
	지구가 공전하지 않을 때 계절이 변하지 않는 까닭을 썼지만, 표현이 부족함.	중

19 우리나라는 ㈎에서 태양의 남중 고도가 높으므로 여름, ㈏에서 태양의 남중 고도가 낮으므로 겨울입니다.

20 지구가 ㈏ 위치에 있을 때 우리나라는 겨울이므로 태양의 남중 고도가 낮아 기온이 낮고, 낮의 길이가 짧습니다.

대단원 평가 2회   17~19쪽

1 태양 고도   **2** ㉡, ㉢   **3** 53   **4** ㉢
5 ④   **6** ㉢   **7** ②   **8** ㉠, ㉢   **9** ③
10 ㉖ 여름은 태양 고도가 높고 그림자 길이가 짧지만, 겨울은 태양 고도가 낮고 그림자 길이가 길다.
11 (1) ㉠ (2) ㉖ 태양의 남중 고도는 높아지고 낮의 길이는 길어진다.   **12** (2) ○   **13** ㉡
14 ㈎ ㉖ 세다. ㈏ ㉖ 넓다.   **15** ㉖ 많아진다
16 ㉖ 태양의 남중 고도가 달라지지 않는다.
17 (1) × (2) ○ (3) ○   **18** ㉠   **19** 현아   **20** ③

1 태양의 높이는 태양이 지표면과 이루는 각인 태양 고도를 이용하여 나타낼 수 있습니다.

2 막대기의 길이가 짧아지면 그림자 길이는 짧아지지만 태양 고도는 달라지지 않습니다.

3 태양 빛은 평행하게 들어오므로 나무의 높이에 관계없이 측정한 태양 고도는 같습니다.

4 태양의 남중 고도는 태양이 정남쪽 하늘에 떠 있을 때의 태양 고도입니다.

5 태양 고도가 가장 높은 때와 기온이 가장 높은 때는 시간 차이가 있습니다. 기온은 14시 30분경에 가장 높습니다.

6 태양 고도가 높아질수록 그림자 길이는 짧아집니다. 태양 고도가 가장 높을 때 기온이 가장 높지는 않습니다.

7 여름에 태양의 남중 고도가 가장 높고 겨울에 태양의 남중 고도가 가장 낮습니다.

8 태양의 남중 고도가 가장 높은 때와 낮의 길이가 가장 긴 때는 모두 6~7월입니다.

9 태양의 남중 고도가 높아지면 낮의 길이가 길어집니다.

10 여름에는 그림자 길이가 짧고, 겨울에는 그림자 길이가 깁니다.

채점 기준		
	정답 키워드 높다 | 짧다 | 낮다 | 길다 '여름은 태양 고도가 높고 그림자 길이가 짧지만, 겨울은 태양 고도가 낮고 그림자 길이가 길다.' 등의 내용을 정확히 씀.	상
	여름과 겨울 중 한 가지만 정확히 씀.	중

11 태양의 남중 고도가 높을수록 낮의 길이가 길고, 태양의 남중 고도가 낮을수록 낮의 길이는 짧아집니다.

채점 기준		
(1)	'㉠'을 씀.	
(2)	**정답 키워드** 높다 | 길다 '태양의 남중 고도는 높아지고 낮의 길이는 길어진다.' 등의 내용을 정확히 씀.	상
	태양의 남중 고도 변화와 낮의 길이 변화 중 하나만 정확히 씀.	중

12 태양의 위치 변화가 ㉠인 경우는 겨울입니다.

13 태양 고도가 높을수록 일정한 면적의 지표면에 도달하는 태양 에너지양이 많아집니다.

14 전등과 태양 전지판이 이루는 각의 크기가 작으면 일정한 양의 빛이 넓은 면적에 퍼지므로 일정한 면적이 받는 에너지양이 적습니다.

15 태양의 남중 고도가 높을수록 일정한 면적의 태양 전지판이 받는 에너지양이 많아집니다.

16 지구본의 자전축을 기울이지 않은 채 공전시킬 때는 태양의 남중 고도가 달라지지 않습니다.

17 지구본의 자전축을 기울인 채 공전시키면 계절 변화가 생깁니다.

18 지구본의 자전축을 기울인 채 공전시키면 지구본의 위치에 따라 태양의 남중 고도가 달라집니다.

19 지구의 자전축이 기울어진 채 공전하기 때문에 계절 변화가 생깁니다.

20 지구가 ㉠위치에 있을 때 북반구는 태양의 남중 고도가 높으므로 여름이고, 남반구는 태양의 남중 고도가 낮으므로 겨울입니다.

1 (1) ㉢, ㉠, ㉡ (2) 예 그림자 길이는 더 길어지지만 태양 고도는 달라지지 않는다.

2 (1) ㉡, ㉣ (2) 예 태양의 남중 고도는 여름에 가장 높고 겨울에 가장 낮다.

3 (1) < (2) 예 태양의 남중 고도가 높을수록 일정한 면적의 지표면에 도달하는 태양 에너지양이 많아지기 때문이다.

4 (1) 예 달라지지 않는다. (2) 예 지구의 자전축이 기울어진 채 태양 주위를 공전하여 태양의 남중 고도가 달라지기 때문이다.

1 막대기의 길이에 관계없이 태양 고도는 일정합니다.

채점 기준

(1)	'㉢, ㉠, ㉡'을 순서대로 씀.	4점
(2)	**정답 키워드** 길어지다 | 변하지 않다 '그림자 길이는 더 길어지지만 태양 고도는 달라지지 않는다.' 등의 내용을 정확히 씀.	8점
	그림자 길이와 태양 고도 중 하나만 정확히 씀.	4점

2 태양의 남중 고도는 여름에 가장 높습니다.

채점 기준

(1)	'㉡, ㉣'를 순서대로 씀.	4점
(2)	**정답 키워드** 여름 | 높다 | 겨울 | 낮다 '태양의 남중 고도는 여름에 가장 높고 겨울에 가장 낮다.' 등의 내용을 정확히 씀.	8점
	계절별 태양의 남중 고도 변화에 대해 썼지만, 표현이 부족함.	4점

3

채점 기준

(1)	'<'를 정확히 씀.	4점
(2)	**정답 키워드** 일정한 면적 | 태양 에너지양 | 많다 '태양의 남중 고도가 높을수록 일정한 면적의 지표면에 도달하는 태양 에너지양이 많아지기 때문이다.' 등을 정확히 씀.	8점
	단순히 '태양 에너지양이 많기 때문이다.'라고만 씀.	4점

4 지구의 자전축이 기울어진 채 태양 주위를 공전하여 태양의 남중 고도가 달라지기 때문에 계절 변화가 생깁니다.

채점 기준

(1)	'달라지지 않는다.'를 정확히 씀.	4점
(2)	**정답 키워드** 자전축 | 기울어지다 | 태양의 남중 고도 | 달라지다 '지구의 자전축이 기울어진 채 태양 주위를 공전하여 태양의 남중 고도가 달라지기 때문이다.' 등의 내용을 정확히 씀.	8점
	계절 변화가 생기는 까닭을 썼지만, 표현이 부족함.	4점

1 (1) ㉠ (2) 예 기온은 오전에 높아지기 시작해서 14시 30분경 가장 높고 다시 낮아지기 때문이다.

2 (1) ㉠ 예 점점 높아진다. ㉡ 예 점점 길어진다. (2) 예 태양의 남중 고도가 높아지면 낮의 길이가 길어지고, 태양의 남중 고도가 낮아지면 낮의 길이가 짧아진다.

3 (1) 예 지구본의 자전축 기울기 (2) 예 지구의 자전축이 기울어진 채 태양 주위를 공전하기 때문이다.

4 (1) 예 다르다. (2) 예 ㉠ 위치에서는 태양의 남중 고도가 높고 ㉡ 위치에서는 태양의 남중 고도가 낮기 때문이다.

1

채점 기준

(1)	'㉠'을 씀.	4점
(2)	**정답 키워드** 14시 30분경 | 가장 높다 '기온은 오전에 높아지기 시작해서 14시 30분경 가장 높고 다시 낮아지기 때문이다.' 등을 정확히 씀.	8점
	㉠이 하루 동안 기온 변화 그래프인 까닭을 썼지만, 표현이 부족함.	4점

2 낮의 길이는 태양의 남중 고도와 관계가 있습니다.

채점 기준

(1)	㉠에 '점점 높아진다.' ㉡에 '점점 길어진다.'를 모두 정확히 씀.	4점
	㉠, ㉡ 중 하나만 정확히 씀.	2점
(2)	**정답 키워드** 높다 | 길다 | 낮다 | 짧다 '태양의 남중 고도가 높아지면 낮의 길이가 길어지고, 태양의 남중 고도가 낮아지면 낮의 길이가 짧아진다.' 등의 내용을 정확히 씀.	8점
	태양의 남중 고도가 높을 때와 낮을 때 중 한 가지를 정확히 쓰지 못함.	4점

3

채점 기준

(1)	'지구본의 자전축 기울기'을 정확히 씀.	4점
(2)	**정답 키워드** 자전축 | 기울어지다 | 공전 '지구의 자전축이 기울어진 채 태양 주위를 공전하기 때문이다.' 등의 내용을 정확히 씀.	8점
	단순히 '지구의 자전축이 기울어져 있기 때문이다.'라고만 씀.	4점

4

채점 기준

(1)	'다르다.'를 씀.	4점
(2)	**정답 키워드** 태양의 남중 고도 | 높다 | 낮다 등 '㉠ 위치에서는 태양의 남중 고도가 높고 ㉡ 위치에서는 태양의 남중 고도가 낮기 때문이다.' 등의 내용을 정확히 씀.	8점
	㉠, ㉡에서 계절이 다른 까닭을 썼지만, 표현이 부족함.	4점

평가북 **17~21**쪽

3. 연소와 소화

단원 쪽지시험 22쪽

1 ⑩ 빛　**2** 줄어듦　**3** 작은　**4** 산소　**5** 발화점
6 연소　**7** 물　**8** 이산화 탄소　**9** 소화
10 ⑩ 안전핀

대표 문제 23쪽

1 ⑤　**2** 발화점　**3** ⑤　**4** ①

1 큰 아크릴 통(ⓒ)보다 작은 아크릴 통(ㄱ) 안에 공기(산소)가 더 적게 들어 있기 때문에 작은 아크릴 통 안의 초가 먼저 꺼집니다.

2 물질이 타려면 온도가 발화점 이상이 되어야 합니다.

3 촛불에 물을 뿌리면 발화점 미만으로 온도가 낮아지기 때문에 촛불이 꺼집니다.

4 ②와 ④는 산소 공급을 막아 불을 끄는 경우이고, ③은 발화점 미만으로 온도를 낮추어 불을 끄는 경우입니다.

대단원 평가 1회 24~26쪽

1 ②, ④　**2** ⓒ　**3** ④　**4** 빛, 열
5 ㄱ, ⑩ 가스레인지의 불을 이용해 음식을 익힌다.
6 ㄱ, ⓒ　**7** 준재　**8** (1) ⑩ 초가 타기 전 (2) ⑩ 초가 타기 위해서는 산소가 필요하다.　**9** ⓒ
10 ⑩ 발화점 이상의 온도　**11** ⓒ, ⓒ　**12** ②, ④
13 ⑩ 붉은 **14** ①　**15** ④　**16** ③　**17** ⓒ, ⓔ
18 ⓒ　**19** ⓒ, ⑩ 손잡이 부분의 안전핀을 뽑고 손잡이를 움켜쥔다.　**20** ㄱ ⑩ 계단 ⓒ ⑩ 옥상

1 불꽃의 주변이 밝아지고, 불꽃의 모양은 위아래로 길쭉한 모양이며, 촛불에 손을 가까이하면 손이 따뜻해집니다.

2 초가 탈 때 심지 주변이 움푹 팹니다.

3 시간이 지날수록 알코올의 양은 줄어듭니다.

4 물질이 탈 때는 빛과 열이 발생합니다.

5 가로등은 전기를 이용하여 빛을 내는 것으로, 물질 타는 현상과 관련이 없습니다.

채점 기준

정답 키워드 불 l 음식 l 익히다 등	
'ㄱ'을 쓰고, '가스레인지의 불을 이용해 음식을 익힌다.' 등의 내용을 정확히 씀.	상
물질이 탈 때 나타나는 현상을 이용한 예를 썼지만, 표현이 부족함.	중

6 작은 아크릴 통 안의 촛불이 먼저 꺼지고, 큰 아크릴 통 안의 촛불도 꺼집니다.

7 큰 아크릴 통(ⓒ)보다 작은 아크릴 통(ㄱ) 안에 공기(산소)가 더 적게 들어 있기 때문에 작은 아크릴 통 안의 초가 먼저 꺼집니다.

8 초가 타기 전보다 타고 난 후의 산소 비율이 줄어들었으므로, 초가 탈 때 산소를 사용했음을 알 수 있습니다.

채점 기준

(1)	'초가 타기 전'을 씀.	
(2)	정답 키워드 산소 l 필요하다 '초가 타기 위해서는 산소가 필요하다.' 등의 내용을 정확히 씀.	상
	초가 타기 전과 후의 산소 비율 변화를 통해 알 수 있는 점을 썼지만, 표현이 부족함.	중

9 성냥 머리 부분이 놓인 철판의 온도가 계속해서 올라가다가 어느 순간 성냥 머리 부분에 불이 붙습니다.

10 물질이 연소하려면 온도가 발화점 이상이 되어야 합니다.

11 점화기를 사용하는 것은 직접 불을 붙이는 방법입니다.

12 연소가 일어나려면 탈 물질, 산소, 발화점 이상의 온도가 필요합니다.

13 초가 연소한 후 푸른색 염화 코발트 종이가 붉은색으로 변합니다.

14 초가 연소한 후 물이 생성되었기 때문에 푸른색 염화 코발트 종이가 붉은색으로 변합니다.

15 석회수가 뿌옇게 흐려지는 것을 통해 초가 연소한 후 이산화 탄소가 생기는 것을 확인할 수 있습니다.

16 연소가 일어날 때 한 가지 이상의 연소 조건을 없애 불을 끄는 것을 소화라고 합니다.

17 촛불을 입으로 불거나 초의 심지를 핀셋으로 집으면 탈 물질이 없어지기 때문에 촛불이 꺼집니다.

18 알코올램프의 뚜껑을 덮어 불을 끄거나 촛불을 컵으로 덮어 끄는 것은 산소의 공급을 막아 불을 끄는 방법입니다.

19 소화기를 불이 난 곳으로 옮긴 후 손잡이 부분의 안전핀을 뽑아야 소화기를 사용하여 불을 끌 수 있습니다.

20 화재가 발생했을 때는 승강기를 타면 위험하므로 반드시 계단을 이용해 이동하고, 아래층으로 대피할 수 없을 때는 옥상으로 대피합니다.

대단원 평가 2회 27~29쪽

1 ②, ④ **2** 예 촛농 **3** (1) ⓒ (2) ㉠ **4** ④
5 ② **6** (1) ⓒ (2) 예 초가 탈 때 탈 물질이 필요하다.
7 ④ **8** 줄었 **9** ② **10** 성냥 머리 부분
11 예 온도를 발화점 이상으로 높이면 불을 직접 붙이지 않고도 물질을 태울 수 있기 때문이다.
12 푸른색 염화 코발트 종이 **13** 물 **14** ㉠
15 ④ **16** ④ **17** ②, ⑤ **18** 예 산소가 공급되지 않기 때문이다. **19** ⑤ **20** ⑤

1 초가 탈 때 불꽃의 색깔은 노란색, 붉은색 등 다양하고, 불꽃의 위치에 따라 밝기가 다릅니다.

2 고체였던 초가 불을 붙이고 나면 액체인 촛농으로 변하고, 흘러내린 촛농이 굳으면 다시 고체가 됩니다.

3 알코올이 탈 때 시간이 지날수록 알코올의 양이 줄어듭니다.

4 초와 알코올이 탈 때는 물질의 양이 줄어듭니다.

5 케이크 위의 촛불, 강물 위에 뜬 유등, 모닥불은 물질이 탈 때 발생하는 빛이나 열을 이용하는 예입니다.

6 크기가 작은 초가 먼저 모두 타기 때문에 촛불이 먼저 꺼지는데, 이것으로 초가 탈 때 탈 물질이 필요하다는 것을 알 수 있습니다.

7 작은 아크릴 통(ⓒ)보다 큰 아크릴 통(㉠) 안에 공기(산소)가 더 많이 들어 있기 때문에 작은 아크릴 통 안의 촛불이 먼저 꺼집니다.

8 초가 타기 전보다 타고 난 후의에 측정한 산소 비율이 줄어듭니다.

9 물질이 산소와 만나 빛과 열을 내는 현상을 연소라고 합니다.

10 성냥 머리 부분이 향보다 발화점이 낮고, 발화점이 낮으면 불이 잘 붙습니다.

11 어떤 물질이 불에 직접 닿지 않아도 스스로 타기 시작하는 온도를 발화점이라고 합니다.

12 초가 연소한 후 푸른색 염화 코발트 종이가 붉은색으로 변합니다.

13 푸른색 염화 코발트 종이를 붉은색으로 변하게 하는 물질은 물입니다.

14 초를 연소시킨 집기병에 석회수를 넣으면 석회수가 뿌옇게 흐려집니다.

15 석회수가 뿌옇게 흐려지는 것을 통해 초가 연소한 후에 이산화 탄소가 생성됨을 알 수 있습니다.

16 알코올이 연소한 후 생성되는 물질은 물과 이산화 탄소입니다.

17 ①은 발화점 미만으로 온도를 낮추어 촛불을 끄는 방법이고, ③과 ④는 산소 공급을 막아 촛불을 끄는 방법입니다.

18 소화제를 뿌리면 산소가 공급되지 않기 때문에 불이 꺼집니다.

19 화재가 발생했을 때는 119에 신고합니다.

20 화재를 예방하기 위해 불이 나기 쉬운 곳에는 불에 잘 타지 않는 소재를 사용합니다.

대단원 서술형 평가 1회 　　30쪽

1 (1) ⓒ (2) 예 초가 타기 위해서는 산소가 필요하다.
2 (1) 발화점 (2) 예 발화점 이상으로 온도가 높아졌기 때문이다.
3 (1) 이산화 탄소 (2) 예 초가 연소한 후 이산화 탄소가 생성된다.
4 (1) 소화 (2) 예 발화점 미만으로 온도가 낮아지기 때문이다.

1 물질이 타기 위해서는 산소가 필요하기 때문에 초가 타기 전보다 타고 난 후의 산소 비율이 줄어듭니다.

채점 기준

(1)	'ⓒ'을 씀.	4점
(2)	**정답 키워드** 산소 | 필요하다 '초가 타기 위해서는 산소가 필요하다.' 등의 내용을 정확히 씀.	8점
	초가 타기 전과 후의 산소 비율 변화를 통해 알 수 있는 점을 썼지만, 표현이 부족함.	4점

2 물질의 온도를 높여 발화점 이상이 되면 불을 직접 붙이지 않고도 물질을 태울 수 있습니다.

채점 기준

(1)	'발화점'을 정확히 씀.	4점
(2)	**정답 키워드** 발화점 | 이상 | 온도 | 높다 '발화점 이상으로 온도가 높아졌기 때문이다.' 등의 내용을 정확히 씀.	8점
	불을 직접 붙이지 않고도 물질을 태울 수 있는 까닭을 썼지만, 일부를 정확히 쓰지 못함.	4점

3 석회수는 이산화 탄소를 만나면 뿌옇게 흐려집니다.

채점 기준

(1)	'이산화 탄소'를 정확히 씀.	4점
(2)	**정답 키워드** 연소 후 | 이산화 탄소 '초가 연소한 후 이산화 탄소가 생성된다.' 등의 내용을 정확히 씀.	8점
	석회수가 뿌옇게 흐려지는 것을 통해 알 수 있는 점을 썼지만, 일부를 정확히 쓰지 못함.	4점

4 촛불에 물을 뿌리면 발화점 미만으로 온도가 낮아지기 때문에 촛불이 꺼집니다.

채점 기준

(1)	'소화'를 정확히 씀.	4점
(2)	**정답 키워드** 발화점 미만 | 온도 '발화점 미만으로 온도가 낮아지기 때문이다.' 등의 내용을 정확히 씀.	8점
	분무기로 물을 뿌렸을 때 촛불이 꺼지는 까닭을 썼지만, 일부를 정확히 쓰지 못함.	4점

대단원 서술형 평가 2회 　　31쪽

1 (1) 예 아크릴 통의 크기 (2) 예 큰 아크릴 통보다 작은 아크릴 통 안에 공기(산소)가 더 적기 때문에 작은 아크릴 통 안의 촛불이 먼저 꺼진다.
2 (1) 성냥 머리 부분 (2) 예 성냥 머리 부분이 향보다 먼저 불이 붙기 때문이다.
3 (1) 물 (2) 예 푸른색 염화 코발트 종이가 붉은색으로 변하는 것을 통해 확인할 수 있다.
4 (1) 계단 (2) 예 젖은 수건으로 코와 입을 막고 몸을 낮춰 이동한다.

1 **채점 기준**

(1)	'아크릴 통의 크기'를 정확히 씀.	4점
(2)	**정답 키워드** 공기(산소) | 적다 '큰 아크릴 통보다 작은 아크릴 통 안에 공기(산소)가 더 적기 때문에 작은 아크릴 통 안의 촛불이 먼저 꺼진다.' 등의 내용을 정확히 씀.	8점
	단순히 '작은 아크릴 통 안의 촛불이 먼저 꺼진다.'라고만 씀.	4점

2 발화점이 낮을수록 불이 잘 붙습니다.

채점 기준

(1)	'성냥 머리 부분'을 정확히 씀.	4점
(2)	**정답 키워드** 먼저 | 불 붙다 '성냥 머리 부분이 향보다 먼저 불이 붙기 때문이다.' 등의 내용을 정확히 씀.	8점
	성냥 머리 부분의 발화점이 더 낮은 이유 실험의 결과와 관련지어 썼지만, 표현이 부족함.	4점

3 푸른색 염화 코발트 종이는 물에 닿으면 붉게 변하는 성질이 있습니다.

채점 기준

(1)	'물'을 정확히 씀.	4점
(2)	**정답 키워드** 푸른색 염화 코발트 종이 | 붉은색 '푸른색 염화 코발트 종이가 붉은색으로 변하는 것을 통해 확인할 수 있다.' 등의 내용을 정확히 씀.	8점
	연소 후 물이 생성되었다는 것을 확인하는 방법을 썼지만, 표현이 부족함.	4점

4 **채점 기준**

(1)	'계단'을 정확히 씀.	4점
(2)	**정답 키워드** 젖은 수건 | 코, 입 | 막다 | 몸 | 낮추다 '젖은 수건으로 코와 입을 막고 몸을 낮춰 이동한다.' 등의 내용을 정확히 씀.	8점
	유독 가스를 마시는 것을 피하기 위해 해야 하는 행동에 대해 썼지만, 표현이 부족함.	4점

4. 우리 몸의 구조와 기능

평가북 30~36쪽

단원 쪽지시험　32쪽

1 ⑩ 지탱　2 근육　3 위　4 ⑩ 수분　5 폐
6 산소　7 ⑩ 순환　8 배설　9 피부　10 반응

대표 문제　33쪽

1 ④　2 (1) ㉡ (2) ㉣ (3) ㉢ (4) ㉠　3 ②, ③
4 ㉡

1 심장의 펌프 작용으로 심장에서 나온 혈액이 혈관을 통해
온몸으로 이동합니다.

2 순환 기관은 혈액이 온몸을 순환할 수 있도록 하고, 소화
기관은 음식물의 영양소를 몸속으로 흡수할 수 있게
음식물을 잘게 쪼개고 분해합니다. 배설 기관은 혈액
속의 노폐물을 오줌으로 만들어 몸 밖으로 내보내고,
운동 기관은 몸을 움직이도록 합니다.

3 자극이 전달되어 반응하는 과정은 감각 기관 → 자극을
전달하는 신경 → 뇌 → 명령을 전달하는 신경 → 운동
기관의 순서입니다.

4 운동 직후보다 5분 휴식 후의 맥박이 더 느립니다.

대단원 평가 1회　34~36쪽

1 ③　2 (1) 뼈 (2) 근육　3 ②　4 ㉢
5 ⑤　6 (1) 큰창자 (2) ⑩ 음식물 찌꺼기의 수분을 흡수
한다.　7 ②, ③　8 ④　9 (1) ㉠ ⑩ 많아진다.
㉡ ⑩ 적어진다. (2) ⑩ 주입기의 펌프 작용으로 붉은 색소 물이
관을 통해 이동하듯이 심장의 펌프 작용으로 혈액이 혈관을
통해 온몸으로 이동한다. 10 ②　11 ⑩ 순환
12 ⑤　13 ㉡, ㉠, ㉢　14 ④　15 ⑤
16 ㉢　17 수인　18 ⑩ 에너지
19 (1) ㉠ ⑩ 올라간다 ㉡ ⑩ 증가한다 (2) ⑩ 우리 몸에 필요한
산소를 받아들이고, 이산화 탄소를 몸 밖으로 내보낸다.
20 순환 기관

1 척추뼈는 짧은뼈 여러 개가 세로로 이어져 기둥을 이룹니다.

2 뼈 모형은 우리 몸의 뼈를, 비닐봉지는 우리 몸의 근육을
나타냅니다.

3 비닐봉지에 바람을 불어 넣으면 비닐봉지가 부풀어 오르
면서 손 그림이 위로 올라옵니다.

4 근육은 뼈에 연결되어 있어 우리 몸을 움직이게 합니다.

5 입에서부터 소화가 시작되며 입 안의 침도 소화에 관여
합니다.

6 큰창자는 음식물 찌꺼기의 수분을 흡수합니다.

채점 기준

(1)	'큰창자'를 정확히 씀.	
(2)	**정답 키워드** 수분 | 흡수 등 '음식물 찌꺼기의 수분을 흡수한다.'와 같이 내용을 정확히 씀.	상
	큰창자가 소화 과정에서 하는 일을 썼지만, 표현이 부족함.	중

7 호흡을 하면 우리 몸에 필요한 산소가 몸 안으로 들어
오고 불필요한 이산화 탄소가 몸 밖으로 나갑니다.

8 코로 우리 몸에 들어온 공기는 기관과 기관지를 거쳐
폐에 도달합니다.

9 주입기의 펌프를 빠르게 누르면 붉은 색소 물이 많이
이동합니다.

채점 기준

(1)	㉠ '많아진다.', ㉡ '적어진다.'와 같이 두 가지 내용을 모두 정확히 씀.	상
	㉠과 ㉡ 중 한 가지만 정확히 씀.	중
(2)	**정답 키워드** 펌프 작용 | 혈액 이동 등 '주입기의 펌프 작용으로 붉은 색소 물이 관을 통해 이동하듯이 심장의 펌프 작용으로 혈액이 혈관을 통해 온몸으로 이동한다.'와 같이 내용을 정확히 씀.	상
	심장에서 혈액이 온몸으로 어떻게 이동하는지 썼지만, 표현이 부족함.	중

10 혈관은 혈액이 이동하는 통로 역할을 합니다.

11 노폐물이 걸러진 혈액은 다시 온몸을 순환합니다.

12 콩팥과 방광은 혈액에 있는 노폐물을 걸러 내어 몸 밖으로
내보내는 일에 관여하는 기관입니다.

13 혈액에 노폐물이 쌓이면 콩팥에서 혈액 속 노폐물을 걸러
내고, 걸러 낸 노폐물을 방광에 모아 두었다가 몸 밖으로
내보냅니다.

14 온도와 촉감을 느끼는 기관은 피부입니다.

15 자극을 전달하고 반응을 결정하여 명령을 내리는 기관은
신경계입니다.

16 공 던지기 놀이에서 공이 날아오는 모습을 보는 것은 자극, 날아오는 공을 잡는 것은 반응입니다.

17 자극 전달 과정은 여러 단계를 거칩니다.

18 운동하면 산소가 많이 필요하기 때문에 호흡이 빨라집니다.

19 운동할 때 체온이 올라가고 맥박 수가 증가합니다.

채점 기준

(1)	㉠ '올라간다', ㉡ '증가한다'와 같이 두 가지 내용을 모두 정확히 씀.	상
	㉠과 ㉡ 중 한 가지만 정확히 씀.	중
(2)	**정답 키워드** 산소 – 받아들이다 | 이산화 탄소 – 내보내다 등 '우리 몸에 필요한 산소를 받아들이고, 이산화 탄소를 몸 밖으로 내보낸다.'와 같이 내용을 정확히 씀.	상
	체온이 올라가고, 맥박 수가 증가할 때 호흡 기관이 하는 일을 썼지만, 표현이 부족함.	중

20 순환 기관은 영양소와 산소를 온몸에 전달하고, 이산화 탄소와 노폐물을 각각 호흡 기관과 배설 기관에 전달합니다.

대단원 평가 2회 **37~39쪽**

1 ㉣ **2** ㉡ **3** ㉢ **4** 현우 **5** ②
6 (예) ㉠ 입 → ㉡ 식도 → ㉢ 위 → ㉣ 작은창자 → ㉤ 큰창자 → ㉥ 항문 순으로 음식물이 소화된다. **7** ㉢
8 ④ **9** 승현 **10** ③ **11** 빨라, 많아
12 ② **13** (1) 콩팥 (2) (예) 혈액 속의 노폐물을 걸러 오줌으로 만든다. **14** ①, ④ **15** ⑤ **16** ④
17 (1) 자극 (2) 반응 **18** (예) 혈관 **19** ③
20 (1) 운동 기관 (2) (예) 음식물을 소화하여 영양소를 흡수한다.

1 몸속 기관이 몸에 필요한 물을 만들어 내지는 않습니다.

2 ㉠은 팔뼈, ㉡은 갈비뼈, ㉢은 척추뼈입니다.

3 뼈는 몸의 형태를 만들고 몸을 지탱하여 내부를 보호합니다.

4 앉을 때에도 뼈와 근육을 사용합니다.

5 작은창자는 위와 큰창자를 연결합니다.

6 우리가 먹은 음식물은 여러 소화 기관을 거쳐 소화되고 흡수되며, 배출됩니다.

채점 기준

	정답 키워드 입 | 식도 | 위 등 '㉠ 입 → ㉡ 식도 → ㉢ 위 → ㉣ 작은창자 → ㉤ 큰창자 → ㉥ 항문 순으로 음식물이 소화된다.'와 같이 내용을 정확히 씀.	상
	소화 기관의 이름과 기호 중 일부를 정확히 쓰지 못함.	중

7 폐에서 공기 중의 산소를 받아들이고, 몸에서 생긴 이산화 탄소를 내보냅니다.

8 숨을 들이마시고 내쉬는 활동에 관여하는 코, 기관, 기관지, 폐가 호흡 기관입니다.

9 혈관은 굵기가 굵은 것부터 매우 가는 것까지 여러 가지이고, 온몸에 복잡하게 퍼져 있습니다.

10 주입기의 펌프는 심장 역할을 하고, 관은 혈관 역할을 합니다.

11 주입기의 펌프를 빠르게 누르면 붉은 색소 물의 이동 빠르기가 빨라지고, 붉은 색소 물의 이동량이 많아집니다.

12 배설은 혈액에 있는 노폐물을 몸 밖으로 내보내는 과정을 말합니다.

13 콩팥은 혈액 속의 노폐물을 거릅니다.

채점 기준

(1)	'콩팥'을 정확히 씀.	
(2)	**정답 키워드** 노폐물 | 거르다 | 오줌 등 '혈액 속의 노폐물을 걸러 오줌으로 만든다.'와 같이 내용을 정확히 씀.	상
	콩팥이 하는 일을 썼지만, 표현이 부족함.	중

14 방광은 작은 공처럼 생겼고, 콩팥에서 걸러 낸 노폐물 (오줌)을 모아 두었다가 몸 밖으로 내보냅니다.

15 눈, 귀, 코, 혀, 피부는 감각 기관으로 우리 주변에서 전달된 자극을 받아들입니다.

16 꽃의 향기를 맡은 것은 코입니다.

17 자극은 우리 몸에서 반응이 일어나게 하는 것이고, 반응은 자극에 대해 어떤 행동을 하는 것입니다.

18 맥박은 심장이 뛰는 것이 혈관에 전달되어 나타나는 것입니다.

19 운동을 하면 체온이 올라가고, 맥박은 빨라집니다.

20 몸을 움직이기 위해 각 기관이 일을 하며 서로 영향을 주고받습니다.

채점 기준

(1)	'운동 기관'을 정확히 씀.	
(2)	**정답 키워드** 소화 | 영양소 | 흡수 등 '음식물을 소화하여 영양소를 흡수한다.'와 같이 내용을 정확히 씀.	상
	몸을 움직이기 위해 소화 기관이 하는 일을 썼지만, 표현이 부족함.	중

1 예 뼈는 우리 몸의 형태를 만들고 몸을 지탱한다. 심장, 폐, 뇌 등 몸속 기관을 보호한다. 등

2 (1) ㉣ (2) 예 소화되지 않은 음식물 찌꺼기를 배출한다.

3 (1) 심장 (2) 예 펌프 작용으로 혈액을 온몸으로 순환시킨다.

4 (1) ㉡ (2) 예 방광이 없다면 콩팥에서 만들어진 오줌이 바로 바로 몸 밖으로 나와 계속 오줌이 마려울 것이다.

1 뼈는 우리 몸의 형태를 만들고 몸을 지탱하며, 심장, 폐, 뇌 등 몸속 기관을 보호합니다.

채점 기준	
정답 키워드 형태 | 지탱 | 보호 등 '뼈는 우리 몸의 형태를 만들고 몸을 지탱한다.', '심장, 폐, 뇌 등 몸속 기관을 보호한다.' 등과 같이 두 가지 내용을 모두 정확히 씀.	8점
뼈가 하는 일 두 가지 중 한 가지만 정확히 씀.	4점

2 소화되지 않은 음식물 찌꺼기는 항문을 통해 배출됩니다.

채점 기준		
(1)	'㉣'을 정확히 씀.	2점
(2)	**정답 키워드** 찌꺼기 | 배출 등 '소화되지 않은 음식물 찌꺼기를 배출한다.'와 같이 내용을 정확히 씀.	8점
	항문이 하는 일을 썼지만, 표현이 부족함.	4점

3 심장은 펌프 작용으로 혈액을 순환시키고, 대부분 가슴 가운데에서 약간 왼쪽으로 치우쳐 있습니다.

채점 기준		
(1)	'심장'을 정확히 씀.	4점
(2)	**정답 키워드** 펌프 작용 | 혈액 순환 등 '펌프 작용으로 혈액을 온몸으로 순환시킨다.'와 같이 내용을 정확히 씀.	8점
	'펌프 작용을 한다.'와 같이 펌프 작용으로 무엇을 어떻게 하는지는 쓰지 못함.	4점

4 방광이 없다면 콩팥에서 만들어진 오줌을 모아둘 수 없습니다.

채점 기준		
(1)	'㉡'을 정확히 씀.	4점
(2)	**정답 키워드** 오줌 | 몸 밖으로 나온다 등 '방광이 없다면 콩팥에서 만들어진 오줌이 바로바로 몸 밖으로 나와 계속 오줌이 마려울 것이다.'와 같이 내용을 정확히 씀.	8점
	방광이 없을 때 생길 수 있는 일을 썼지만, 표현이 부족함.	4점

1 (1) ㉡ (2) 예 팔 안쪽 근육의 길이가 줄어들면 아래팔뼈가 올라와 팔이 구부러지고, 팔 안쪽 근육의 길이가 늘어나면 아래팔뼈가 내려가 팔이 펴진다.

2 (1) 입 (2) 예 밥은 입, 식도, 위, 작은창자, 큰창자, 항문을 지나면서 소화되고 배출된다.

3 (1) 심장 (2) 예 붉은 색소 물이 이동하는 빠르기가 느려지고, 이동량이 적어진다.

4 예 운동을 하면 체온이 올라간다. 운동을 하면 맥박이 빨라진다. 등

1 근육은 뼈를 움직이게 합니다.

채점 기준		
(1)	'㉡'을 정확히 씀.	2점
(2)	**정답 키워드** 근육 | 뼈 등 '팔 안쪽 근육의 길이가 줄어들면 아래팔뼈가 올라와 팔이 구부러지고, 팔 안쪽 근육의 길이가 늘어나면 아래팔뼈가 내려가 팔이 펴진다.'와 같이 내용을 정확히 씀.	8점
	팔을 구부리고 펴는 원리를 썼지만, 표현이 부족함.	4점

2 음식물은 소화 기관을 거쳐 소화, 흡수됩니다.

채점 기준		
(1)	'입'을 정확히 씀.	4점
(2)	**정답 키워드** 입 | 식도 | 위 | 작은창자 | 큰창자 | 항문 '밥은 입, 식도, 위, 작은창자, 큰창자, 항문을 지나면서 소화되고 배출된다.'와 같이 내용을 정확히 씀.	8점
	밥이 몸 밖으로 배출되기까지의 과정을 썼지만, 표현이 부족함.	4점

3 주입기의 펌프는 심장을 나타냅니다.

채점 기준		
(1)	'심장'을 정확히 씀.	4점
(2)	**정답 키워드** 느리다 | 적다 등 '붉은 색소 물이 이동하는 빠르기가 느려지고, 이동량이 적어진다.'와 같이 내용을 정확히 씀.	8점
	주입기를 느리게 누를 때 나타나는 결과를 썼지만, 표현이 부족함.	4점

4 운동을 하면 체온이 올라가고, 맥박이 빨라집니다.

채점 기준		
정답 키워드 체온 – 올라간다 | 맥박 – 빨라진다 등 '운동을 하면 체온이 올라간다.' '운동을 하면 맥박이 빨라진다.' 등과 같이 두 가지 내용을 모두 정확히 씀.	8점
운동했을 때 우리 몸에 나타나는 변화 두 가지 중 한 가지만 정확히 씀.	4점

5. 에너지와 생활

단원 쪽지시험 42쪽

1 예 에너지 **2** 동물 **3** 예 자원 **4** 운동 **5** 화학
6 위치 **7** 예 에너지 전환 **8** 운동 **9** 예 태양
10 발광 다이오드[LED]등

대표 문제 43쪽

1 ④, ⑤ **2** ① **3** ② **4** ㉡

1 높은 곳에 있는 물체가 가진 에너지는 위치 에너지이고, 움직이는 물체가 가진 에너지는 운동 에너지입니다.

2 물체의 온도를 높일 수 있는 에너지 형태는 열에너지입니다.

3 아이들이 공을 찰 때에는 몸속에 저장된 화학 에너지가 운동 에너지로 전환됩니다.

4 높은 곳에서 낮은 곳으로 떨어질 때에는 위치 에너지가 운동 에너지로 전환됩니다.

대단원 평가 44~46쪽

1 ④ **2** 예 열매 **3** ①, ④ **4** 예 빛을 이용하여 스스로 양분을 만들어 에너지를 얻는다. **5** ①, ②
6 (1) ㉡ (2) ㉠ (3) ㉢ **7** ① **8** ② **9** ④
10 ④ **11** (1) 예 온도 (2) 예 움직이는 물체가 가진 에너지이다. **12** 예 형태 **13** ② **14** ㉠ 전기 ㉡ 운동
15 (나) **16** (1) ○ (2) × (3) ○ **17** 화학 **18** ㉢
19 (1) 열에너지 (2) 발광 다이오드[LED]등, 예 빛에너지로 전환되는 비율이 더 높기 때문이다. **20** ②, ③

1 생물이 살아가거나 기계가 움직이려면 에너지가 필요합니다.

2 식물은 열매를 맺어야 하기 때문에 에너지가 필요합니다.

3 다람쥐, 사자와 같은 동물은 다른 생물을 먹고 얻은 양분으로 에너지를 얻습니다.

4 보리와 같은 식물은 햇빛을 이용하여 광합성을 하여 스스로 양분을 만들어 냄으로써 에너지를 얻습니다.

채점 기준		
정답 키워드 빛 | 스스로 | 양분 | 에너지 등		
'빛을 이용하여 스스로 양분을 만들어 에너지를 얻는다.'와 같이 내용을 정확히 씀.		상
보리가 에너지를 얻는 방법을 썼지만, 표현이 부족함.		중

5 식물은 빛을 이용하여 스스로 양분을 만들어 에너지를 얻고, 리모컨에는 건전지를 넣어 작동시킵니다.

6 빛에너지는 주위를 밝게 비출 수 있는 에너지, 위치 에너지는 높은 곳에 있는 물체가 가진 에너지, 화학 에너지는 물질 안에 저장되어 있는 에너지입니다.

7 주위를 밝게 비출 수 있는 에너지는 빛에너지입니다.

8 열에너지는 물체의 온도를 높일 수 있는 에너지입니다.

9 나무를 이용한 모닥불은 화학 에너지, 빛에너지, 열에너지를 가지고 있습니다.

10 전기 기구를 작동시킬 수 있는 에너지는 전기 에너지입니다.

11 운동 에너지는 움직이는 물체가 가진 에너지입니다.

채점 기준		
(1)	'온도'를 정확히 씀.	
(2)	정답 키워드 움직이는 물체 등 '움직이는 물체가 가진 에너지이다.'와 같이 내용을 정확히 씀.	상
	운동 에너지에 대해 썼지만, 표현이 부족함.	중

12 한 에너지는 다른 에너지로 형태가 바뀔 수 있습니다.

13 태양 전지는 빛에너지가 전기 에너지로 전환되는 예입니다.

14 ㉮ 구간은 전기 에너지를 이용해 열차가 올라갑니다.

15 ㉯ 구간에서 위치 에너지가 운동 에너지로 전환됩니다.

16 걸어서 등교할 때 화학 에너지가 운동 에너지로 전환됩니다.

17 식물은 태양의 빛에너지를 화학 에너지로 전환해 스스로 양분을 만듭니다.

18 겨울눈의 비늘은 추운 겨울에 열에너지가 빠져나가는 것을 줄여 주어 어린싹이 얼지 않도록 합니다.

19 발광 다이오드[LED]등이 백열등보다 에너지 효율이 높습니다.

채점 기준		
(1)	'열에너지'를 정확히 씀.	
(2)	정답 키워드 빛에너지 | 전환 비율 등 '발광 다이오드[LED]등'을 정확히 쓰고, '빛에너지로 전환되는 비율이 더 높기 때문이다.'와 같이 내용을 정확히 씀.	상
	'발광 다이오드[LED]등'을 정확히 썼지만, 발광 다이오드[LED]등을 사용하여야 하는 까닭을 정확히 쓰지 못함.	중

20 건물을 지을 때 건물 안의 열에너지가 빠져나가지 않게 하기 위해서 이중창, 단열재 등을 사용합니다.

1 (1) ⑩ 기름(연료), 전기 등

　(2) ⑩ 자동차가 움직이는 데 에너지가 필요하다.

2 (1) ㉢, ㉣ (2) ⑩ 위치 에너지가 운동 에너지로 전환된다.

3 (1) ⑩ 위치 에너지, 운동 에너지 등

　(2) ⑩ 2구간에서는 위치 에너지가 운동 에너지로 전환되고, 3구간에서는 운동 에너지가 위치 에너지로 전환된다.

4 (1) 열 (2) ⑩ 바깥 온도의 영향을 차단하기 위해서이다.

---

1 자동차는 기름(연료)을 넣거나 전기를 충전하여 에너지를 얻습니다.

채점 기준		
(1)	'기름(연료)'이나 '전기' 등을 정확히 씀.	4점
(2)	**정답 키워드** 움직이다 등 '자동차는 움직이는 데 에너지가 필요하다.'와 같이 내용을 정확히 씀.	8점
	자동차에 에너지가 필요한 까닭을 썼지만, 표현이 부족함.	4점

2

채점 기준		
(1)	'㉢', '㉣' 두 가지를 모두 정확히 씀.	4점
	'㉢', '㉣' 중 한 가지만 정확히 씀.	2점
(2)	**정답 키워드** 위치 에너지 | 운동 에너지 등 '위치 에너지가 운동 에너지로 전환된다.'와 같이 내용을 정확히 씀.	8점
	'위치 에너지가 전환된다.', '운동 에너지로 전환된다.'와 같이 에너지 전환 과정의 일부만 씀.	4점

3

채점 기준		
(1)	'위치 에너지', '운동 에너지' 두 가지를 모두 정확히 씀.	4점
	'위치 에너지', '운동 에너지' 중 한 가지만 정확히 씀.	2점
(2)	**정답 키워드** 위치 에너지 | 운동 에너지 등 '2구간에서는 위치 에너지가 운동 에너지로 전환되고, 3구간에서는 운동 에너지가 위치 에너지로 전환된다.'와 같이 내용을 정확히 씀.	8점
	두 구간 중 한 구간의 에너지 전환 과정만 정확히 씀.	4점

4 단열재는 바깥 온도의 영향을 차단합니다.

채점 기준		
(1)	'열'을 정확히 씀.	4점
(2)	**정답 키워드** 바깥 온도 | 차단 등 '바깥 온도의 영향을 차단하기 위해서이다.'와 같이 내용을 정확히 씀.	8점
	건물의 외벽에 단열재를 설치하는 까닭을 썼지만, 표현이 부족함.	4점

---

1 (1) ⑩ 충전한다.

　(2) ⑩ 다른 생물을 먹어 얻은 양분으로 에너지를 얻는다.

2 (1) 열

　(2) ⑩ 전기다리미와 같은 전기 기구를 작동하게 한다.

3 (1) 위치 에너지 (2) ⑩ 위치 에너지가 운동 에너지로, 운동 에너지가 전기 에너지로 전환된다.

4 (1) ㉡ (2) ⑩ 에너지를 효율적으로 이용할 수 있다.

1

채점 기준		
(1)	'충전한다.'와 같이 내용을 정확히 씀.	4점
(2)	**정답 키워드** 다른 생물 | 먹다 등 '다른 생물을 먹어 얻은 양분으로 에너지를 얻는다.'와 같이 내용을 정확히 씀.	8점
	다람쥐가 에너지를 얻는 방법을 썼지만, 표현이 부족함.	4점

2 전기다리미는 전기 에너지를 열에너지로 전환합니다.

채점 기준		
(1)	'열'을 정확히 씀.	4점
(2)	**정답 키워드** 전기 기구 | 작동 등 '전기다리미와 같은 전기 기구를 작동하게 한다.'와 같이 내용을 정확히 씀.	8점
	전기 에너지의 역할을 썼지만, 표현이 부족함.	4점

3 댐은 높은 곳에 있는 물의 위치 에너지를 이용해 발전기를 돌려 전기 에너지를 얻습니다.

채점 기준		
(1)	'위치 에너지'를 정확히 씀.	4점
(2)	**정답 키워드** 위치 에너지 | 운동 에너지 | 전기 에너지 등 '위치 에너지가 운동 에너지로, 운동 에너지가 전기 에너지로 전환된다.'와 같이 내용을 정확히 씀.	8점
	'전기 에너지로 전환된다.'와 같이 에너지 전환 과정을 모두 쓰지는 못함.	4점

4 전기 에너지가 빛에너지로 많이 전환되는 발광 다이오드[LED]등이 백열등보다 에너지 효율이 높습니다.

채점 기준		
(1)	'㉡'을 정확히 씀.	4점
(2)	**정답 키워드** 에너지 | 효율적 등 '에너지를 효율적으로 이용할 수 있다.'와 같이 내용을 정확히 씀.	8점
	발광 다이오드[LED]등을 사용하면 좋은 점을 썼지만, 표현이 부족함.	4점

평가북 **42~48**쪽

MEMO

정답은
이안에
있어 !

BOOK 3

정답과 풀이

코칭북

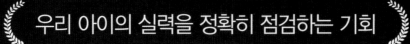

빈틈없는
수준별 학습으로
빠져나갈 구멍 없이
완전봉쇄!

사고력

서술형

독해력

이제 긴 문제도
어렵지 않아요!

기본기와 서술형을 한 번에, 확실하게
수학 자신감은 덤으로!

수학리더 시리즈 (초1~6 / 학기용)

[연산]
(*예비초~초6/총14단계)

[개념]

[기본]

[유형]

[기본＋응용]

[응용·심화]

[최상위]
(*초3~6)

book.chunjae.co.kr

교재 내용 문의 ······················· 교재 홈페이지 ▶ 초등 ▶ 교재상담
교재 내용 외 문의 ·················· 교재 홈페이지 ▶ 고객센터 ▶ 1:1문의
발간 후 발견되는 오류 ············ 교재 홈페이지 ▶ 초등 ▶ 학습지원 ▶ 학습자료실

My name~

		초등학교
학년	반	번
이름		

시험 대비교재

- **올백 전과목 단원평가** 1~6학년/학기별
  (1학기는 2~6학년)

- **HME 수학 학력평가** 1~6학년/상·하반기용

- **HME 국어 학력평가** 1~6학년

논술·한자교재

- **YES 논술** 1~6학년/총 24권

- **천재 NEW 한자능력검정시험 자격증 한번에 따기** 8~5급(총 7권)/4급~3급(총 2권)

영어교재

- **READ ME**
  - Yellow 1~3 2~4학년(총 3권)
  - Red 1~3 4~6학년(총 3권)

- **Listening Pop** Level 1~3

- **Grammar, ZAP!**
  - 입문 1, 2단계
  - 기본 1~4단계
  - 심화 1~4단계

- **Grammar Tab** 총 2권

- **Let's Go to the English World!**
  - Conversation 1~5단계, 단계별 3권
  - Phonics 총 4권

예비중 대비교재

- **천재 신입생 시리즈** 수학/영어

- **천재 반편성 배치고사 기출 & 모의고사**